第三极的馈赠

一位博物学家的荒野手记

〔美〕乔治·夏勒（George Schaller）　著

黄悦　译

Tibet Wild

A NATURALIST'S
JOURNEYS ON THE ROOF
OF THE WORLD

生活·讀書·新知 三联书店

谨以此书献给

荒野中与我同行的伙伴们

天之中央
地之中心
世界之心脏
雪峰环抱中
江河源起处
群山如此巍峨
大地如此纯净

  —— 藏族诗歌，公元8~9世纪

一切快乐皆源自于饶益众生
一切痛苦皆源自于自私自利

  —— 佛教规诫

天下神器
不可为也
不可执也
为者败之
执者失之

  —— 老子（中国哲学家），公元前6世纪

我是我自己
及我所处的环境
若不拯救它
它又何以拯救我

  —— 何塞·奥尔特加·伊·加塞特（西班牙哲学家），21世纪

世人不屑顾
檐下栗花枝

  —— 松尾芭蕉（日本诗人），17世纪

目 录

序

近四十年来，我与妻子凯一直生活在美国东海岸，屋旁是一片枫树和松树混杂的林子。我们的房子在改建之前是一座谷仓，过去曾用来养牛和晾烟叶。一个宽敞的挑高开间占去了整幢房子的一半，屋内保留了谷仓原有的大梁。这就是我们的客厅，上层增建的阁楼里沿墙摆着书架，架上塞满了游记、随笔、史书以及我在各国工作时写下的考察记录。不过，这个房间里的主要陈设是各种手工艺品，都是些很随意的物件，买下它们是因为样子精美或别致，抑或是刚好内心某个角落被触动，每一件都是一份探险和心愿的纪念。

屋内一面墙上装饰着刚果和尼泊尔的木制面具，还有从坦桑尼亚带回的一块水牛皮制成的马萨伊盾牌。来自沙捞越的一把迪雅克猎头族小刀被挂在横梁下，旁边是一个编织精巧的老挝篮子，当地人带着它去找野菜、陆蟹以及其他野外食材。一个架子上摆着一柄巴西的石斧，一块蒙古的恐龙骨，还有一根阿拉斯加的海象牙，上面雕有海豹和一头北极熊。靠墙摆放的一个木雕柜子来自巴基斯坦的斯瓦特河谷。阿富汗的黄铜水桶被我们用来放木柴，一盏台灯的青铜底座产自印度，一张帕米尔盘羊的照片时常让我忆起在塔吉克斯坦做的研究。

回想因工作到访过的所有国家，我为中国项目投入的时间远多于任何一个地方。1980 年，我应邀加入一支中国科研团队，针对大熊猫展开为期四年的研究，这是世界自然基金会（WWF）发起的一个项目。项目完成后，我在中国西部的青藏高原上开始了野外研究，被当地的明媚风光、野生动物以及藏族文化深深吸引，工作一直持续至今。现在我们的房间里铺着西藏地毯，一张大幅的唐卡装饰了一面墙，画中是大慈大悲的女神度母。七个上了漆的糌粑碗，造型和图案都很美，被我们用来存放大麦粉，摆满了一张桌子。在一个架子上，摆放着一个转经轮，一个很小、但声音很清脆的响钟，一只装酥油茶的杯子，还有一个香匣，上面雕有两只雪狮，绿松石雕成的鬃毛似迎风飞扬，让我们想起西藏的雪山。一张拍摄于一百多年前的巨幅黑白照片上，布达拉宫矗立在山丘上，俯瞰着拉萨城外的田野和群山。

青藏高原牵动着我的心，尤其是羌塘——北方的广阔原野。羌塘，一个有魔力的名字，让人脑海中浮现出那份特有的孤独，空辽，寂静，荒凉，一个无法亲近的地方—然而它的美正是源自于此。第一次去羌塘之前，曾有很多年，我一直渴望探索那里的秘密。早期西方旅人的记述激起了我的好奇心，我摊开地图，用手指在上面一遍遍追溯他们走过的路。羌塘不对外国人开放，那里没有公路，几乎没有人烟，因为难以企及而更让人向往。1984 年，我终于有机会走进这片广袤高原，这一区域不仅覆盖西藏自治区北部，还包含青海省西部以及新疆维吾尔自治区的南部边缘。截至 2011 年，我已造访羌塘 26 次，在那里度过的日子总计约有 41 个月，这其中不包括我在西藏东部及中国西北部的帕米尔山区所做的野生动物调查。

我原本就喜爱那些偏远而鲜为人知的地方，但另一方面，我知道在西藏北部的羌塘以及青藏高原的其他区域，栖息着多种大型哺乳动物，没人研究过其中任何一种，它们的生活习性完全是谜。中国的野生动物的生存状态曾遭受重创，我在研究熊猫时发现了这一情况，由此想到，不知其他动物现状如何。我最关心的是青藏高原上的几种动物。我希望能深入研究藏羚羊、藏野驴、野牦牛及这片高原独有的其他哺乳动物。中国国家林业局（当时叫作林业部）起初提议，请我调查雪豹的分布状况。我做了这项工作，但我的注意力很快转向了藏羚羊。这种动物的神出鬼没引起了我的兴趣，它们总是转眼就消失了踪影。要保护一种动物，首先就要了解它的动向。那时的我并未意识到，为了这项工作，我们将要耗费多少年光阴，要投入多少心血和资金，要在渺无人烟的地域走多少路才能大致了解藏羚羊的迁徙模式。

我作为一名科研人员投入这一项目，说得更具体一点，作为一名专注于保护工作的生物学研究者，我的任务之一就是搜集客观资料，并且是大量资料，因为这是唯一可靠的研究工具，而从根本上讲，保护工作也必须以客观事实为依据。我不会贸然解读各种数字、测量结果及统计资料的含义，但我希望能广泛搜集零散的事实，从中找出一定的模式和规律，从而勾勒出羌塘生态系统的基本构架。然而世间万物并非一成不变，无论动物种群还是一方文化，莫不如此。我知道我所做的工作只能代表一个时间段，记录了此前不曾有人看过、往后也不会再有人看到的信息。我的资料在这片大地上划下了一道历史基线，绵延三十载，可供未来的研究者回溯过去，与他们所处的时代进行对比。在气候变化的影响下，青藏高原正迅速改变，这类基础知识的积累因而更显紧迫，分外重要。

竭尽所能了解藏羚羊——这成了我个人执着追求的目标，几乎沉迷于此，我在青藏高原的大部分工作也因此有了方向，得以延续。在亚洲，像这样的有蹄类动物大迁徙已所剩无几，在规模上仅次于蒙古东部草原的百万黄羊，留住这一奇观无论对藏羚羊、还是对中国乃至世界，都有着重要的意义。当时尚未有人投身这项研究。我很幸运，藏羚羊为我创造了机会，可以去探索很少有人看到的地方，同时研究一种鲜为人知的动物。其实我不太像重视技术和数据统计的现代野外生物学者，倒更像是 19 世纪的博物学家，用笔和纸细细描绘大自然，只是我对过去学者热衷的标本搜集工作没有太多兴趣，我只想用心观察动物，保护它们。

去了解一个依然健康、有生命力、面貌多样的地方，一个没有遭到人类破坏的地方，这对我有一种特殊的吸引力。这不同于我先前做过的工作，例如到沙捞越研究最后的红毛猩猩，或是在老挝寻找中南大羚，这次的任务是保护一个生态系统中所有充满生机的动物和植物。近几十年的生态保护重点是生物种类丰富的雨林，而覆盖了 40% 陆地的草原却没有得到足够的重视。然而草原同样是生物宝藏，有它们的美、多样面貌和独特之处。塞伦盖蒂稀树大草原和蒙古的干草原都能让人感受到无与伦比的地域风情，情不自禁地与这片土地、与草原文化和生活在这里的人们产生共鸣。在羌塘，有一片超过 77 万平方公里被遗忘的土地，其中三分之一无人居住，整个地区的面积相当于两个加利福尼亚州，或法国与意大利的总和。在这里，生态保护、开发建设与牧民生计之间的矛盾正等待人们去解决，且生态保护工作无需局限于某个一般规模的保护区，而是可以在一片广袤的——比许多国家还要大的——土地上展开。若能坚持推行良好的管理方针，以坚实的科学、合理的政策以及地方支持为基础，利用当地居民的传统知识、兴趣和参与，就能够切实地解决问题。

20 世纪 80 年代我第一次去考察时，羌塘已开始迎来变化，在那之后更是加速改变，更多的公路，更多的住家，更多的牲畜，更多的围栏，再加上新的土地使用政策——这一切都给这片土地以及栖息于此的野生动物带来了巨大冲击。随着经济条件的改善，大多数家庭搬进了固定居所，不再住游牧帐篷，马匹也被摩托车取代。牲畜大都养在各家圈起来的小块区域，而不是在公用的牧场上，由此导致了过度放牧，同时限制了野生动物的行动。当前的生态保护目标一如既往，即正确管理草场、牲畜和野生动物，实现动态平衡，维护生态系统的完整。几十年来的变化为这项工作增添了难度。我不得不随之调整自己的观念和行动。这里的人口和别处一样，也在不断增长，我们必须认识到设定限制的必要性，规范土地使用的必要性。部分区域应划为严格的保护区，禁止人类闯入，让植物和动物们在里面依照大自然的安排繁衍生息。羌塘北部的大部分区域就是这样一个地方，至今人迹罕至，正需要这样的全面保护。其他区域则需要与当地社区合作实施管理，将牲畜数量限制在可持续发展的范围内，并注意监控野生动物，以减少冲突，同时严格规范开发建设。现在重返羌塘，我仍可以在眼前的景色中看到昔日风光，因为相对而言，这里还没有太多地方遭到人类活动的毁坏。我的任务，我所热爱的事业，就是帮助羌塘留住它的美和多样的生物资源，通过精心的、睿智的管理，经受住往后几十年乃至几百年的岁月考验。

我的梦想是当地居民能够珍爱并照料自己所处的环境，不为其他目的，只为维护这片大自然的健康与美丽。我该如何将自己所学所感传递给其他人，与他们的信仰、情感和传统相融合？一位藏传佛教领袖曾说："归根结蒂，拯救环境必须是发自内心的意愿。"佛教强调关爱怜悯世间一切生灵，这片土地上的信徒因而更容易接受环保理念。人类似乎患上了一种精神绿内障，眼看着环境日益恶化，威胁着自己的未来，却仍旧执拗地破坏大自然，撕裂大自然。从人们的思想观念和心理上讲，生态保护依然面临着诸多问题，每一个心存守护意愿的人都必须在重重阻碍中努力前行。尽管如此，我仍在青藏高原看到了进步，仍保持着乐观的心态。

生态保护是一段漫长旅程，而不是一个终点，我在羌塘及周边地区投入的多年光阴可以证实这一点。中国考察队完成了重要的初期工作，统计记录生物种类，在地图上标绘其分布；我和我的藏族、汉族伙伴们则是带着不同的任务来到这里。我们不只是来探索新知，同时也希望能传播理念，给当地带来启发，向世界展示羌塘以及地球这个角落的多姿多彩。我们成为见证者，努力帮助周围的人们认识到自己正在失去什么。我们积极推进保护区的建立，或者更确切地说，是划出受保护的区域，因为这些地方大都住着牧民和他们的牲畜。羌塘的大部分区域现已被正式划归为这样的自然保护区，这是中国取得的一项耀眼成就。我们在 20 世纪 90 年代敦促政府注意，有人为获取优质羊绒，正大规模屠杀藏羚羊，结果这种动物受到了远比过去好得多的保护。最重要的是，青藏高原的环境问题已引起了各级政府、民间组织以及许多地方社区的高度重视。我虽然仅参与了一小部分工作，但始终关注着这一切令人赞赏的进展，并继续为这里的生态保护事业积极出力。

"然而毕竟往事已矣，我的时代已成过去。" 17 世纪的诗人约翰·德莱顿曾这样写道。现实确是如此，但我很不愿意承认这一点。我无法抗拒内心向往，一次次回到这片孤寂的无垠高原。每一次踏上探险征程，我都像蛇蜕皮似的抛开自己的过去，专注于人生新的篇章。我全身心沉浸其中，无从知晓这里的工作将持续到何时；我还在不断规划新的课题。不过，它终有一天将悄然落幕，一如所有成功的项目。

近些年来，我疏于撰文讲述我们的工作，只是偶有学术论文或科普文章发表，大都刊登在《动物学报》和《中国西藏》等中国期刊上。我最近出版的两本书是写给大众的《西藏生灵》（1997 年；中译本 2008 年，湖南教育出版社）以及偏重学术性的《青藏高原上的生灵》（1998 年；中译本 2003 年，华东师范大学出版社）。然而在那之后，我们又有了许多新的发现。我每年都要去中国，去羌塘、西藏东南部，以及中国西部与邻国交界的帕米尔高原。

这本书就是在这些考察的基础上写成的，有观察所得，也有回忆感悟。十四章内容中，有八章与羌塘有关，藏羚羊是其中几章的主角。20世纪90年代，我在写前面几本书时，尚未找到迁徙种群的产仔地，在藏羚羊保护工作中，这是首要的、也是关键的目标。后来我们终于找到了其中两处产仔地，旅途的艰辛和见到新生幼仔的欢喜都是值得记录的事。在这些章节中，我讲述了野外工作的收获和令人兴奋的一面，同时也希望能真实呈现我们的日常工作状态。为此我着重描述了我们遇到的一些困难，例如汽车一次次陷入7月的烂泥中，大家在海拔16000英尺（约4877米）[①]高处忙着挖泥救车，还有夏日的暴风雪，冬季被冰霜覆盖的帐篷里零下34摄氏度的气温，以及一连几个星期天天扎营拔营的枯燥乏味。旅途中的藏族、汉族、维吾尔族伙伴们在这种条件下表现出的坚韧意志和敬业精神，让我由衷地钦佩。

为动物保护而展开的斗争往往要面对人类的贪婪，藏羚羊就是一例，它们的优质羊绒可以织成沙图什披肩，在20世纪80年代末被全球各地的富人奉为时尚象征。藏羚羊因此遭受屠戮，数量急剧减少，人类为保护它们付出的努力，以及此后这一种群的缓慢恢复，构成了一个亵渎与救赎的完整故事。我在这一章中讲述了一种动物的处境如何能在一夜之间发生翻天覆地的变化，从看似安稳无忧落入濒临灭绝的境地。这件事告诉我们，没有什么是永远安全的，一个国家若是珍爱某种动物，就一定要时时监控，用心守护。

在青藏高原的大约150种哺乳动物中，我对藏羚羊进行了

---

① 原书度量单位均为英制，为保中国读者阅读顺畅，在中国境内的相关统计数字均改用公制计量，后文不再说明。——编者注

最为深入细致的研究。除此之外，我也希望更多地观察了解稀有的野牦牛，它们是大群家养牦牛的祖先，在我心目中，它们的身影是羌塘荒野的标志。但是为了藏羚羊，我必须继续前进，去往野牦牛已被赶尽杀绝的地方，或是它们不喜欢的栖息地。在这本书中，我还写到了羌塘的另外三种动物。其中一章讲述了娇小可爱的鼠兔，它们对生态系统至关重要，但却遭到大批毒杀。其二是强悍而难得一见的西藏棕熊，它们与人类之间的冲突正日渐增加。还有一章讲的是雪豹，它们似乎无处不在，却极少露面，如谜一样的幽灵般伴随了我几十年。

我们也在青藏高原的东南部进行了野生动物调查。西藏东部地区有迷宫般林立的险峰，有世界上最深的峡谷，呈现出全然不同于羌塘的景色，反差鲜明的地貌让我为之着迷。我在这里的湿热环境中体验了被蚂蟥关注的滋味，也探访了佛教的圣地——秘境白马岗。我们在这一地区完成了两次长途穿越，了解野生动物状况，评估建立保护区的可能性。

西藏盘羊是青藏高原上一种罕见的动物。我很少看到它们，对其生活认识不多，对它们的死却有了不少了解。狩猎爱好者怀着一种愚蠢的欲望，争相猎杀角最长的公羊。我在书中讲了一个与我有些许牵连的事件：四名美国猎手带着猎获的战利品回国，结果引发了一个令人警醒的故事，这桩持续数年的丑闻中，有草率的科学研究，有欺骗，有政治阴谋，最终导致一些人和机构名誉受损。

青藏高原时常被誉为"世界屋脊"，西边的帕米尔则可以说是由此伸出的露台。青藏高原与帕米尔高原之间的喀喇昆仑及昆仑山脉险峻陡峭，影响了野生动物的分布。雪豹在山中各处栖身，藏民也曾如此。藏野驴、藏羚羊和藏原羚未能扩散至帕米尔。西藏盘羊栖息在青藏高原，另一个独特的盘羊亚种——帕米尔盘羊则栖息在帕米尔高原。这种威风凛凛的动物是所有野生绵羊之中体型最大的，它们四处游荡，跨越几个国家的边界。要保护它们，妥善实施管理，需要巴基斯坦、阿富汗、塔吉克斯坦以及中国携手合作，最理想的办法就是四国联合建立一个国际和平公园或跨国界保护区。我在这四个国家都做过考察，去过其中一些政局动荡的地方，在后来推广和平公园理念的过程中，我又有不少有益的收获，最重要的一点，是懂得了忍耐与坚持。

身为博物学研究者，总归要面对这样的矛盾：一边是舒适的生活、爱人的陪伴和安定的家，另一边则是高山原野间的种种艰辛。在不受人类干扰的环境中观察帕米尔盘羊，我的心中充满愉悦，一阵阵喜不自胜。听闻某国政府接受我的建议，设立了一块保护区，于我而言便是心灵的抚慰，让我的生命有了意义。但是为了探索大自然，我也放弃了太多——包括安稳的生活、朋友、与我所爱的人相伴。在野外，工作不顺利的时候，真正能让我倾诉的人唯有我的妻子凯。我的家人曾陪伴我在野外度过多年：最初在刚果的时候只有凯，后来在印度、坦桑尼亚和巴基斯坦时，多了我们的两个孩子，等到孩子们长大了，在中国和蒙古的时候，我的身边又只剩下凯。她不仅仅是我的工作伙伴，一个热爱野营生活的人，她还为我编辑整理手稿（包括这一部），养育了两个让我无比骄傲的儿子，在方方面面给予了我无法计数的帮助。但在这本书中讲述的大部分旅程中，凯因为身体缘故未能与我同行，只是在我的心中一路相随。我想念有她的日子，她总是在帮助我，鼓励我，让我重新燃起工作的激情，与我分享点滴回忆。长时间分别时，爱是将我们联系在一起的唯一桥梁。我知道总有一个人在等我回家，这是一份幸福的礼物，来自我的另一半。天各一方时，我们各自承担着艰难的重负。然而我们的生活仍在继续，日夜轮转，相聚别离，犹如爱与怜悯凝聚而成的曼陀罗。

本书各章讲述的研究项目自20世纪90年代中期以来，得到了许多人、许多单位的支持，对于他们的协助，我唯有致以最真切的谢意。他们大都来自中国，即书中主要讲述的地方，多年来，这个国家的慷慨馈赠让我难以回报。在此我要特别感谢鼎力相助的西藏自治区林业局领导阿布和卓玛央宗、青海省林业局的李三旦和张莉，以及新疆林业厅的朱福德和史军。书中还提到了我在另外一些国家开展的工作，尤其是与中国接壤的各国，包括阿富汗、塔吉克斯坦、印度、不丹、尼泊尔、缅甸、蒙古、越南和老挝，在此对这些国家一并呈上我的谢意。对于我们一路遇见的许许多多热心人，从牧民到农夫，从政府官员到科学工作者，我更要特别道一声谢谢。90年代中期以来直接参与我们考察行动的人，我在书中基本都提到了。

对于我们的工作，三个机构的支持至关重要。半个多世纪以来，我一直隶属于纽约的国际野生生物保护学会（WCS），学会在北京设有办公室，由解炎任项目主任。威廉·康韦、约翰·鲁滨逊以及学会的其他人给了我充分的自由，让我到世界各地的荒野中追寻自己的梦想，为动物保护工作出一份力，也由此丰富了我的人生。2008 年，我还加入了大猫基金会（Panthera），这是一个专门致力于保护全球野生猫科动物的非政府组织，主席艾伦·拉比诺维茨是我在野外工作中的老朋友。另外，我在吕植主持的北京大学自然保护与社会发展研究中心兼有职务。在中国进行的所有研究工作均得到中国国家林业局全力协助。我们还与位于拉萨的西藏高原生物研究所以及西藏农牧科学院合作，获益良多。

近年来，研究项目离不开各基金会及个人捐助者的支持，我深深感激每一个人对我们工作的信任。这其中包括利兹·克莱本 – 阿特·奥滕贝格基金会、阿曼德·厄夫基金会、朱迪思·麦克贝恩基金会、巴塔哥尼亚公司、约翰与凯瑟琳·麦克阿瑟基金会、霍克慈善信托基金会以及美国国家地理学会（the National Geographic Society）。欧盟中国生物多样性项目（the European Union–China Biodiversity Programme）通过国际野生生物保护学会资助了西藏的一个项目，我也参与了工作。伊迪丝·麦克贝恩、安妮·帕蒂、达里恩·安德森等许多人都为我们慷慨地提供了帮助。

还有三个值得特别一提的人，她们多次与我一同踏上旅程，为研究项目做出了重要贡献，在最艰苦的条件下展现出她们的友情、奉献精神、适应能力和顽强意志。康霭黎，过去十年里六次与我同行的工作伙伴，来自国际野生生物保护学会中国项目办公室，以出色的工作能力和坚持不懈的精神协调学会在中国西部开展的野外项目。吕植，北京大学自然保护与社会发展研究中心负责人，也是非政府组织山水自然保护中心的主任，以她的远见卓识积极行动，在青藏高原创建了几个社区主导的保护项目。我们在羌塘两次合作考察，并在西藏东南部两次同行，她还负责监督指导西藏棕熊研究项目。贝丝·沃尔德，作为摄影师为我们的两次阿富汗考察和两次塔吉克斯坦之行增色添彩，用图片细腻地呈现了当地的山峦、动物和人民，为宣传我们的工作发挥了重要作用，引起了更多人对这些地区的关注。

乔纳森·科布以卓越的专业能力和敏锐目光，怀着浓厚的兴趣为岛屿出版社精心编辑原稿，对这本书做出了极大的改进，对此我不胜感激。我还要感谢凯西·泽勒为本书准备地图，迈克尔·弗莱明出色地完成了审稿。为我的动物保护工作提供帮助的人们，大都已在书中提及，但除此之外，我还要向卢克·亨特、戴维·沃特尔斯、丽贝卡·马丁、玛加丽塔·特鲁希略、丽萨恩·彼得拉卡、孙珊以及唐娜·肖致以谢意。

这是一本从个人角度撰写的书，以我的观察、经历和感受为基础，讲述了科学研究、生态保护和探索发现。有时我表现得不太友好，有时情绪激动。若是由我的伙伴们来写，无疑会有不同的叙述。但我希望强调，我们在工作中是一个融洽的团队。无论面对怎样的艰难阻碍，我们都会努力去克服，最终带着真实可靠的研究资料安然归来，彼此间友谊长存。

乔治·夏勒
于康涅狄格州罗克斯伯里
2011 年 12 月 22 日

第一章

我与藏羚羊的约定

　　1985 年 10 月的一个寒冷日子，我们从青海省格尔木市出发，沿公路向南行驶时，我看到了一群藏羚羊，离得很远，在无垠的苍茫大地上只是一片小点。我连忙请我们的越野车司机马树生停下，让我下车。绵延至天际的原野和山丘全部被积雪覆盖，大片亮晃晃的云彩遮蔽了天空。一个小山包从地面弥漫的雾气中露出头，犹如漂浮海上的冰山。我在纷纷扬扬的雪中奋力往前走，天地间看不到其他生命，只剩下我和藏羚羊彼此相伴。在我的前方，一群雄性藏羚羊排成一列，在没膝的积雪中无声无息地缓慢前行。它们的毛色在交配季节里变成了黑白相间，一对纤长的角从头顶近乎笔直地伸出，看上去威风凛凛。我仿佛置身梦境，恍若看到了独角兽，手持长矛的藏族骑士，还有塞伦盖蒂平原的羚羊出现在隆冬大地。这是一个任由想象力驰骋的地方。

这就是我和藏羚羊的第一次相遇。仅仅五天前，这一地区遭遇了一场多年不遇的强暴风雪，积雪深达一米。我们刚在青海北部完成了一项雪豹调查，此时正沿着公路考察当地野生动物状况，并未意识到风雪造成了多么严重的危害。这条路从格尔木出来，蜿蜒穿过昆仑山，跨过羌塘地区的东部边缘，继续向前进入西藏。我们的领队郭杰庭（音）是一位青海省林业局的官员，五十出头的年纪，为人亲切随和。同行的还有两位二十多岁的生物学者，邱明江和任军让，两人以前就参与过我们的研究项目。

我们一行驾驶一辆丰田陆地巡洋舰和一辆皮卡车，穿越柴达木盆地的沙漠之后进入山区，一路稳步爬坡，经过一座座险峻山峰，继续行驶 140 公里后，来到了海拔 4755 米的昆仑山口。下了山，我们便进入了绵延起伏的广袤原野。我看到了一对渡鸦，对我来说，这是吉祥的征兆。

这天晚上，我在野外笔记中写道：

> 纯净清透的空间，无边无际，眼睛有种无处聚焦的感觉。我们眺望前方和两侧，发现了一些小黑点，有聚成一堆的，也有单个游离的。拿出望远镜一看，原来是藏野驴。我们统计了数量，开车往前走一点，再继续数前面的。有一次我把望远镜架在丰田车前盖上，扫视一圈，一共看到 262 只。再往前走，还有更多成群的野驴，大多数都站在雪地里，离公路约有半公里远，有时只能看到黑色的剪影，也有时能看到斜阳给它们镀上一层金棕色。个别站在路边的野驴都很容易

受惊吓，见我们停下两辆车拍照，就都匆匆逃开了。

然后，我看到了一群矮壮结实、黄褐色的羚羊——那是雌性藏羚羊，我第一次看到。车子开出 20 公里，它们始终在视线之内，在雪地的映衬下十分醒目，即便相隔 2 公里甚至更远，我也能看见它们。这样随便一数，我们共看到了超过 520 只藏野驴以及多达 700 只羚羊……这是与野生动物共度的一个美好下午。这一次，现实总算没有辜负我们的期待和希望。

写下这段文字时，我正在五道梁一间泥土糊墙的屋子里，我们要在这里过夜。这一小片孤寂的房屋位于海拔 4572 米高处，是一个卡车休息站，有几间小餐馆、店铺，以及一个兵站。房间里有几张硬板床，床上有两条叠起来的被子，我们围坐在一个炉子边，不时地从桶里舀些羊粪球添进火里。

第二天早上，虽说气温有零下 21 摄氏度，丰田越野车却怎么也不肯启动，也许是因为汽油里掺了水。最终还是由皮卡车拉了一把，它才恢复活力。我们继续南行，途中遇到的动物不多，只有可数的几群藏羚羊和藏野驴，还有几只看上去有些凄苦的藏原羚在雪中艰难跋涉。藏野驴强健有力，体型与马相当，找草吃的时候总是伸出一条腿猛扫几下，所以每条前腿的背面都有一块皮肤被磨得光秃秃、血淋淋的。藏羚羊同样要刨开积雪寻找丛生的野草。这里的动物不像北美驯鹿那样，长着宽大的蹄子，能在雪地上行走自如。一般情况下，它们并不需要那种装备，因为暴风雪过后，冬季的大风很快就能把覆盖地面的雪刮走。可是这一次，天气异常平静而寒冷，积雪也更厚，远不止往常的三五厘米。在雪中行走，不停地刨挖，结果却只能吃到几根粗硬的枯草，这样一来必然会消耗宝贵的体能，而这些动物需要储备能量，迎接此后漫长而严酷的寒冬。一位藏民坐在一块公路里程桩上，自行车放在旁边，手里握着一杆步枪，正看着四只藏原羚慢慢走近。我们停下车，把它们赶走了。下午，我们到达了位于长江源头的沱沱河，又一个卡车休息站。我们在政府所有的一处简易房里租了一个房间。这里的夜晚比预想的嘈杂，我们整夜听着卡车驶入休息站，听着司机们不时地启动车子，免得发动机冻住。

沱沱河镇上只有几百流动人口，让我联想起冬日早晨的阿拉斯加聚居点，各家火炉烟囱冒出的烟结成了冰雾，亮晶晶的。不同的是，这里有藏族朝圣者挤在敞篷卡车上，要去拉萨朝拜圣地。他们用厚重的羊皮藏袍把自己裹得严严实实，几乎埋没在成堆的铺盖和包裹行李中。卡车司机用喷灯加热油箱，在发动机下面用碎木头生起火堆加热。一群群角百灵和棕颈雪雀四处寻找食物，在光秃秃的地面和沾染了尿渍、宰杀动物洒落的血渍的积雪上跳来跳去。一只山羊在啃一个破纸箱。我们去和当地镇长打招呼通报，他告诉我们，眼下牲畜都饿坏了，牧民大都散居在交通不便的偏远地区，需要外界援助。由于积雪太深，我们无法驾车穿越荒野展开野生动物调查，而骑马出行也不可能，因为没有草料给马吃。

我和明江及军让离开住处，徒步去找藏羚羊。我们看到大群藏羚羊正排着参差不齐的队列往东北方向走，有些队伍里只有公羚羊，有些队伍里只有母羚羊带着幼仔。我告诉两位同伴，我想自己跟上去拍照。我小心翼翼地靠近，发现一小块洼地可以提供掩护，便躲进去跪下观察。大约 600 只藏羚羊四散分布在平原上。一群公羚羊聚在离我不远的地方，长长的角宛如一小片密林。从侧面看过去，两角重叠在一起，藏羚羊就像是头顶只有一角的独角兽。人类学家托尼·胡贝尔曾指出，藏羚羊的英文名称"chiru"有可能来自藏语中的"bse-ru"（读作"色如"），也就是犀牛。这两种动物的角都可以入药，但长相丝毫谈不上相像。又一群藏羚羊走到了离我不足五十米的地方。两只公羚羊低着头相向而立，长剑般的角做好了出击的准备。接着，它们猛冲向对方。我有些不解，在积雪这么深、生存岌岌可危的时候，它们为什么还要为地位之争浪费体力。突如其来的云团淹没了我们，天地万物融为白茫茫一片，我伫立在横扫而来的雪中，一个个鬼魅般的身影从我面前走过，仍坚定地朝着东北方前进。不知它们由哪里来，要去往何方。

"我们对西藏高海拔地区了解太少，无法绘制出大型野生动物的分布状况及季节性迁徙路线。"瑞典探险家斯文·赫定在 1922 年出版的著作《西藏南部》中这样写道。六十多年过去了，我们依然不了解。对于我们，这是多么严峻的挑战，尤其是现在，野生动物数量急剧减少，藏羚羊等几种动物已被列入了濒危名单。

被暴风雪吞噬前，我眺望西方，藏羚羊来的方向，约 240 公里外，便是我向往的西藏。潜意识里，我已暗暗与藏羚羊立下约定，要帮助它们，让世人了解它们的神秘生活——它们的迁徙，它们的数量，它们的习性。不论在哪里做研究，我总会选择一种当地的动物，作为自己的图腾和心之所依，一种美丽、有趣、急需保护的动物，例如山地大猩猩、野生虎或大熊猫。

在羌塘，藏羚羊就是我的图腾。当云雾散去，山丘原野再度浮现，我继续欣赏藏羚羊，雪地里的散乱足迹犹如它们自己的文字，之后满心喜悦返回住处。

司机马树生和姚瑞杰煮了羊汤当作早饭。天很冷，只有零下25摄氏度，路面结了冰，因为有雾，我们被迫等到10点才动身。一行人继续向南，考察工作只能在公路沿途进行。这一带有很多鼠兔，它们是兔子的娇小亲戚，体重大约只有113克，坐在雪地里，看上去就像一个个瞪着黑眼睛的蓬松绒球。大鹭、猎隼、渡鸦守在周围的土丘上、电线杆上，伺机扑向没防备的鼠兔。一只高原上独有的藏兔蹲在雪里，完全沉浸在自己的思绪里，见我们走过去拍照才慢吞吞地跳开。这时一辆路过的卡车开到公路边，猛地停下，司机跳下车，一把抓住了兔子的耳朵，打算带回去吃肉。明江迅速上前救下了奄奄一息的小家伙。我们把兔子送回野地里，让它自己静静地死去。我很后悔打扰了它。不远处躺着一具雌性藏野驴的尸体，肉多的后臀连带后腿被整个切下拿走了；它的前面还有三只藏原羚，不知被谁杀死、清除了内脏，拖到路边。再往前走，我们看到雪地里有一片动物绝望挣扎逃窜的印记，周围有飞溅的血迹，散落的弹壳，还有五具尸体被拖向公路的痕迹。稍远一点的地方，躺着一只雌性藏羚羊，死去至少已有一天，尸体半掩在雪下。我们称了称它的体重——有21.8公斤，并检查了它的内脏。它没有一丝脂肪，无疑是被饿死的。

第二天早上，我们驱车从沱沱河向北，外出考察一天。我看见一只渡鸦正用力啄什么东西，细看原来是一只死去的雌性藏羚羊。雪灾袭来已有10天，饿死的动物越来越多。这只藏羚羊在严寒中倒下，温热的身体融化了地上的雪，它的周围露出一块光秃秃的地面，它侧躺着，渐渐断了气，抽搐的腿踢乱了积雪。它有 25 公斤，还在分泌乳汁。在它的尸体旁，另一只母羚羊正带着两个孩子刨开积雪找吃的。我走过去，它几乎没停下脚下的动作看看我。当它决定转移阵地时，只有一只小羚羊跟了过去，另一只漫无目的地独自越走越远。突然，一群藏羚羊惊跳起来，挤作一团，一只藏獒正朝它们冲过去。藏獒咬住了一只掉队的小羚羊，猛力甩动。见我们靠近，它扔下猎物匆忙逃走，死去的小羚羊浑身是血，喉咙已被咬断。

这天晚上回到沱沱河，郭杰庭通知说，青海省省长宋瑞祥要见我们。宋省长来这里视察雪灾，我们在兵站见了面。这是一个精明强干的人，不时向身边的人下达指示，询问情况。我们提议设法制止公路沿线的非法狩猎活动，可是他告诉我们，他将沿着公路放置干草供野生动物食用，并派直升机去捕杀野狼。我表示反对。郭杰庭后来解释说，这是政治决策，我们无力左右。为查看游牧民及野生动物的状况，解放军将派一辆卡车和带拖斗的拖拉机，满载食品和柴火出发，我们受邀同行。

据说车子很快就会来。3 天过去了。我们吃饭的地方是几座简易房，屋外装饰着藏蓝色旗子，挂着"川花"之类的招牌，表明这里是饭馆，屋内摆着一两张桌子，桌上有一个铁皮罐放筷子，有时还有一罐辣椒面。菜单上只有面条、米粥或蔬菜肉汤。明江、军让和我决定多出去走走，徒步观察野生动物。马司机在闹情绪，肖司机已经开着皮卡车回格尔木了，他也想回去，不想再开车带着我们来回跑。我问明江，为什么我们的工作可以由一名司机来决定，他回答说："马和郭是平级，所以郭无权调动他。"然而等待、严寒以及高原反应影响了所有人。军让比往常更加沉默寡言，明江有时不打招呼就独自外出，我也变得越来越暴躁。

气温降至零下 34 摄氏度，我们又一次走进白色世界，表面冻了一层硬壳的积雪在脚下嘎吱作响。藏羚羊静静地站在那里，弓着背，甚至没有力气刨开变硬的积雪觅食。前方地上有几块黑乎乎的隆起，旁边站着两只狗，见我们走过去都显得畏畏缩缩。这是四只死去的藏羚羊，其中两只咽喉被咬断，另外两只则是饿死的。我们希望能找到更多尸体，收集关键信息，例如体重、性别以及根据牙齿磨损情况推断的年龄。我们敲开一根长骨查看骨髓。如果骨髓发白如厚重的脂肪，就表明动物仍有一定的能量储备；如果骨髓为血红的凝胶状，则意味着体内的储备已全部耗尽。到了下午，我们共找到 10 具藏羚羊尸体，其中 7 只是被狗咬死的。我们向镇长报告这一结果时，他惊叫："是狼！"但听过我们的解释，他说那些狗是附近一个修路工营地里的。郭杰庭提到马司机有一杆猎枪，镇长建议我们打死那些猎杀野生动物的狗。返回途中，我们拜访了营地，请负责人务必把狗拴好。回到简陋的住处，一只孤零零的棕头鸥从我们头顶飞过。

马司机同意开车带我们沿公路寻找更多死去的动物，做解剖分析。在沱沱河北面，我们看到两只巨大的黑色藏獒带着一只半大的小狗，坐在它们杀死的四只藏羚羊旁边。马司机开枪打死了两只大狗，但放过了那只小的，任由它逃向不远处的一片房子。我能理解这些狗的杀戮欲望，平日里身手敏捷、一有动静就跑的猎物，现在忽然变得全无抵抗力。总的来说，食肉动物有机会就会捕杀远超出自己食量的猎物，我曾在塞伦盖蒂目睹了土狼和狮子的这种争斗。狼、豺狼和雪豹闯进畜栏时，即使杀一只羊就够，它们仍然可能咬死十几只甚至更多。当然，我们也可以在各种报道中看到打猎消遣的人们，只要有机会，他们会不停地盲目开枪。此刻我心情沉重——我深深同情那些努力求生的藏羚羊。眼前又是四只被狗咬死的藏羚羊，远处还能看到更多尸体。但就在这时，姗姗来迟的军队卡车和拖拉机从我们身边驶过，我们也连忙回到了沱沱河。这里正在宰杀牦牛，因为没有草料继续供养它们。空气中弥漫着牦牛身体散发出的热气和浓重的血腥味。

统计动物尸体的工作听起来有点恐怖，但确实让我们收获了平常很难采集到的实用资料。以 22 只死去的藏羚羊为例，其中有 6 只成年雌性，9 只未成年的小羚羊，还有 2 只 1 岁雌性幼仔，5 只 1 岁雄性幼仔。它们之中，有 13 只被狗咬死，另外 9 只死于营养不良。我们的藏羚羊群统计数据显示，雌性数量是未成年个体的两倍有余；这样按比例来算，小藏羚羊是最容易受伤害的。死去的藏羚羊中没有成年雄性。它们身形高大，觅食相对轻松，在雪中行走时的体能消耗也较少。按每单位重量计算，成年雄性的代谢率和营养需求均低于雌性，比幼仔更是低了许多。此外，雄性藏羚羊在夏季里悠然游荡，储存了大量脂肪，雌性却是经历了数月的怀孕和哺乳，进入冬季时身体纤瘦。

现在是 10 月 31 日，我们即将踏上穿越荒野的旅程，进入广袤的白色世界。我们的交通工具是一辆老旧的红色拖拉机，轮距宽大，拖着拖斗。还有一辆军用卡车，轮胎磨损严重。车上挂着红白两色的条幅，上面用汉字写着："为救灾贡献力量。"我们带了八桶柴油，一大堆木柴，还有一堆军大衣和靴子，准备分发出去。队伍中有四名军人，还有沱沱河的几位藏族居民，包括两名乡村医生和一名数学教师。他们之中有一位队长，名叫支迈，头戴一顶狐皮帽，拿着一杆 7.62 毫米口径的步枪。我跟着藏族人坐上了敞篷的拖拉机，这样可以一路统计沿途的野生动物。出发一小时后，卡车压垮冰面，陷进了藏在积雪下面的一个小水塘。大家辛辛苦苦卸下车上的东西，拖拉机好歹把卡车拖了出来，之后我们继续以每小时 6 公里多的速度稳步前进。6 点刚过，太阳下山，寒冬显露出威力。8 点，我们在黑暗中停车，搭起一顶厚重的绿色帆布帐篷，大得足以容纳所有人。藏族人用两个火力强劲的喷灯融雪，煮了方便面和茶。夜晚，帐篷里的温度为零下 34 摄氏度。我穿着所有的衣服躺在睡袋里，仍是感觉从里冷到外，两脚冻得发麻。

　　早上，帐篷里结了厚厚的霜，早饭有茶和硬邦邦的面包。拖拉机一整夜没熄火，防止冻住。卡车又不肯启动，即使让拖拉机拖着，车轮也拒绝转动。万能的喷灯再次登场，被用来加热发动机和车轮轴承，好让大家及早启程。行进途中，我记录了道路两侧 300 米之内的野生动物——1 只雄性藏原羚、6 只雄性藏羚羊、3 只雌性及 2 只未成年的藏羚羊。正午时分，我们来到一顶帐篷前，帐篷周围堆放着血迹斑斑、正摊开晾晒的羊皮，还有一堆羊头，以及被拖到旁边一条小溪冰面上的内脏。士兵们给这户人家留下了几抱木柴和几双鞋，但我怀疑他们是否真的需要这些东西。这家人穿得比我们还暖和，帐篷边有成堆的牦牛粪，燃料储备充足。他们养了 1500 只羊，家境相当富裕。不过，目前为止已有 60 只羊死去，往后很可能会有更多饿死。我们驶过又一顶帐篷，翻过一个不高的山口，驶入开阔的谷地，前方耸立着一道起伏的山岭。拖拉机在一个很浅的湖上压穿了冰面，但经过一番猛力挣扎，它终于平安上岸。我想暖暖脚，于是下了车从湖面走过去，跨过一大片闪烁在夕阳余晖中的冰花，再往前，一只母羚羊躺在广袤空寂的天地间，等待死亡降临。我从相隔一米多的地方走过，它却一动也没有动。前方一座小山脚下，立着4顶帐篷。我们抵达时，天已黑了。

支迈、明江和我应邀在一家人住的小帐篷里过夜。这家主人是一个戴着墨镜的年轻人，因为害了雪盲，眼睛不太舒服。他和他的妻子以及两个女儿——一个5岁，一个7岁，都穿着厚厚的羊皮藏袍。一个小婴儿被一床棉被裹得严严实实，躺在牦牛皮制成的篮子里动弹不得，只能瞪着眼睛看着帐篷里发生的事。我们挤在生铁的大火炉周围。炉边挂着两个巨大的野牦牛角，充当牛奶桶。晚餐有面条、羊汤和酥油茶——热乎乎、营养丰富的一顿美餐。我们在帐篷一角的地上睡下，很感激这家人的热情款待。女主人早上很早就起来生火，两个女孩仍缩在她们的羊皮小窝里，但我听见她们在咯咯地笑。我们的早餐是用糌粑和茶水调成的糊糊。

郭杰庭过来通知说"今天休息"。我们到一个大帐篷里跟大家会合。这里地上铺着岩羊皮当地毯。墙上贴着佛像、喇嘛和有毛主席的招贴画。我在炉边记笔记，其他人打牌聊天，一杯接一杯地喝酥油茶。这里总共有4户人家，17个孩子。4家人一共养了超过3000只羊，雪灾发生以来冻死了200只。他们说，今年没有一只羊被狼咬死。

1872年，俄国探险家尼古拉·普热瓦利斯基在这一地区旅行时，这里尚无人居住，暴风雪同样猛烈。他在1876年出版的

《蒙古、唐古特地区和藏北荒漠》一书中写道：

> 西藏的荒野中没有任何正规公路，只有一些野生动物踩
> 踏出的小径，杂乱地伸向四面八方。商队沿直线行进，借助
> 突出的地貌特征确定方向……1870 年 2 月，一支 300 余人、
> 带着 1000 头驮畜的队伍由拉萨出发，途中遭遇猛烈的暴风
> 雪以及随之而来的严寒，最终损失了所有牲畜及 50 个人。

第二天，我们抵达又一座帐篷。藏族人和往常一样，见面
问候时先要握握手，然后以右颊轻触对方右颊。我们留下了一
些木柴和两双靴子，然后继续赶路。途经一片低矮山丘时，我
们看到两只盘羊，一雌一雄，年纪不大，慌里慌张地逃开了。
一只雌性藏原羚的尸体横陈在前方路边。我们停下车，我为它
称了体重，只有 13 公斤，瘦得出奇。接下来拜访的人家有两顶
帐篷，慷慨地腾空了其中一顶，供我们今晚休息。同行的几位
军人李、王、金、戴工作勤勤恳恳，不论多苦都没有怨言。他
们开着卡车去远处帮主人家运牦牛粪。我坐在帐篷边，看着
一只毫无戒心的褐背拟地鸦——一种喙有点弯的浅棕色小鸟——
在我脚边撕扯一张老羊皮上的油脂。与沱沱河那边一样，总有
成群的小鸟到人类居所附近找吃的。突然一阵枪声响起。李和
一个伙伴干活回来闲得无聊，于是把鸟当作靶子练习射击。两
人打伤了一只褐背拟地鸦，还打死了一只雪雀。我提出抗议，
但一个外国人的意见根本无足轻重。

我们继续前行。坐在敞篷的拖斗里，我冷得发抖，只能努
力把身体埋进行李堆。其他人也都心不在焉地沉默着，尽量不

去注意周围残酷的现实。这一带有很多鼠兔，车子驶过便消失在雪地里。在一个旱獭洞边，一只兔狲正蜷着身子晒太阳。兔狲身形像壮实的家猫，但长了一张哈巴狗似的脸，灰色的毛很长，是一种难得见到的珍稀动物。同行的藏族医生钦美道吉拿起了他的猎枪，示意拖拉机停下。"不要！"我挥着胳膊大喊。兔狲钻进了洞里，钦美咕哝了几句。"在这个美丽的地方，它正那么安详地休息，不该在这个时候死掉。"我说得很平静，只是脸上藏不住心中的怒气。一小片石峰突起的山岭前，站着三只公鹿，个头似驴，毛色深棕，顶着巨大的象牙色鹿角。它们是白臀鹿，马鹿的一个亚种，我生平头一次看到，它们通常生活在东部的森林里，现在跑到离家这么远的地方，让人很是意外。一片耸起的岩石边有几小群岩羊，一个藏族人告诉我，这里很少有雪豹常年栖息。看到这些动物，我的心情又好了起来，但也仅仅维持到我们拜访的下一个帐篷。这里简直是一个屠宰场。我一共看到七只雄性岩羊、五只藏野驴、两只藏羚羊以及一只藏原羚。这里还拴着八只狗，都是用来追赶岩羊的猎狗，可以把猎物围困在峭壁上，让猎人慢慢解决。不远处的一顶帐篷里有一位年迈男子，一位老妇人，两个年轻女人，还有几个孩子。帐篷里的家当简陋而破旧，炉火看上去奄奄一息。车上的木柴很快让屋里暖和起来，我们煮了热茶。我同情这个贫困的家庭，不会责怪他们为求生存而捕杀动物。这个冬天，羊死了，这家人已是一无所有。我们在旁边搭起帐篷。夜里的气温肯定比零下 40 摄氏度还要低，但温度计已到极限，显示不出更低的温度了。我嗓子疼，其他人也都在咳嗽，抽鼻子，大家整天挤在一起，而且有些人习惯了随地吐痰，擤鼻涕，相互传染并不奇怪。

11 月 5 日是一个难忘的日子，这天我坐的卡车忽然陷进了积雪下面的泥沼。司机猛踩油门，但轮子空转，卡车陷得更深了。拖拉机先行一步去了另一处营地，完全没办法联系。车轮很快就结结实实地冻在了冰里。我们像冬眠的旱獭一样，在车上紧紧靠在一起，盖着军大衣。大家啃了几块冰冷的面包当晚饭。燃料都在拖拉机上，我们甚至没法生火煮茶。另一队人马于次日中午返回，从他们过夜的营地开车回来要三个小时。军让报告说，他一路上看到了两只白臀鹿，还有一群 12 只死去的藏原羚。在他们启程折返昨晚的宿营地前，大家试着将车轮周围挖开，拖拉机用一根缆绳系住卡车，一次次猛拽，但卡车依然纹丝不动。我们几个决定在原地再住一晚。大家用牦牛粪生起一堆浓烟滚滚的篝火，不一会儿就烧好了茶，抚慰极度缺水的身体。我们拿出此前在一户人家买的一整只宰好的羊，切下小条的肉，用铁丝串起来，在火上烤起了羊肉串。人们往往把野外的艰苦生活当作一种乐趣，甚至一边享受一边抱怨天太冷、雨太多之类的折磨。此时此刻我们正体验着极致的湿冷。然而多年以后想起这段旅程，我仍会有几分怀恋。

第二天中午，拖拉机回来了。众人又毫无章法地挖了一阵，并未抱太大期望。然后，精通机械的几位军人发现，变速箱里有一个部件坏了。卡车没法继续走了。三位藏族人留下来看车，其余的人往西走，到公路上去找人帮忙，现在救灾队也需要救助。一只死去的藏野驴躺在雪地里，另一只站在一旁，仿佛在守护尸体。我们靠近时，它没有逃走，只是绕着死去的伙伴转圈。

第二天，我们看到前方有南行的卡车，远远望去像是漂浮在雪上。我们离公路不远了。

这次 8 天的旅程中，我们见到的野生动物很少，只有 154 只，主要是藏原羚、藏羚羊和藏野驴。大群的藏羚羊都去了哪里？我们走了大约 402 公里，路过仅十几户人家。从这些人提供的情况来看，目前只有 3%—4% 的羊饿死，但往后的形势很不乐观。现在他们已经杀了一部分羊卖钱，等来年春天再买新的。有意思的是，今年只有一户人家有羊被狼咬死，而且仅仅三只，而我们这一路上一只狼也没看见。所幸，省长派直升飞机捕杀野狼的提案也许不会有太大成效。

在羌塘研究藏羚羊及其他野生动物的计划，开端令人失望。但是这段日子里，我们也学到了极其宝贵的一课，亲眼看到在这样严酷的高海拔环境中，偶然发生的一场气象灾害会给野生动物带来怎样沉重的打击，即便是再严密的防护，能为它们挡去人类的伤害，却仍抵挡不住大自然的侵袭。现在，每当听闻某种动物数量回升，我在欢喜之余并没有忘记，只需一场天灾便能抹杀所有的成绩。

夕阳余晖中，我们终于到了公路边。沱沱河还要由此往南约 30 公里，开拖拉机需要几个小时。我们急着回去，挥手拦下一辆卡车，司机答应带上四个人。我们爬进篷布遮盖的车斗，却发现里面躺着两只死去的藏野驴。几百辆卡车正沿着公路收集动物尸体用于制胶，我们竟鬼使神差地上了其中一辆。如此一来我们的统计结果中又增加了两具尸体。我坐在一只冰冻的藏野驴背上回到了沱沱河。为期三周的考察至此结束。

一年后，1986 年 11 月，我们再次来到沱沱河，计划用 10 天时间查看周边地区的野生动物以及牧民和家养牲畜的近况。据介绍，这里有三分之二的绵羊、山羊以及半数的牦牛因饲料匮乏而死去，许多家庭的处境极为艰难。与上一年相比，公路附近的野生动物非常少。不过，原野上基本没有积雪，可以随意开着车四处搜索。我们的考察路线之一是从沱沱河往上游走，上次雪暴过后，那边有许多藏羚羊。这一次它们还在，只是变成了风干的尸体，裹着一层一碰就碎的皮。我们共发现了 193 具尸体。

探险家加布里埃尔·邦瓦洛在《穿越西藏》一书中写道，1890 年 1 月 12 日，他经过羌塘时看到"一片山谷中遍地皆是动物骨骸"，有盘羊、藏野驴，还有藏羚羊，那情景或许正像是此刻我们眼前这一幕。再往北，在远离公路的地方，四散分布着成群的藏羚羊，我们一共看到了 1380 只。公羚羊正处在发情期，在异性面前昂首阔步，高声叫着展示雄风。很少有母羚羊身边带着孩子，也许是上一个冬季身体状况太糟，因而未能受孕或不幸流产，亦或是产下的幼仔太虚弱，很快便夭折了。除了藏羚羊，我们还见到了 465 只藏野驴、83 只藏原羚以及 14 只狼，包括一个 8 只的狼群。这些幸存的动物是羌塘再度繁荣的希望，我期待着将来再见到它们和它们的子孙后代。

我们亲眼目睹了羌塘为藏羚羊等动物，也为闯入此地的人类提供了何等严酷的生存环境。在这种高海拔地区，1985 年雪灾那样的偶发性自然灾害可能给生物带来长远的多重影响，对我而言，这是宝贵的经验。我心中的指南针比以往更加坚定地指向西方，指向西藏羌塘和那幅广袤的、空白的野生动物地图。任何一个这样的考察项目，在结束时会解决一些问题，但必然会生出更多有待解答的新问题。比如说，我现在很想了解藏羚羊的年度迁徙路线，而不仅仅是此前看到的那些觅食活动。和藏羚羊一样，我开始了我的漫游，每年造访青藏高原，走过了青海西北部，走过了新疆南部边缘，最终进入西藏考察，并将这些经历记录在《西藏生灵》一书中。每一次旅行都带来了新的收获，一点点拼凑起藏羚羊的隐秘生活，但是我还需要了解更多，尤其是藏羚羊的秘密产仔地。为此展开的探索，为保护这些地方、保护藏羚羊的未来所做的努力，在此后岁月里推动着我不断前进。

第二章

产仔地之谜

　　1988 年，我在西藏羌塘开始了野外研究。这片广袤的土地从青海省西部边界开始，向西延伸 885 公里，横跨阿鲁错和美马错（"错"在藏语中意为"湖"）所在的美丽盆地，直至到达中印边境附近。截至 1994 年，我与西藏林业局以及青藏高原生物研究所的工作人员合作，在这一地区进行了七次野生动物调查。凯常常陪我同行，草原生态学家丹尼尔·米勒曾两次与我们同行，评估牧场状况。除了偶尔向北做短途考察，进入海拔多在 4800 米以上的荒漠草地，我们的研究工作都集中在海拔相对较低（约为 4400 米）的高山草原，这条辽阔的草原带是藏羚羊、藏野驴、藏原羚等动物的主要活动区，也是牧民和他们的牲畜永久定居的地方。然而我的目光仍不时越过高原和白雪覆盖的山峰，望向北方更远处的无人区。

从我们的观察结果以及牧民提供的信息来看，藏羚羊通常在高山草地度过秋季至春季这段时间，多在家畜附近活动。5月里，多数母羚羊会消失一阵，去北边的某个神秘地点产下后代。没人能说出它们究竟去了哪里，只知道7月底或8月，它们便会带着幼仔重新出现。雄性藏羚羊不会一同远行，它们始终在冬季栖息地附近活动，顶多到不远的地方转一圈，像是在等着大家回来重聚，在11月和12月共度发情期。这种状况自然激起了我的好奇心。这是一项双重挑战，一方面是破解一个科学谜题，另一方面是深入羌塘探索那些牧民也没去过的偏僻角落。世界其他地方有一些类似的动物，如北美驯鹿、角马、蒙古黄羊等，也是在某个固定地点产仔，但与藏羚羊不同的是，雄性也要跟着迁徙，一同到那个地方去。每一种动物都是在适应过程中，由一系列特定的生态条件塑造而成，而我甚至无从猜测究竟是怎样的自然力量造就了藏羚羊群的这一特点。从我们在初期考察中找到的线索来看，西藏有三个较为明确的藏羚羊种群，我将它们分别命名为羌塘东部、中部及西部种群，每一个种群都有自己的特定产仔地。此外，我还发现青海另有一个藏羚羊种群。

破解一个自然谜题，例如雌性藏羚羊的迁徙目的地，这是一件很好玩的事；能够深入了解一种动物的生活，获取新的知识也很让人高兴。我原本希望从容一点，逐步展开探索，却没想到事情突然变得紧急起来，我们必须尽快增进对藏羚羊的了解。20世纪80年代末至90年代初，这种动物开始遭到大规模屠杀，而我完全猜不透这股杀戮之风因何而起。直到1992年，我终于发现藏羚羊被杀是因为它们的优质羊绒走私到印度之后，被织成了昂贵的沙图什。关于这件事，我将在后面一章里详述。西藏自治区政府在 1993 年建立了羌塘自然保护区，2001 年，这里升级为国家级保护区，覆盖面积近 30 万平方公里，几乎相当于整个德国的面积。尽管如此，盗猎藏羚羊的现象始终存在。这并不让人意外，因为当时约有 4000 户人家住在保护区内（今天甚至更多），而且从城镇开车去那里非常方便，更何况非法交易能够带来丰厚的利润。这片保护区实在太大，很难有足够的车辆、人员和资金支撑反盗猎行动，在无人区更是难以做到。

要拯救藏羚羊，必须在各个地方对迁徙的种群加以保护，包括其冬季栖息地，迁徙路线沿途，以及最重要的——产仔地，这是它们最集中、抵抗力最弱的地方。而对于后两处，我们几乎一无所知。这项任务比我预期的更困难，也更让人充满挫败感。我们无法像在非洲那样，借助飞机追踪动物，统计数量。冬季的雪和夏季的雨经常导致行期延误。寻找并研究产仔地的工作，变成了一场毅力的磨砺，一直持续了 17 年。

研究报告总是以条理分明的文字和图表阐述事实，从提出观点到得出结论，呈现出一条漂亮的线性轨迹。然而现实中的田野工作并非如此。在羌塘的那些日子，包含没完没了的暴风雪和刺骨寒风，车子不时陷入泥沼，有些地段无法通行，有些工作伙伴对研究缺乏热情，藏羚羊会突然消失无踪。但有时候，我们与野生动物也会有一些绝妙邂逅。我希望能通过这些文字呈现资料搜集工作的庞杂混乱：没有规律，没有章法，每一天都要设法解决后勤问题，有时甚至要全力维持最基本的生存，无暇顾及其他。在此过程中，或许最珍贵的莫过于耐性。不过多数情况下，到最后，我们终究还是能收集到相关资料，作为开展保护工作的依据。

要找到西藏三个藏羚羊种群的产仔地，至少要针对每一个种群进行两次考察。母羚羊在6月底产仔，这更增加了任务难度，因为在羌塘，这是最不适合旅行的季节。下面我要讲的，是1994年我们寻找羌塘东部种群产仔地的故事。

藏羚羊踩踏出的小径，有许多都朝着北方或东北方伸展，从冰封的高耸山峰普若岗日旁经过，那附近是双湖，羌塘东部地区的管理中心。前方的一片山谷中，一群约有300只的雌性藏羚羊脚步匆忙，正专注地奔向远方某个目标。今天，1994年5月30日，我们正处在一支迁徙的队伍后方，眼下唯一的任务就是尾随羌塘东部种群的这些藏羚羊，找到它们的产仔地。

无数条小溪和随着冰川水流沉积下来的碎石从普若岗日向外延伸，我们的沙漠王子越野车可以相对轻松地开过去，笨重的卡车就不一定了。包括牧场生态学家丹尼尔·米勒在内的10人考察队，现在就遇到了这样一个地方。西藏林业局的刘务林提议在这里设立大本营，然后只开一辆越野车追踪。但我认为目前我们离任何产仔地都太远，因此执意要求继续前进。司机巴布查看地形之后宣布："不行。"——这句话出现的次数多得让人冒火，大家干脆都叫他"布行"。接着，旅途中的一个固定节目再度上演，这是我们在这次旅行中、在各次考察过程中经常见到的一幕：所有人都犹豫不决地站在那里，跺跺脚看看地面情况，捡些小石子扔进水里，但是没有一个人发表意见。名义上的领队刘务林解释了他的务实原则："我让司机决定路线，这样万一我们陷在什么地方，他们也乐意把车子弄出来。"换种不太委婉的说法，意思就是倘若由你做决定，车子陷进去了，那就是你的错了。不管怎么说，最终我们还是轻松跨过了这条小河。

普若岗日的北面是多格错仁，一个长约48公里的湖泊。多条溪流在这里汇入湖中，所以路格外难走。我们先是向东，但没能找到藏羚羊的蹄印。姑且假设藏羚羊是沿着湖的西岸往北走了，我们也选择了这个方向。大家一连找了几天，迁徙队伍却仍是不见踪影。这里栖息着几百只藏羚羊，但全都是雄性，它们显然是把这块地方当作了夏日度假地。一行人继续向北，来到高耸的山峰若拉岗日脚下。我们看到山坡上一只母棕熊正在挖找鼠兔，用宽大的前掌刨着地，朝身后扬起一阵阵尘土。一只姿态优雅、浅棕色的狼正守在一米半开外，伺机扑向逃窜的鼠兔。不远处还躺着一只十分魁梧的公熊，眼下正是它们的交配季，它的深褐色毛皮在阳光下显得油亮亮的。母熊起身走开，狼紧随其后，公熊跟在它们后面亦步亦趋，这是我见过的最古怪的一个队列。

行进至此，我认识到，雌性藏羚羊必定是往东走了，一路穿过普若岗日的山麓丘陵，跨越不远处的省界进入了青海。我觉得奇怪，为什么它们要选择这么艰难的路线？多格错仁所在的盆地明明好走得多。在上一个冰川期末期，多格错仁等湖泊远比今天更大，湖边山坡高处的古代水岸线清楚地表明了这一点。随着冰川消退，湖水在烈日照射下蒸发，这些湖泊越来越小。或许藏羚羊只是遵循了古老的迁徙路线，绕着曾经直抵山脚的湖泊行进。经过一个月的搜索，我们在6月底回到了双湖。这次考察收获颇丰，但母羚羊始终没有出现。

在羌塘，曾有很多探险家走过我们搜寻藏羚羊的这片区域，每个人都在这里遇到过困难——只是截然不同于我们面临的问题。我对其中一次考察尤其感兴趣：那是在我们之前、最早一次有外国人参与的穿越行动。进入羌塘北部地区的外国人屈指可数，我找来他们的旅行记述，无论是关于一座山峰还是一群野牦牛的描写，我都认真拜读，与我在 1994 年看到的情况进行对比，希望能从文字中找到今天与过去的联系。但是整个 20 世纪，自斯文·赫定的 1908 年探险行动至今，羌塘这一区域的考察记录一直是一片空白——这期间仅有一次例外：美国人弗兰克·贝萨克和他的白俄罗斯伙伴瓦西里·兹万佐夫，于 1950 年穿越了羌塘。经丹尼尔·米勒引见，我在 1992 年及 2004 年，两次赴米苏拉拜访弗兰克·贝萨克和他的夫人苏珊，当时他是蒙大拿大学的人类学教授。弗兰克·贝萨克高大瘦削，留着很短的花白胡子。因为青光眼的关系，他的眼睛已接近失明，总是茫然看着上方。他嗓音低沉，讲话清晰，回答了我就野生动物观察工作提出的问题。贝萨克的旅行笔记原件一直由美国中央情报局收存，被列为绝密档案，近半个世纪过去了，就连他自己也看不到。根据《信息自由法》，我提出了查阅申请，结果收到了一份经过删减编辑、用打字机打出来的文本。2006 年，贝萨克与妻子合作完成他们的讲述，出版了《探秘羌塘死亡之境》一书。（弗兰克·贝萨克于 2010 年 88 岁时去世。）

　　1945 年，贝萨克随中央情报局的前身美国战略情报局赴华。

之后，他以富布赖特学者身份留在北京，对蒙古文化产生了兴趣。1949 年，他西行到达迪化，也就是今天的乌鲁木齐，在那里结识了美国领事兼中情局探员道格拉斯·马克南。随着毛泽东的军队节节逼近，两人逃向新疆南部，同行的还有 3 个因国内局势动荡而出逃的白俄罗斯人。第二年 3 月，这 5 个人带着骆驼和马匹向南进入山区，最初的一段路程有哈萨克向导带路。在今天新疆阿尔金山保护区所在的地方，他们发现"到处都是羚羊"，弗兰克·贝萨克告诉我，而且"牦牛会径直朝我们走过来"——那时的野生动物显然比现在更多，也更不怕人。一行人继续向南，经过木孜塔格峰进入西藏。马克南用无线电与美国国务院保持着联系，请他们通知拉萨方面自己即将抵达。贝萨克在他的书中谈到马克南时说："我觉得他带了一台盖革 – 米勒计数器。"① 这句话含糊得有些奇怪。有人怀疑马克南当时正在找矿，具体来说，在找铀矿。

马克南记有一本日记，但在 4 月 25 日戛然而止。在这之后就只有贝萨克一人的记述了。4 月 29 日，几个人看到一片稀稀落落的帐篷，这是他们第一次遇见西藏的人，其中有六个带枪的人，是一支西藏边防巡逻队的队员。贝萨克独自去不远处拜访一户牧民。他在日记中写道，返回时，他看见"四个人双手举在头顶走出帐篷……迎向朝他们走来的几个藏族人。双方即将碰面时，突然响起两声枪响，马克南大喊：'别开枪！'接着又是一声枪响。三个人倒在地上，第四个朝帐篷跑去。一阵零

---

① Geiger counter，一种专门探测电离辐射强度的计数仪器。由德国科学家 H.W. 盖格和 E.W. 米勒设计、改进。——编者注

乱的枪声响过,这个人左腿一软,但仍坚持跑进了帐篷。"

马克南和两个白俄罗斯人被杀,另一个人受了伤。贝萨克和兹万佐夫沦为囚犯,物品被洗劫一空,而后被押往南方。拉萨派来的信使直到 5 月 3 日才赶到,命令边防守卫确保探险队一路安全通行。美国国务院办事拖拉,没有及时通知拉萨,结果信使来晚了五天,未能阻止这场杀戮。后来贝萨克和兹万佐夫被释放,两人到拉萨之后,继续前进去了印度。

1994 年,追踪羌塘东部种群的任务以失败告终,1997 年,我们再度尝试。这一次,我们的目标是在迁徙的藏羚羊群离开西藏、进入青海时中途拦截,然后尾随它们前往产仔地。我们的计划无懈可击,现实中的旅行却是完全不同。

6 月 1 日,我们从西藏的那曲市驱车向北前往格尔木,途中翻越唐古拉山口,再往前经过沱沱河,即 1985 年冬季考察的大本营。在沱沱河北面,我们离开公路,进入可可西里地区,向西朝着省界行驶,眼前是望不到头的天际线。我们这支队伍共有十一个人,包括司机,一名厨师以及森林警察西热,车子有两辆丰田陆地巡洋舰及两辆卡车。刘务林再次担任领队,队里还有同属西藏林业局的张宏。后来担任北京大学自然保护与社会发展研究中心以及山水自然保护中心负责人的吕植也参与了这次行动。她曾投入多年心血,出色地完成了大熊猫研究工作,也因此有足够的经验应付雪域山区的艰苦环境。

旅行伊始,羌塘的神明就对我们不太友好,每一天都是恶劣的天气，每前进一公里都异常艰难。司机洛特试着安抚神明，用牦牛粪点起一堆火，烧了一小片我们找到的盘羊角，这片红色的东西象征着太阳。然而这仍是徒劳——一天又一天，狂暴的东风卷着雪，无情地扑向我们。中午前后，雪往往会融化，这时所有的小溪都变得有如瀑布，所有的山坡和谷地都化为颤巍巍的沼泽。我的田野笔记多少反映了当时的日常状态。

6月4日。8点30分启程。刚走了几公里，卡车就陷进了沙土堤岸，其实之前有人为司机洛特指过一条更好走的路……大家花了两个小时下车，搬石头，挖土，把轮子垫起来。继续上路走了没多远，一条泥泞的深沟拦在前方。我们由泉水上方沿着山脚走，轻松绕了过去。卡车却没跟着我们的车走，而是选择了抄近路，结果陷进了山坡上的烂泥。

6月9日。高处的山梁上有七头牦牛，其中三头还很年幼……此时9点已过，冰冻的地面在阳光下开始变软。天气基本晴朗，但风寒刺骨。我们看见山坡上有一只熊，不远处还有一只母熊带着幼仔，随即看到了第四只。一只熊在挖找鼠兔，两只藏狐跟在它身后。开到山顶附近，两辆卡车双双陷进沟里。脚下的草地踩上去都是软绵绵的。现在才10点15分……我们只能等着夜里地面冻上。

我们决定建一个大本营，让卡车停在这里，开着丰田越野车继续上路。6月12日，我们启程向西，车上满载着食品、野营装备和备用汽油，还没开出营地的视线范围，车就陷入烂泥。全队人一起出力，把我们挖了出来。在一个大湖——西金乌兰湖的东岸附近，我们遇到了几群雌性藏羚羊，总共约有 400 只。我们继续朝着省界方向往西走，离 1994 年的考察地点不远，想看看这些母羚羊可能从哪里来，但结果只找到了公羚羊。三天后，我们调头返回营地，准备向北做一次考察。帐篷已遥遥在望时，两辆越野车又一次陷进泥里。这样的日子里，我忍不住会质疑自己对这片土地的爱。卡车司机想回家。他们怕遇到找金矿的人，我们见过那些人挖的坑。据说最近藏族牧民和外来者因为土地纠纷闹出过人命。另外，拉萨的藏人习惯了相对舒适的生活，羌塘的严酷环境让他们感到不安。

沙地看上去很干，但我们的越野车陷得很深——不到 2 公里的一段路，竟陷下去 8 次——大家苦干 7 个小时才把车子救出来。第二天，我们驱车向北前往另一个大湖可可西里湖，看到了约有 500 只的一群雌性藏羚羊，它们很怕人，一下子跑上了一片积雪残存的山坡。湖面尚未解冻，四下里荒凉孤寂，偌大的空间里，只有 9 只藏羚羊在游荡。风雪整夜撕扯着我们的帐篷，到了早上，有些地方的积雪已深达 60 厘米，我们无法继续前行。虽然看起来不像是春天，但紫花的棘豆、白花的筋骨草、黄花的虎耳草透露了春的信息。

斯文·赫定曾于 1901 年路过可可西里。他在恶劣天气里骑马行走数月，对此我一点也不羡慕，我们至少还有暖和的汽车。斯文·赫定是一位与众不同的探险家，羌塘的孤寂竟让他为之陶醉。他将未知的地域绘入地图，一走就是一年，每次都是独自带着完全由当地人组成的队伍上路，实在令人惊叹。但是他也做过不那么值得称赞的蠢事，回到欧洲后，他一心希望自己的旅行成就得到认可，为此在 20 世纪 30 及 40 年代投靠德国，结果树敌无数。我小时候在德国读到赫定写的一本书，由此第一次知道了西藏这个地方。书中鲜活而迷人的描写、栩栩如生的刻画，让我仿佛真的看到了裹着羊皮的游牧民，藏羚羊之类的奇异生物，还有渺无人烟的高原。多年以后，我在羌塘一次又一次经过赫定当年走的路，拜读了他的《穿越喜马拉雅》（1908年）等许多著作，他对这片土地的看法让我产生了共鸣。他似乎也感受到，羌塘景色浑然成一体，但并非一成不变，空白之处也自有一种美感。

下面是摘自赫定书中的两段精彩描述：

> 行走在孤寂荒凉的广阔地域，有人认为这样的旅行必是乏味而令人不堪忍受的。然而他们错了。世间再无如此壮美的景色。每一天的跋涉，每走一里格①，都会让人发现难以想象的美……

> 这是一种美妙怡人的滋味，我们发现自己是第一批走进这片大山的人类，山中没有路，从来不曾有路，也不曾出现人类的足迹，仅有些牦牛、羚羊或藏野驴的蹄印而已……

---

① 通常用于航海测量，一里格约为 5572 米。——编者注

我们发现藏羚羊从可可西里湖一带向东，翻过一道白雪覆盖的山岭，朝卓乃湖走去，沿着这条路线驾车追踪实在太难。于是我们绕道向北，选择积雪较少的地段，进入了一座通向湖边的山谷。阴沉沉的雪幕遮蔽了地平线。汽车陷进了泥里。我和刘务林、吕植、张宏爬上旁边的一座小山，盼着看到成群的藏羚羊就在前方。我们只看到了一只孤零零的公羚羊。迁徙路线想必是在别处。

　　第二天早上，正准备启程返回大本营时，我经历了一件有趣的事。我喝了一杯热乎乎的橙汁，是用果珍冲调的，喝完突然汗如雨下，晕了过去。醒来时，我平躺在地上，眼前是一圈忧虑的面孔。我站起身，身体一切如常。（但从那以后，我再也没有碰过果珍。）在通往可可西里湖的一个山口，我们见到了大约 90 只藏羚羊，同样也在往东走。不远处躺着一只被狼咬死的母羚羊，腹中尚有足月的胎儿。当天，即 6 月 23 日晚些时候，我们再度遇上了麻烦，我的田野笔记这样写道：

　　　　前方的山谷是一片可怕的沼泽。吕植和我提出一条路线（后来事实证明这是一条好路）。张宏提议抄近路，不知出于什么原因，司机索拉总是听他的话——结果，两辆车都深深陷进了泥浆。这时是 11 点。两位司机穿着橡胶靴在泥里苦干了几个小时，冻得双手冰冷，努力用千斤顶顶起车轮。我们不停地搬来石头，感觉足有几吨，垫在轮子和烂泥之间。

汽车往前移动了一两米,然后又陷了进去……我独自走开,到不远处一个小湖边的蒿草地查看。这里看来是狼的公共卫生间。我检查了44堆粪便,里面的内容大都来自藏羚羊、鼠兔和旱獭。一只渡鸦探头探脑地过来看看情况,它们经常做出这种举动。两只赤麻鸭边叫边飞了过去……到了晚上,两辆车都被石头垫了起来,停在泥潭中央。但愿等早上地面冻硬了,就能把它们开出来。晚饭又是方便面,这是我们唯一的选择。

从我们多次观察到的情况以及藏羚羊留下的足迹判断,很显然,它们大都是从南方直接过来的,属于青海的一个迁徙种群。我们在一年前的一次考察中发现,这些藏羚羊在沱沱河上游过冬。现在我们已跟着它们向北、向东走了120公里,正一步步接近卓乃湖一带的产仔地。可是,羌塘东部种群在哪里?我们看到过很多蹄印从西藏延伸至青海,坚定地一路向北,并怀疑这就是那些失踪的藏羚羊。它们有可能在我们东面的某个地方产仔,靠近另一个湖,勒希武担湖。如此看来,至少有两个迁徙种群有可能在这一地区产下后代。

6月25日,我们回到大本营,准备全面撤回。因为天气的关系,我们已无法继续工作。司机在前面徒步探路,可是他们不做标记,也不跟着前车的车辙行进,所以这一路仍和以前一样频繁陷车,甚至曾在一天之内陷车十一次。如果开出整整一公里都没有陷进泥里,大家就要欢呼了。绿绒篙花开正盛。一只落单的雌性藏羚羊脚步迟疑,不愿逃开,我们的司机发现了刚出生的宝宝。这天是6月30日,我们找到了一处产仔地——

一只藏羚羊的产仔地。

　　半天的路程，我们整整开了五天。洛特当初应该再多烧点
盘羊角取悦神明。卡车彻底陷落了。大家搭起帐篷，闷闷不乐
地绕着每个帐篷挖了一条沟。接下来我们应该一起徒步走出去
吗？还是应该让丰田车开到公路上去，找一辆马力强劲的奔驰
卡车，把动力不足的东风卡车拽出来？（东风意为"东方的风"，
可它们充其量只能说是"东方的微风"。）大家反反复复地争论，
最后决定，两位卡车司机与那位为人可靠、工作勤勉的森林警
察西热留下来看守卡车，其余的人开车离开。我们没有卫星电话，
即便有办法联系外界，恐怕也很难有谁乐意派一支救援队过来。

　　我们于 7 月 4 日动身，天气晴好。莫中是本地的一位藏民，
以前在金矿工作，这次担任我们队里的向导。他说他知道一条
最快捷的路，能到达最近的游牧营地。不过，他上一次来这里
已是 21 年前的事了。没过多久，我们就迷了路，不得不停下扎营。
一群野牦牛从不远处走过，数数蹄印，共有 54 头，包括 13 头幼仔。
第二天，我们继续曲折前行，车子不停地陷进泥里，我们只好
下车步行，走到公路上去找人帮忙。

　　大家一人背一个包，装着睡袋、充气床垫、备用衣物、碗
和勺子、笔记本及照相机。我们的野营装备包括两个小帐篷、
一个水壶、一些食物和一个喷灯。早饭是热水和饼干。一场猛
烈的冰雹突然袭来，大家都躲到一块防水布下面，藏族人挤成
一团，其他人另聚一堆。眼下正是雪灵芝盛开的季节，山坡上
一片雪白。我喜欢行走在这样的原野上；荒寂的景色并不可怕，
反而让心沉静，给人以宏大的体验。一座看起来就在近旁的山
丘，或许要走上两个小时才能到。我的心与这片土地相连，我

的感官因它而兴奋,成群的角百灵、仓鼠都让我感觉亲近。不过,我必须承认,此时此刻我更乐意坐着越野车飞驰在原野上。这段徒步旅程对每一个人都是考验。我起初有些担心吕植:虽然短发下面那张温和的圆脸总是挂着微笑,她仍显得有点弱不禁风。事实证明,她和所有人一样坚韧顽强。

第二天,莫中说牧民家还要往南走。不久,我们看到前方有8头牦牛,莫中说这一带已经没有野牦牛了。我们用望远镜一看,有的牦牛身上带着大块的白色印记,无疑是家养的。向晚时分,远处出现了两个白点,渐渐走近,可以看出那是两顶牧民的帐篷。也许明天我们可以租几头牦牛来驮运装备。队里的藏族人去试试找人帮忙,我们几个在周围闲逛,享受暖阳下的一点闲适时光。不远处有几块突出的岩石,在一处凹洞里有一个猎隼的窝,窝里有一只已经长大的雏鸟。相隔仅四米半的另一个凹洞里,有一个赤麻鸭的窝。鸭子似乎是想在身形巨大、黑灰相间的猎隼夫妇旁边求得一点保护,可是,鸭子本身可能是很容易捕获的猎物。

临近傍晚时,来了三匹马和两头牦牛,由一位牧民领着。莫中骑上一匹马,刘务林和吕植轮流骑另一匹,我徒步走了8公里,来到一处营地。这是一户热情好客的人家,有6个孩子、950只羊和30头牦牛。在这里扎营的游牧民,有的来自沱沱河,有的来自省界那边的西藏,如今在这里争占放牧的地盘——去年还有牧民为此动起手来,而50年代中期之前,这块地方还无人居住。我提议让司机回去,把越野车开出来。天气状况一直不错,大部分路都已干了。刘务林表示同意,但正如他说的,司机是藏族人,他无权命令他们做什么,而他们并不想去。更何况，索拉是某位书记的司机。万一出了问题，上面会相信他说的话。吕植补充道，出了任何问题，一切责任都会落到我这个外国人的头上，虽说我并不参与决策。这就是所谓的团体动力学。

早餐有酸奶，十分美味。3头牦牛驮着我们的行李装备，这些任性又没受过训练的动物横冲直撞，想把身上的包袱甩掉。中午过后，我们来到一处营地，这里有3顶帐篷，住着17个人。这是一个富裕的家庭，养了1200只羊、210头牦牛、15匹马。当家的阿佳答应第二天带我们去沱沱河。比起在烂泥里挖车，穿越这片美丽的草原让人备感舒心。不过，我一直未能找到野生动物。启程向沱沱河进发的这一路上，我的笔记本里总共只记下了9只藏原羚、11只雄性藏羚羊和1只藏野驴。牧民告诉我们，沱沱河那边有一些人"猎杀藏羚羊发了财"，那些外来的人盗猎动物，把肉拿去卖，或在找金矿时自己用来充饥。方圆几千平方公里的土地上，如今残存的野生动物少得可怜。

第二天，7月12日，沱沱河出现在前方。阿佳在离镇子3公里的地方扎下营，让他的两头牦牛继续驮着我们的行李走完余下的路。厨师何章宝以及张宏、吕植和我准备搭长途车返回拉萨。其他人搭下一班车去那曲，找解放军帮忙取回我们的车。

几个月后，我意外地收到林业局寄来的一张高达42235美元的账单，要求我支付这笔额外费用，因为卡车和人员在羌塘被困了几个星期。实际上，军队只用了几天就把那支队伍救出来了。当面问及此事时，刘务林很爽快地承认，账单上的大部分款项都是胡编的。"办事的人为单位的利益骗外国人，会受到领导表扬"，他解释得简单明了，"如果骗人是为了中饱私囊，我们就会受到批评。"我支付了账单中极小一部分合理的费用，双方合作得以延续。

　　我们在 1994 年和 1997 年定下的目标是追踪西藏的羌塘东部种群，找到它们的产仔地，结果却偶然发现了另一个迁徙种群青海种群的大致位置，对于那些西藏的藏羚羊，我们只能从它们留下的足迹推测迁徙路线。产仔地之谜依然未解。藏羚羊在这一地区的迁徙远比我预想的更复杂，后来的工作也证实了这一点。除此之外，我们仍需追踪羌塘西部及中部两个种群的迁徙，找到它们各自的产仔地。

第三章
最漫长的跋涉

　　寻找羌塘西部种群产仔地的工作始于 1988 年 8 月，当时我和凯加入了由西部进藏的一支队伍。我们跨过白雪皑皑的阿鲁山，进入一片盆地。这里有两个静谧的湖泊——阿鲁错和美马错，野牦牛和稀稀落落的几只藏羚羊及藏原羚在周围的山坡上安详地吃草。据我们了解，这是 1903 年以来，第一次有西方人进入这片盆地。我们只是短暂停留，但我决心一定要再来这个地方。1990 年 7 月，我第二次来到这里，盆地各处满是悠闲的雄性藏羚羊，偶尔能见到一只母羚羊。8 月 11 日这天，在盆地北部边缘，我看到一大片奇怪的粉红色物体。那情景让我回忆起在智利安第斯山中的湖上看到的火烈鸟。然而我们很快发现，此刻呈现在眼前的是雌性藏羚羊带着刚满月的幼仔，大约两千只羚羊密密麻麻地聚集在一起。看样子它们是一支先头部队，属于一个大规模南下迁徙的种群。我对这个西部种群几乎一无所知。我当即想到，明年我必须早些来，争取跟着它们前往产仔地。从我的地图上看，阿鲁盆地的北面是一片广袤的平原，名为"羚羊平原"，这是探险家亨利·迪西在 1896 年所取的名字，当时他在这里遇到了大群带着幼仔的雌性藏羚羊。那么，这里是产仔地吗？

1992 年 6 月

两年后我们回到这一地区，绕开阿鲁盆地那条难走的路，由最近的一条公路向东直奔羚羊平原，希望能在半路遇上迁徙的雌性藏羚羊群。这是一片萧瑟的荒漠，植被稀少，眼下是 6 月初，放眼望去看不到一点绿色。冰川覆盖的雄伟山峰土则岗日屹立在南面，海拔 6356 米。视线之内只有可数的几只藏羚羊，看上去有些凄凉。狂风卷着雪，几乎每晚都要光顾，地面总是浸透了水，汽车时常寸步难行。我们这支浩浩荡荡的队伍包括翻译丁力；中央电视台的刘宇军，他要拍摄一部有关藏羚羊的纪录片；青藏高原生物研究所的迟多和顾滨源；还有其他一些人。他们打牌聊天。我和凯徒步到处走，卡车司机达瓦和厨师闻斌也一样，他们是队伍里最热心、最有活力的两个人，期盼着找到神秘的迁徙路线。最终，经过一番苦苦寻觅，我们总算发现了目标：在土则岗日峰和一个小湖泊之间，有一条狭窄的小路可容动物们通过。看着一群又一群藏羚羊往北走，大家禁不住欢呼雀跃。这些藏羚羊并未在羚羊平原停留，而是走向另一座雪山。我们连忙把营地搬到了山脚下，方便追踪。

我们开始探索这个从未到过的地方，在峭壁上看到一个猎隼的窝，里面有两只少年猎隼。不远处有一只猞猁，乳白色的毛皮，脸上长着长长的胡须，它几乎与岩石融为一体，起初我们根本没发现它。猞猁正在休息，极其平静，金色的眼眸里波澜不兴，面对人类毫无惧色。在雪山脚下寻找野生动物时，达瓦和闻斌被一只西藏棕熊虚张声势地吓唬了一番。两人看到三只狼在吃一只藏羚羊，还找到了几只带着新生幼仔的母羚羊，一个约有 300 只的藏羚羊群仍在努力向北方前进。这一天是 6 月 26 日，看来有一部分藏羚羊尚未到达预定目的地就产下了孩子。

我们再次转移，在一道山梁下方扎营，这里有很多藏羚羊的蹄印顺着山坡向上延伸。我和达瓦一路跟着蹄印，翻过山，眼前出现了一片广阔的盆地，远处的边缘地带矗立着三座巨大的火山。再往远去，就是昆仑山脉的高耸山峰了。我们下山进入盆地，来到较大的黑石北湖湖边，而后跟着藏羚羊的足迹继续向北，穿过一片光秃秃的荒凉冻土。蹄印继续向前延伸，进入新疆维吾尔自治区边界上的丘陵地带，而我们没有许可，不能越界去那边。藏羚羊先行一步，把我们甩下了。

2001 年 6 月

1992 年寻找藏羚羊产仔地失败后，九年过去了，这期间我在蒙古、老挝、俄罗斯以及包括西藏在内的中国西部地区，专注于一个个研究项目。然而未能找到羌塘西部种群，半途抛下一项重要的动物保护任务，我内心里总是觉得不安。我知道这些藏羚羊大致在哪个地区产仔，下面要做的就是确定具体的地点。这一次我不打算由西藏沿着漫长而艰苦的迁徙路线追踪，我要穿越新疆的昆仑山脉，由北面直接接近藏羚羊。

5月27日，我从新疆首府乌鲁木齐搭机南下到达和田，塔克拉玛干沙漠南部边缘的一座绿洲城市。队伍已在这里集结完毕。钟·米赛乐（Jon Miceler）当时是徒步旅行团导游，现在他在世界自然基金会工作。米赛乐从几个村子买来了二十头驴和两匹骆驼用于驮运行李，并准备了食物和装备，雇用了大学生伊斯坎德尔当翻译，还有喀什登山协会的阿齐兹当队里的厨师。钟组织了一个小规模的徒步旅行团，去探索昆仑山中人迹罕至的一个角落，藏羚羊的产仔地可能也在那里，我应邀加入了他们的队伍。对我而言，这是一次不寻常的旅行，因为我完全没有参与活动的规划及组织工作。一年前，钟和我一同参与了印度东部的一项野生动物调查，但队里另外还有三个加拿大人，我都没见过。帕特·莫罗（Pat Morrow）是制片人及知名登山家，他是世界上第一个登顶七大洲最高峰的人，同行的还有他的妻子拜芭（Baiba），以及来自班夫国家公园的一位急救外科医师，杰弗里·博伊德（Jeffrey Boyd）。几个人都是四十多岁或五十出头，还算年轻，身体比我好，且游历很广。

我们驱车向东，一路经过了灰蒙蒙、碎石遍地的荒漠，偶尔有几座沙丘耸立其间，还有泥砖砌成的平顶房屋聚成的村落，街道两旁整齐排列着瘦高的白杨树。在民丰县（尼雅），我们转道向南，朝着尘雾遮掩中的昆仑山前进，沿着一条模糊难辨的小路开上一片缓坡，感觉像是永远开不到头。在2400米高处，一条河流奋力伸进荒漠，我们远远看到那边有一些低矮的植物。

一行人登上山麓丘陵，眼前出现了一片开阔的河谷，达万土依村就在那里，我们要在村里等着运行李的牲口队。听从一位村民的建议，我们在河滩上扎营。然而临近午夜时，忽然一阵铁锈色的洪水冲向我们的帐篷，大家连忙转移到地势更高的地方。

驴子们乱哄哄地抵达了，一路乱叫乱跳，相互撕咬。四个维族人和一位哈萨克人开始动手卸下行李。一头驴大约能驮三四十公斤重物，骆驼能驮一百五六十公斤，但眼下刚过完漫长的冬季，牲口们都有些营养不良。我给了驮队一台秤，但他们根本没用。看得出来，我们的装备实在太多了，其中包括一些死沉的东西，例如一筐西葫芦、四箱茄子罐头，还有军用干粮，从标签上看五年前就过期了。这些东西本该扔掉，现在却全部堆在牲口身上，而且为此又买了一头驴。我没说什么，由着他们去整理行李。

我们中午过后出发，走了一条穿山小路，因为河边的那条近路被洪水淹了。沿途有很多野鸢尾，正值盛开的时节。我们走得很慢，小路上覆盖着一层粉末似的土，足有 7 厘米厚，驮队走得跌跌撞撞。驴子不时地脚下打滑，累了的干脆躺在地上，等人把东西卸下去才肯起来。前方某个地方有一个村庄，可能要走半个小时，也可能要走 5 个小时——大家各有各的推测。天黑下来，我们用手电筒照着路继续前进。临近午夜时，终于抵达坡柯尔玛村。一户热情的村民给了我们热茶、馕和爽口的酸奶。第二天，我们又买了一些驴，扔掉一些不必要的东西。两个勇敢的当地人撬开一罐茄子，尝了一口，忙不迭地吐了出来。

此时我们前方是色拉克图斯峡谷，80 公里长，如同刀削斧砍般斜穿过昆仑山。这道看似大地裂隙的山谷由地壳运动形成，提供了一条进入青藏高原的便捷路径。1897年在这一地区考察时，迪西上校记述了登上色拉克图斯峡谷的经历。赶驼人古玛纳汗告诉我，30年前，他跟一个波兰地图测绘组去过山谷北段，后来还协助过两支日本登山队。

河流分成几股，我们跨过一片片碎石滩，蹚过冰冷的水。驴子们很麻烦，让人恼火，而且完全没有团队精神。公驴龇着牙，耳朵往后伸，相互高声大吼，同时伸出前腿猛踢。有时会有驴子突然站住，调头往回走，或自作主张往旁边走。赶驴的人总是不停地喊，追赶驴子，用一根粗棍子打它们，逼着它们往前走。不能沿着河流行进时，我们便爬上高处的台地，穿过沟壑，直到夜晚停下扎营。驴被放出去，任由它们自己找些野草和零星的鼠尾草吃。这里的海拔有3353米，阳光温暖，四周祥和安宁。这样徒步行走在路上，让我感觉满心欢喜。我想象着我们是百年前的一支小小商队，静静品味回到旧时的愉悦。

阿齐兹曾在饭店工作，是一位经验丰富的厨师，早饭为我们准备了新鲜的小圆面包和煎蛋。队伍早上动身总是很慢，因为让牲口驮上行李就需要两三个小时。我走在大部队前面，希望能找到一些野生动物。一只旱獭弓着身子坐在那儿，它匆匆钻进洞里时，我注意到它的后腿软弱无力。腺鼠疫通过跳蚤传播，新疆的人和旱獭都可能被感染。在一条小河的河口，扔着废弃的金矿原料及各种垃圾。旁边一面山坡上，白色的鹅卵石镶嵌出一行汉字："共产党万岁。"大家边走边聊，帕特讲述了他在南极以及其他各大洲的登山经历，拜芭回忆起她陪伴帕特的经历，杰夫谈到他在智利和尼泊尔的旅行，不久前他还去了位于西藏东南部的墨脱，我去年到过那个地方。当晚我们在海拔 3963 米处扎营，天空飘起了雪花，一股寒风从谷底猛刮上来。我钻进了睡袋，阿齐兹在忙着准备豪华的晚餐，有土豆炖菜、米饭、面条和炒鸡蛋。不过，我们带的食物和气罐做不出几顿这样的盛宴。第二天，雪很大，风寒刺骨，我们大都躲在各自的帐篷里。驴子找不到什么吃的，只能啃些驼绒藜的粗硬新芽，骆驼趴在那里浑身颤抖，因为春季脱毛的关系，它们几乎是光着身子。

第二天，我大步走在队伍前面，见到了几只一岁藏羚羊幼仔和成年雌羊。我们跨过一道分水岭，在一个小湖边扎营，暴风雪持续了一整夜。到了早上，帐篷和骆驼的身边都高高堆起了风刮来的雪，天气丝毫没有好转的迹象。我到炊事帐篷找茶喝，捧着杯子暖了暖手，然后回到我的帐篷里，在黄色的圆顶下享受独处的空间。后来，我在湖上看到了 6 只赤麻鸭，鲜艳的色彩令人愉快。

6 月 8 日，我们来到一片广阔盆地，里面有一座盐湖绍尔库勒湖。在我们的右侧，白雪覆顶的昆仑山峰耸立在北方。迪西在 1897 年的地图上，将这块盆地标注为"贫瘠而无水"。的确，我们踩着光秃秃的沉积砾石走了几个小时。不过，湖边倒是有一块地方长了草，贴近地面生长的水柏枝绽放出极小的粉花，还有一处很好的泉眼，泉水清澈甘甜。一具骆驼骨架和一头驴子的白骨提醒我们，负重的牲畜需要充足的食物；我们准备了一点应急的干草，但远远不够，这些动物每天都驮着沉重的行李赶路。

我和帕特及拜芭往西走了一段，看到 232 只雌性藏羚羊，我基本可以断定，我们离产仔地不远了。究竟是什么吸引着这些藏羚羊，不惜如此费力地跋涉300多公里，从水丰草美的南方来到这片荒凉之地。我们跨过一道不高的分水岭，进入另一个盆地瑟尔库勒盆地。枯死的刺柏歪歪扭扭地立在沙地上，仿佛要为一个更宜人的时代留下一点印记。我们沿着一道红色岩石构成的峡谷，进入了绵延不绝的丘陵地带。这里大约有450只雌性藏羚羊，其中很多都怀有身孕，但从肚子的大小来看，尚未做好分娩的准备。我们随即下山进入开阔的克里雅河河谷，一如此地所有的河流，这条河也是向北流淌，直至消失在塔克拉玛干的茫茫黄沙中。我觉得很累，勉强跟着大家走。我很想在这片山里住一个星期，认真研究产仔地的藏羚羊，虽然我还不知道产仔地在哪儿。但是队里的驮畜越来越弱，无论绕路去别处还是延长一点时间，对我们来说都是不可能的。古玛纳汗说，往西走有更好的草场。在一个异常晴朗的日子，我们来到一片绿草繁茂的山谷；这里没有藏羚羊，但有一群野牦牛，共38头，其中3头刚出生不久。帕特和拜芭想拍下这一幕，但它们立即逃开了。山口另一边，有一些单独行动的雄性藏羚羊，也有一些集结成小群体。如此看来，产仔地必定在我们后方的某个地方；我们未能确定其位置，而且来得太早，无法记录幼仔的降生。

又走了一天，前方豁然开朗，一片美丽的山谷出现在我们眼前，冰雪山岭围在山谷一侧，其中最醒目的是琼木孜塔格峰，海拔6962米，前一年有一个日本登山队首次登顶成功。当天晚上宿营时，我得知有两头驴坚决不肯再走，只能被抛弃在这里。第二天我们一直沿着雪山脚下行进，竟走进了一片青翠惊人的绿洲，几道泉水边生长着一丛丛的蒿草。明天我们必须整理行程，讨论如何走出这一地区；原路返回的话，路较长，但是好走；如果往前走，路较短，但是很难走。帕特和拜芭想拍藏羚羊，我想做观察记录，但杰夫和钟希望继续前进，走完这一圈。整个上午以及吃午饭、吃晚饭时，我们不停地讨论各种选择，包括兵分两路。最后，我请大家做出决定。晚些时候，钟到帐篷里找我，说大家还是应该一起行动往前走。我后来了解到，钟当时很担心自己的身体状况，他感觉腹部疼痛，请杰夫检查后发现，原来是两处轻微疝气。考察产仔地的机会再一次与我擦肩而过，往后的日子里我只要放松就好，干脆当自己是观光客，怎样都无所谓。

　　我们规划的路线向西越过山丘，进入阿其克库勒盆地，再沿白水河（一条穿过昆仑山的河流，当地名为阿克苏，意为白色的水）河谷下山。一路上植物丰茂，但野生动物很少。老天时而下雨时而降雪，小河里激流翻滚，过河时，驴和行李被水淹了一半。沙迪克掉进了河里。不知是不是某一头驴总被他用棍子抽打腿和脑袋，一时报复心起，把他顶进了水里。有一次过河时，脚下的泥像流沙一样，驴子们一下子陷了进去，深及腹部。卸下行李之后，大家连拉带拽、费了好大力气才把它们救出来，免得它们变成明天的化石。雪一直下个不停。我要了一杯热可可和煮土豆当早餐，这天大部分时间都在帐篷里等待天气好转。队伍继续上路时，我们看到一条自行车压出的小路，路边有一个暖手包和镜头盖。帕特告诉我，有一位名叫马克·纽科姆的自行车手孤身上路，沿阿克苏河往上游走，到这里之后调头返回。那似乎是一次堂吉诃德式的冒险。

　　6月19日，我们到达一个海拔5273米的山口，大家停下来合影留念，阿其克库勒湖就在前方，这次旅行也快要结束了。我们驶上一条断断续续、风化严重的公路，朝阿其克库勒盆地前进，那里有两个湖。1949年，解放军开始修建一条阿克苏河谷通往西藏的公路，让被俘的蒋介石的国民党军队充当劳力，但是公路很快就被冲垮，被山体滑坡淹没。铅灰色的天空下，一只看起来破落的孤狼追着一只公羚羊，从我们的营地边跑了过去。双方僵持不下，最后还是狼放弃了。这一路上我们查看了狼的粪便，从里面包含的毛发、牙齿和碎骨头判断，这一地区狼的主要猎物是高原兔和藏羚羊，但也吃一些牦牛、岩羊、旱獭、鼠兔等等，偶尔会捕一只雪鸡。这次旅行途中遇到的野生动物少得可怜，就连发现动物粪便也能让大家高兴一阵。

又下了一夜的雪。我们在阴郁的早晨动身，经过森然矗立的火山，朝远处一个山口进发，翻过山就能进入阿克苏河谷了。黑沉沉的天空预示着猛烈风暴的来临。我们没有扎营，杰夫和钟远远甩下众人走在前面，其余的人只能全力跟上。一连两个小时，暴风雪咆哮肆虐，给万物蒙上一层湿漉漉的雪，而我们埋头顶着风，一步步艰难地往前走。我走得很慢，太慢了，大部队的脚印很快就被狂暴的风雪抹去。帕特和拜芭折返回来找我。帕特帮我背起包，并拿出一根能量棒让我吃掉，对此我满心感激。

第二天早上，雪还在下，大雾弥漫，但我们仍是收拾好潮湿的行李继续赶路。夜里有一头驴死了。另一头公驴，虽然没驮东西，但走了几步便站住了脚。我和伊斯坎德尔留下来陪着它，我一边抚摸它灰褐色的脖子，一边轻声说："你是好样的，一定能行。"这头驴大概有生以来从未听到过这样温柔的话，它猛地转过身，踩着自己的脚印走了回去，站在那里，背对着风，耳朵耷拉着，低着头。我们不得不走了。接近山口时，我们看到一个隐蔽的补给站，放着前面旅人留下的食物和干草。我们拿了一点干草，留下了一头驴驮的面粉、土豆和其他东西。又有一头驴拒绝再走，我最后一次望过去，它已是茫茫白色世界里一个一动不动的黑色剪影。

山口一带的积雪有30厘米深。当天晚上，我们进一步削减装备，让剩下的18头驴和2匹骆驼轻松一点。河谷里覆盖着泥沙和易碎的石头，到处都是拦路的巨石，一条湍急的小河在谷底横冲直撞。太阳终于露出头来，我们在这一天里蹚水过河30余次，有阳光总归稍稍好受一点。我们要挪开巨石让骆驼通过。而驴子们从不懂得排成一列跟着前面的伙伴走，不时地一脚踩进深水潭，再让人拖出来。遇到斜坡还要有人在后面推它们，行李一次次被卸下又装回去，我们的队伍走得异常辛苦。这天晚上扎营时，我暗自祈祷不要有突发的洪水朝我们冲过来。

第二天，我们一路下行，山谷渐渐开阔起来，谷底却越来越窄，我们不得不沿着山坡上勉强可辨的小路前进。一株黄色的铁线莲花朵盛开，表明这里已是海拔较低的地方。在一段难走的山坡前，一匹骆驼怎么也爬不上去，我们把它留下，等找到宿营地之后，再由帕特、杰夫和古玛纳汗回来找它。6月29日，我们遇到一个男人骑驴带着一个男孩，这是近一个月来，我们第一次见到其他人。

走出河谷用了整整五天。体验过这份艰苦的并非只有我们。1898年，迪西上校在这条路上损失了马匹、行李和一个人。考古学家及探险家奥雷尔·斯坦因在《沿着古代中亚的道路》（1933年）一书中这样描写他们1908年的旅行：

自离开普鲁，经过相当艰苦的四天旅程，昨晚我们终于抵达高原，海拔 15000 — 16000 米。冰川融水在狭窄的山谷中汇成激流，我无暇过多考虑一路持续的攀登，单是确保行李和补给全部安全出谷就已让人难以应付。我们一次又一次跨过汹涌的水流，小驴子们始终走得跌跌撞撞……小路要么在谷底湿滑的巨石间绕来绕去，要么延伸到旁边的碎石山坡上，糟糕得令人难忘。

出了山谷，我们走了几小时，眼前渐渐出现了柳树、白杨和大片黄灿灿的油菜花，接着便来到了普鲁村。这里有一间茶舍，我们一杯接一杯地喝茶，吃面条。当地人不懂汉语，就连村委书记也和大家一样，只会讲维吾尔语。这里没有电话，我们无法与喀什登山协会取得联系，不过隔天有一辆卡车去于田，我们获准搭车。我们把牲口都送给了随队人员，感谢他们一路陪伴，勤恳工作。

我们坐着卡车行驶在颠簸的路上，冲进塔克拉玛干沙漠的热浪与尘沙，回想这次旅行，我觉得这是一次美好的经历，是一次有着旧时风范的绝妙旅行，有牲口驮着行李，有很好的旅伴。不过，我还需要再次考察，以确定藏羚羊的产仔地，并为将来的保护工作做出规划。

2002 年 6 月

四人组成的队伍由拉萨出发，来到羌塘北部。他们北上穿过阿鲁盆地，现在来到了土则岗日峰脚下，1992 年，我就是从这里开始追踪迁徙的藏羚羊，四人此行的目标也是找到产仔地。他们没有开车，而是选择了步行，每人拖着一部两轮小车，上面装着大约110公斤的食物和装备，足以支撑一个月的徒步旅行。这是一支不寻常的队伍，由高海拔登山精英组成。这一次他们没有去挑战垂直极限，像其中两名队员那样登顶珠穆朗玛或乔戈里峰，而是计划徒步近480公里穿越无人区。与单纯的登山冒险不同，这次他们肩负着一项重要的动物保护任务。去年我们未能找到产仔地的确切位置，现在他们要去完成这件事，帮助我推进保护区的设立，以保护那里的藏羚羊及其他野生动物。

此次出征担任领队的是里克·里奇韦。他效力于巴塔哥尼亚公司，一家生产户外服装的企业，其创始人伊冯·舒纳德一直在积极资助环境项目。看过1993年我在《国家地理》杂志上发表的一篇文章，里奇韦找到我，询问羌塘探险的问题。1999年，他在阿鲁盆地边缘的一座山峰成功登顶，如今为了藏羚羊，他再度来到这里。与他同行的队员包括盖伦·罗厄尔，同龄人中首屈一指的户外摄影师及作家。他的著作《在山神的圣殿里》（1977年）是一部讲述巴基斯坦喀喇昆仑山探险的经典之作。1975年我在那里见到他，后来一直保持着联系。另外两名队员是康拉德·安克尔，与乐斯菲斯公司合作的知名登山家，以及吉米·金，他曾和安克尔同赴南极探险。

里克·里奇韦邀请我加入他们的队伍。看着他一身肌肉的强健体魄，我自愧不如。对我来说，背一个普通背包徒步好几百公里不成问题，但拉着一辆满载的小车，在海拔5182米的地方穿越雪地泥滩，还要不时上下陡峭的山坡，这恐怕非我能力所及。他在 2004 年出版的《大旷野》一书中精彩讲述了这次远征，其中收录了这样一段对话：

　　"乔治没跟咱们一起来，真是可惜。"

　　"他觉得他没那么大力气拉着车走。"我答道。

　　"他应该没问题，"盖伦说："他还没到七十岁呢。"（盖伦当时 61 岁。）

　　盖伦说这句话时没有一丝玩笑的口气，所以我知道他只是在指出一项事实。我不禁想到，这其实也反映了盖伦对自己人生轨迹的设想，以及他预计自己到七十岁时应有的体能。

　　"如果你忘了自己的年纪，"我借用了棒球名将萨切尔·佩奇的话："那么你希望自己是几岁就是几岁。"

　　盖伦大笑，说他一定要记住这句话。

　　一行人沿着我告诉里奇韦的藏羚羊迁徙路线，穿越羚羊平原。但那里只有零零散散的几只藏羚羊。在康涅狄格我的家中，电话铃响起，凯接了，是里奇韦用卫星电话打来的。对话非常简短：

　　"藏羚羊在哪儿？"

　　"继续找，"凯答道："它们肯定在那里。"

　　当时我身在塔吉克斯坦，要我回答的话，不可能比凯答得更精确。

　　终于，6 月 8 日，探险队在黑石北湖边的一道山岭上找到了迁徙路线，一年前，我们就是在这座湖边放弃了继续追踪。今年藏羚羊群的路线比 1992 年的稍稍偏东。探险队沿着湖岸向北，进入了新疆。从这时起，他们将在西方人从来不曾涉足的地域、沿着未知的路线追踪藏羚羊。里奇韦讲述了拉着小车行进的辛苦：

从我的肩胛骨到后腰，一直隐隐作痛，我现在只想停下来舒展身体。

前方似乎就是隘谷的最高处，但山坡变得更陡，我们不得不两人合作，一人拉车一人推车。这里的海拔高度已接近5334米，等我们终于把所有小车都拖到山顶，我坐在我的两轮车上，咳得喘不过气来。

我提醒自己，当你别无选择时，坚持到底就容易多了。

藏羚羊群开始分散，足迹朝着北方、西北方和东北方延伸。探险队继续艰难跋涉，走下一道山谷，越往下越是狭窄，他们称之为"绝望谷"，谷底巨石遍地，几乎仅容一条溪流通过。"昨天很烦人，"安克尔坐在石头上，倒出靴子里的水，"但是这个很好玩。"一行人被岩石峭壁夹在中间，只能硬着头皮往下游走。

这次我们要三人应付一辆小车—— 一人拉车两人推，盖伦和吉米还要轮流拍摄照片和影像资料。我们先把几块大石头滚到一边，为小车辟出一条路，下到河里……往下游走了大约三米，我们就遇上了第一个障碍，一块超过一米高的巨石拦住了去路……几个人耸耸肩，抓住了小车的架子。

"好，"康拉德说："一……二……三！"

我们把将近110公斤重的小车举到巨石顶上稳住，自已站在下面喘气。吉米把摄像机对准我说："能不能请你向观众朋友解释一下，这辆小车怎么会跑到这块大石头顶上去了？"

我摇摇头，笑着说："不行，我没法解释。"

我很高兴能够通过里奇韦的讲述，间接体验到他们的探险经历。他们理解同伴的幽默、冲动和需求，这种轻松的伙伴情谊让我十分羡慕。这是一个团结紧密的团体，没有任何无心工作的同事拖累，全心全意专注于达成目标。然而正如我从一开始就认识到的，对于这些不屈不挠、意志坚定的攀登者，这些敢于挑战平原和高山极限的人，我若同行，很可能会成为他们的累赘。

里奇韦的队伍食物紧缺，甚至在任何地方停留超过一天都要再三考虑。几个人饿得盯上了一窝小兔子，吃一根燕麦棒都觉得无比美味。"即使吃不上饭，我们至少可以在痛苦中忍耐。"安克尔说。终于走出山谷，四个拉车的人来到了绍尔库勒湖，在南面的山丘上，他们看到了很多藏羚羊，正如我们前一年看到的景象。

6月18日，盖伦刚走没几分钟，康拉德正给大家分巧克力奶，我们就听见盖伦大喊："我看到了一只幼仔！肯定是刚出生的藏羚羊宝宝。"

我们急忙蹿出帐篷。盖伦正俯身盯着他的观鸟镜，我跑到他身边，他抬起头。

"我可以确定是一只幼仔，"他说，"过来看看，你怎么想。"

"稍等。看上去像一个小点，不过，没错，它在动。它走了。绝对在走，简直是跑起来了。那个小点……它在跑……想追上它的妈妈。"

"这天就像成功登顶一样，"康拉德说，"所有的努力、投入的时间、金钱，就是为了这一刻。"

此后两天里，他们发现了更多新生藏羚羊。几个人悄悄靠近去拍照片：

"我们在做祖先做过的事，"盖伦说，"偷偷尾随猎物。只不过得到的结果是一张照片，而不是一具烤熟的尸体。"

"我现在觉得我更想要烤熟的尸体。"我答道。

探险队找到了大约 1300 只雌性藏羚羊，散布在约 26 平方公里的区域内，6 月 20 日，他们见到了二十多只新生幼仔。终于，羌塘西部种群的产仔地可以确定了。

6 月 26 日，四个人由色拉克图斯峡谷下山，现在的小车拖起来已经很轻松了，这时他们听到了发动机的嗡嗡声。不可能啊，他们想，因为我说过这个地区无人居住，而且沟壑纵横，汽车开不进来。他们见到了一个金矿，一台推土机筑坝围起了两个水塘，水被抽进一个流槽。据工头说，推土机用了 20 天辟出一条路，现在金矿运营已有 3 个月了。

完成任务的探险队继续下山。在最后一处营地，一行人等待汽车来接，盖伦·罗厄尔说："这次旅行整体来说是独一无二的，融合了探险、团队、迁徙、繁殖地和保护任务。或许将来回想起来，我会觉得这是一生中最精彩的一次旅行。"

　　探险队回到美国两周后，7 月 22 日，我和凯前往加利福尼亚的毕晓普，到盖伦和芭芭拉·罗厄尔的家中拜访，并在这里见到了里克·里奇韦。盖伦和芭芭拉搬到这里生活，一是为了靠近内华达山脉，二是开办山之光画廊，出售盖伦那些令人惊叹的摄影作品。经历了长途跋涉，里克和盖伦看上去都很瘦。我们一起度过了愉快的一天，比对 2001 年和 2002 年的藏羚羊迁徙信息，汇总珍贵的统计数字以及康拉德·安克尔专门收集的其他资料，研究地图，勾画出自己想走的路线。色拉克图斯峡谷的金矿公路让我深感不安，因为盗猎者开着车很容易到达产仔地。数以百计的母羚羊可能因为优质的羊绒而在产仔时被杀，近年来，阿尔金山和可可西里保护区就发生过这样的事。不过，这些念头丝毫没有破坏这一天充实愉悦的好心情。

　　盖伦和芭芭拉预定第二天早上出门，盖伦要去阿拉斯加的一间摄影工作室授课。然而这一别竟是天人永隔。几周后，两人搭乘朋友驾驶的一架轻型飞机返家，夜晚在毕晓普附近坠毁。

　　我们在一份杂志上联合发表了有关产仔地的研究结果，我还向新疆政府提交了一份报告，并就该地区的保护工作提出了我的建议。里克·里奇韦在 2003 年发表于《国家地理》的文章以及他的著作《大旷野》都大量采用了盖伦·罗厄尔拍摄的图片，促使国际社会更多关注藏羚羊以及沙图什羊绒引发的屠杀。

　　做动物保护工作就像徒步穿越羌塘，要一步一步地走。由色拉克图斯峡谷的新路可以看到，野外天地可能在多么短的时间内遭到开发和破坏。为保护藏羚羊，有关方面很快采取了进一步措施。2004 年，色拉克图斯峡谷设立了一个巡护站，在藏羚羊繁殖期由维吾尔族工作人员守卫，巴塔哥尼亚公司和国际野生生物保护学会为此提供了初期资金。2004 年 11 月 20 日，当地政府建立了绍尔库勒藏羚羊自然保护区，占地近 1300 平方公里，覆盖了大部分藏羚羊产仔地。对于我和我的同伴们，这片保护区是对盖伦·罗厄尔的纪念，代表了他为自然之美奉献一生的精神。

2005 年 6 月至 7 月

我一直没机会在产仔地观察藏羚羊，这是我很想做的一件事，不仅仅是出于个人爱好，更是因为在那里收集的资料可以帮助我们更好地保护种群。比如说，在一个食物匮乏、繁殖季大雪纷飞的地方，会有多少母羚羊和幼仔死亡？既然产仔地的具体方位已经确定，我们可以在 6 月中旬刚好合适的时间，经由 2001 年的考察路线直奔那里。这次的队伍中有两位优秀的同事，康霭黎来自国际野生生物保护学会，在我们由此开始的一系列合作中，她做出了诸多贡献，还有当时在北京大学读研究生的刘炎林，后来我们合作完成了更多探险项目。

如果走色拉克图斯峡谷的新路，估计我们可以更快更轻松地到达产仔地。我们这次要用汽车，而不是让没规矩又添乱的驴子来驮行李。负责监管新保护区的和田林业局慷慨地为我们提供了两辆汽车和一辆卡车，并准备了帐篷、煤气灶等装备。

6月8日，我们启程穿越160公里的荒漠，来到昆仑山脚下。群山消失在一片尘雾中，天空的颜色如同脱脂牛奶。在破败的村庄卡尔塞，一些泥砖房屋只剩下断壁残垣，无所事事的男人漠然看着我们，我们的老丰田车抛锚了。启动装置失灵，变速箱嘎吱乱响，发动机想停就停——带着这些问题实在不适合进山。这辆车必须返回和田。我们继续前进，在一条河边，卡车也抛锚了，要回和田去换零件。我们又将白白损失几天时间。就在这时，一阵突如其来的褐色洪水冲进山谷，把卡车困在了河里。后来出现了一辆从峡谷返回的卡车，车上是一些到绍尔库勒去找金子和玉石的人。我们租下这辆车，把装备运到绍尔库勒，再等到越野车从县城回来，我们终于可以重新上路了。对此，驴子恐怕有很多话要说。

　　下午过半，我们到达了新建的巡护站亚力克，这是一幢平顶石屋，有3个房间。6名巡护队员个个身强力壮，穿着迷彩服。他们的一项任务是检查去往金矿或更远处的所有车辆，查看进山证。这里的问题之一是许可证由城里的官员核发，用汉字书写，而维吾尔族的巡护队员都看不懂；问题之二是巡护站离产仔地还有200公里，而队员们没有交通工具。昨天我们遇上一支同样要去绍尔库勒的地质勘测队。听队长说，这里又要修一条新路，从拉萨开始，穿过羚羊平原北面的克里雅山口，进入这一地区。2001年我们与藏羚羊共享的静谧空间，在不到4年之后即将被外来的开发力量狠狠打破。

　　我们继续赶路，云层低低地压在头顶上，雪花横扫过来，直到卡车陷进泥里，我们被迫停下扎营。第二天，我们穿过绍尔库勒荒凉颠连的乱石滩，从湖边经过时，看到了几群藏羚羊。

之后，我们到达一个山谷入口处，在这里建起了大本营。里克·里奇韦和他的队伍曾在三年前历尽艰辛走出这道山谷。不远处，砾石滩被找金子的人挖出了一个大坑，废弃的营地里到处是垃圾，我们尽可能收拾起来埋掉了。我们搭起一个蒙古包式的帐篷以及一个做饭的大帐篷，康霭黎、刘炎林和我各自有一个独立的小帐篷。此后五个星期，这里就是我们的基地。

1997 年在青海西部寻找产仔地时遭遇的恶劣天气，一直让我记忆犹新，暴雪和狂风不时席卷而来，浸透了水的地面让人无可奈何，汽车不停地陷进泥里。2005 年在这里度过的一个月同样精彩，只不过我们徒步完成了大部分工作。在此我做个简单总结，余下的留给各位想象：6 月 10 日至 7 月 7 日，包括繁殖季在内的 28 天里，有 19 天下雪或下冰雹。其余的日子里，有 6 天遭遇猛烈的沙尘暴。不过，还有 3 天天气十分宜人，天空湛蓝，棉花似的白云在微风中徐徐移动。

我们兵分两路。一队为本地工作人员，领队齐军是和田地区野生动物保护办负责人，要求很高，非常敬业；另一队由科研人员组成，准备在山里专心找藏羚羊，队员包括霭黎，刘炎林，位于乌鲁木齐的新疆林业科学院的蔡新斌，还有我。我们不久便发现，藏羚羊非常分散，而且位置变换不定，今天出现在某处，隔天可能就离开了，留下空荡荡的荒凉山丘一直延伸到天际。或许这只是因为藏羚羊需要四处觅食。山上可吃的东西不多，只有一丛丛低矮的驼绒藜，覆盖了大约 2.5% 的土地，还有一点枯草，春天的绿色新芽现在才刚刚露头。

6 月 18 日，乌云遮天，我和霭黎在山上搜索，各负责一道山梁。我看到她开心地朝这边跑过来，马尾辫甩来甩去，脸上满是笑容。"我看见了一个宝宝。"她说。我们从远处望过去，只见一个小小的灰色身影蜷缩在灰色的沙砾上，它的妈妈正在附近觅食。三年前，盖伦·罗厄尔也是在这一天发现了第一只新生幼仔。

藏羚羊群正缓缓向西移动，聚集在那边的山丘间。个别小家伙已经能跟着妈妈走了，但它们身手太灵巧，我们不可能抓到。我们的主要目标是找几只刚出生的幼仔，趁着它们站还站不稳，在它们的脖子上挂一个很小的无线电发射器，帮助我们追踪迁徙动向。我们长时间搜索，走了很多路，直到有一天，拖着疲惫的身体回到营地，一名队员随口说起，不远处有一只新生幼仔。我们看到它伏在地上，脖子伸得长长的，枕着地，看过去只是开阔原野上的一小块隆起。我戴上医用手套，用芳香的驼绒藜叶子搓了一遍，免得藏羚羊母子嗅出人类的气味。我从后方靠近，抓住了小羚羊，它咩咩叫着挣扎了一下，被我塞进了一个布袋，交给炎林称体重：2.9公斤。我检查了性别，雌性，然后将嵌有无线电发射器的可伸缩项圈戴在它颈上，再把它轻轻放回地面。我看了看手表：从开始到结束总共用了一分钟半。我们悄悄退开。

一道山谷从盆地向南朝着藏羚羊聚集的方向伸展。我们驱车顺着山谷往上走了一小段，就被溢出河道的积冰拦住了去路。大家背着沉重的背包，徒步 2 小时爬上了一片高地。从这里可以看到藏羚羊，我们在一条小溪边扎营，搭起各自的小帐篷。与二十多岁的工作伙伴在一起，挑战之一就是他们永远精力充沛。行走在野外，个子瘦高的炎林格外活跃，不时冲上山脊，只为看看最高处的风景，横跨河谷去查看某个地洞，一路收集动物粪便和植物留到以后鉴别。我步履沉重，勉强跟上，一边羡慕这个家伙，一边回想起自己年轻时在阿拉斯加、坦桑尼亚、印度和尼泊尔，也曾行走各地，常常只为感受一下脚下的土地，敞开胸怀吸纳一切所见所闻。我们找到了两只死去的藏羚羊幼仔，具体死因不明；但这样弱小的生命，在狂风暴雪中浑身湿漉漉地来到世上，无疑要面对一场适者生存的严酷考验。新斌朝我们招招手，指向一只刚出生的幼仔。小家伙摇摇晃晃地想逃开，霭黎拦住了它，它戴上了无线电项圈。后来我们在营地接收到它的信号，借助定位天线得知它已跟着妈妈一起走了。

无线电发射器还可以透露动物的活动情况。缓慢的哔哔声表示没有动作，急促的哔哔声表示动物处在警觉状态或正在移动。霭黎很喜欢记录动物的活动情况，也很有耐心，每隔十五分钟就举着天线查看接收器显示的信号频率。她可以整天埋头做这件事，不分昼夜。举例来讲，一只幼仔传回的信号显示，从上午 10 点 40 分开始，整个白天和夜晚，直至第二天凌晨 4 点 25 分，活跃的时间仅占 25%，另一只幼仔的活跃时间则占到 33%。刚出生的几天里，幼仔多半时间都是静静地躺着睡觉。

霭黎监测无线电信号的同时，炎林、新斌和我竭尽所能了解藏羚羊在产仔地的生与死。做研究需要不断重复，一次次收集同样的事实资料，是一项时常让人感觉乏味的工作，而在这里更是无法让人高兴起来，因为我们找到了很多死去的藏羚羊。而后，在事实的基础上，会生出许多没有答案的问题。我们发现很多母羚羊看上去并没有怀孕，至少腹部没有隆起。我们找到了一只在分娩时死去的母羚羊。我查看了它胃里的东西，发现它吃的一半是驼绒藜，一半是草。为什么它吃了这么多已经枯死且没有营养的草？此时在南方，新草正绿，而藏羚羊却来了这里。总的来说，迁徙的有蹄类动物，例如角马，都是随季节而动，迁往食物繁茂生长、养料最多的地方，在繁殖季节前后更是如此。相反的，这些藏羚羊似乎抛弃肥美草原，选择了这个荒凉的地方。为什么？其他有蹄类动物并没有来这里，我们只见过一只孤零零的藏野驴。也许藏羚羊这么做是为了避开其他食草动物、减轻觅食压力，或者是为了躲避食肉动物以及人类。这是两种可能的原因。

藏羚羊不停地移动，让霭黎很是无奈，因为一旦信号被山挡住，带着无线电项圈的小羚羊就失去了踪影。我们回到大本营取了些补给，随即返回高地，很高兴能这样自由自在地独自或结伴游荡，傍晚每个人都会带回新的信息。大家蹲在山沟里，围着煤油炉等着喝一杯热饮料，分享各自的发现。我报告说，小羚羊出生 15 分钟后第一次站起来，38 分钟后第一次喝奶，1 小时后开始跟着觅食的妈妈走动。霭黎说她见到了一对赤狐带着两只幼仔。

7 月 3 日早晨，我从帐篷向外看去，只见大雪纷飞，乌云遮住了群山。等到天气稍稍好转，白色的原野上密密麻麻地满是藏羚羊。炎林和我数了数：至少有 2300 只。很多都伏在雪里，明显与同类隔开一点距离，就连母子也是这样。它们聚在一起却又各自独立，并没有挤作一团寻求温暖和保护。后来我们查看了那片区域，发现了九只死去的幼仔。即便是世上最细密、最暖和的羊绒，也无法确保每一只羚羊都安然无恙。我看到一团乱糟糟的皮毛，心想，又是一只夭折的幼仔。没想到那团东西动了起来，忽然伸出一个小脑袋，接着同样飞快地缩了回去，一动不动，眼睛半闭着，仿佛死了一样。我不再打扰它，继续往前走。

繁殖季结束时，我们总结出下列信息：

· 该地区雌性藏羚羊总数：约4000—4500只。
· 来年才可能繁育后代的一岁雌性所占比例：16%。
· 身边带有幼仔的成年雌性所占比例：40%。
· 死去的雌性数量以及死因：21只（分娩，6只；狼，4只；未知，11只）。
· 死去的幼仔数量以及死因：42只（猛禽，2只；赤狐，5只；未知，35只）。

一辆汽车开上了我们的营地，由于河冰融化，通了一条小路，齐军送来一个非常美味的西瓜。我们和他一同返回大本营，取些食物，准备与藏羚羊共度最后一周。7月的第一个星期，正当草地返青、紫菀和蒲公英绽放时，已有许多母羚羊开始向南移动，仿佛迫不及待地想要踏上归途。

到了7月13日，产仔地已变得冷冷清清，只剩下几只掉队的藏羚羊。出生不过一周到三周的小羚羊们，忽然要急匆匆开始长途跋涉。霭黎和炎林将尾随迁徙队伍观察两天，以确定路线，新斌和我则在营地等候。煤气炉燃料已经耗尽，我们用驼绒藜的细枝点火煮一点热食。早餐：一杯咖啡，六块饼干；午餐：一根巧克力棒，一把坚果及干果；晚餐：永远的方便面，加热水泡开。霭黎和炎林回来报告说，藏羚羊以相当快的速度向南越过一连串山丘，爬上山谷翻过一个山口，再顺着山谷进入了一片平原。它们随后继续往正南或东南方走，朝着黑石北湖的方向前进，仅仅一个月前，它们之中的大多数就是从那里北上产仔的。

我觉得心里一块巨大的石头落了地。西藏有句老话说，"该走的路没走完，就到不了要去的地方。"经过这么多年，为了这些藏羚羊，我们终于走完了该走的路。目前为止，这片产仔地还没有被盗猎者玷污。我们现在掌握了确切情况，可以提醒相关政府部门加强对这一地区的保护。我们的建议将包括：大幅度扩展现有的小型保护区，特别是向南扩大至西藏自治区边界，以防止迁徙路线沿途被开发；产仔地应禁止人类闯入，以确保藏羚羊在繁殖季不受干扰；将这一区域升级为省级乃至国家级保护区。我们在大本营一边讨论这些提案，一边整理行装，准备离开这片没有了藏羚羊的山区。

持续的降雪和随之而来的冰雪融水导致河水暴涨，急流汹汹，公路被冲垮，到处是巨石和滑坡。我们驾车由色拉克图斯下撤，穿越昆仑山中一道道峡谷，这是一段耗费数日的有趣经历。我再一次想到，其实还是驴子更好。

我们递交了报告，并与地方及省级领导开会商讨，不仅仅向他们介绍了产仔地以及当地可能受到的威胁，更强调了这一藏羚羊种群，即羌塘西部种群，需要西藏和新疆两地相互配合，共同保护。最终我们高兴地看到，新疆自治区政府接受了建议，于2007年建立了西昆仑自然保护区，总面积近29800平方公里。

2008年，巡护队员在产仔地边缘搭起帐篷，以便更好地保护这块地方——可是藏羚羊没有来。此前几个月降雪量少得可怜，山上一片干旱，根本没有植物可吃。有传言说，藏羚羊还没到新疆边界，在西藏就转道向西去了。很遗憾，我和霭黎未能进一步了解这些藏羚羊在产仔地的情况。由于当地政府没有提供所需资金，巡护站不得不于 2009 年关闭。

有了新建的西昆仑保护区，加上已有的中昆仑及阿尔金山保护区，新疆界内的藏羚羊活动区域全部得到了官方保护。这些保护区与西藏的羌塘保护区以及东面青海的可可西里保护区连成一片，总共覆盖了超过 453200 平方公里的广阔高原，比加利福尼亚的面积还要大，几个主要的藏羚羊迁徙种群可以继续毫无障碍地往返它们的古老产仔地。建立一个保护区是一项相对简单的行政举措；要有效维护并管理这片保护区，则是一项长期工作，永远没有完结的一天，因为环境会不断改变，新的威胁也将随之出现。但是就目前来说，藏羚羊生存无虞……

第四章

致命的时尚

　　1985 年第一次见到藏羚羊，我就被它们的美迷住了，渴望探究它们在羌塘这片荒凉高原上的生活。后来，我对它们的了解逐渐加深，也目睹了藏羚羊的大规模迁徙，我认识到，它们的旅行决定了这片土地的面貌。保护藏羚羊，同一地区的其他动物，乃至整个生态系统都将受益。然而到了 1990 年，我发现，人们猎杀藏羚羊，有的是生存所需，这一点我可以理解，但还有的是为了卖掉毛皮赚钱。这些藏羚羊皮做什么用了？去了哪里？我一无所知。我在调查中慢慢发现，藏羚羊绒被走私到印度的克什米尔，织成昂贵的披肩出售，名为"沙图什"。藏羚羊自 20 世纪 80 年代末开始遭到大规模屠杀，眼看那么多枪口对准了它们，甚至有盗猎者从很远的地方来到羌塘，我无法继续埋头做我的研究。

保护藏羚羊成为当务之急。二十多年来，我一直关注着中国藏羚羊数量的减少和区域性恢复，并努力让世界其他地方的人们了解这种动物遭受的苦难。很多人加入了行动，告诉公众，披上沙图什无异于杀戮。印度野生动物保护协会、印度野生动物基金会、国际爱护动物基金会等动物保护组织发表了很有价值的报告；电视节目播出了惨不忍睹的屠杀画面，现场的藏羚羊尸体和皮张堆积如山；里克·里奇韦的《大旷野》一书极好地讲述了这个问题；诸如此类的行动不胜枚举。捕杀藏羚羊的恶行仍在继续，但由于各方的努力，已远没有 90 年代那样猖獗。尽管中国和国际动物保护组织始终在积极打击非法交易，然而，藏羚羊绒仍在源源不断地运至克什米尔，沙图什仍在很多地方有售，特别是中东和亚洲。

起初，大多数购买沙图什披肩或围巾的人并不知道这种羊绒来自藏羚羊，更不知道这意味着什么。例如 90 年代初，纽约的百货公司波道夫·古德曼曾为沙图什打出这样的广告：

> 采集原料、编织沙图什是一个漫长而艰辛的过程。羊绒来于西藏的北山羊。喜马拉雅的苦寒之冬过后，北山羊便倚着小树和灌木摩擦身体，褪去底层的细软绒毛。
>
> 高难度的工作随即开始。西藏羌塘的牧羊人在春季的三个月里，上山四处搜索，收集这种纠结成团的绒毛。

全篇广告，只有地点说对了。

然而，披肩摆在世人面前，充满异域气息，奢华而昂贵，勤劳的牧人采来金羊毛，由当地的艺术家巧手织造。购买披肩是正当且高尚的行为，因为这能帮助贫穷的人们改善生活，而且不会伤害野生动物。20世纪初流行用白鹭的羽毛装饰帽子，70、80年代，花豹、美洲豹等斑纹美丽的猫科动物为流行服装提供了皮张，但沙图什完全不同于那些时尚热潮。于是，这种披肩自然而然地成为全球富人的钟爱之物。

　　经过很长一段时间，人们才渐渐觉悟，沙图什羊绒并非来自北山羊——一种栖息在崎岖地带的野山羊，真正的来源是藏羚羊，而且，为取羊绒要将藏羚羊杀死。我在想，不知有多少误传的信息其实是商人故意放出的谎言，并不单纯是人们用道听途说的故事诠释遥远国度里的一种陌生动物。不管怎样，这无疑是一个存在已久的问题。

　　故事要从青藏高原西部边缘，印控拉达克地区的列城讲起。列城曾是中亚的重要贸易中心，商队由此向东进入西藏，可达拉萨，也可向北前往今天中国新疆的和田、喀什噶尔（喀什）及其他城镇。进藏的商队由驴、骡、马匹组成，从列城出发，带着粮食、香料、茶叶、布料、食用油以及游牧民需要的其他商品。商队在日土、改则之类的沿途城镇做买卖，噶大克（噶尔雅沙）更是他们的必经之地，这里每年从8月到10月设有集市，交易各种货品和牲口。这样行走几个月后，商队再满载绿松石、黄金、盐巴、酥油、肉和羊毛踏上归途。采购来的绵羊往往是活着成群赶回列城，每只羊都驮一个口袋，里面装着重达16公斤的货物。不过，最主要的贸易品还是羊毛。

　　羊毛主要有三种。其一是便宜的普通绵羊毛。其二是家养山羊的羊绒，西藏高寒地区的山羊能产出最细柔、纤维最长的绒毛。长久以来，这种山羊绒从列城转售到克什米尔，织出的披肩轻软、耐用又暖和。最上乘的山羊绒被称为"帕什米纳"，这个词源自波斯语中"pashm"一词，意为"羊毛"。除此之外，还有第三种羊毛，极为稀有，无比细柔，名为"图什"或"阿斯利－图什"。

千百年来，图什一直被视为珍品。我在文献中看到的最初记载来自玄奘。隋仁寿二年（公元602年），玄奘出生在洛州缑氏（今河南偃师）。他13岁出家，20岁受具足戒。629年，玄奘踏上西行求法之路，16年间走访了亚洲中部及南部的许多地方。他带着657部佛经回到中国，备受赞誉，此后半生潜心翻译佛经，直至664年圆寂。

玄奘的著作《大唐西域记》于1906年被译为英文。游历途中，他经过了克什米尔，在记述中提到："颔钵罗衣织细羊毛也。褐刺缡衣织野兽毛也。兽毛细耎可得缉绩。故以见珍而充服用。"

1605年至1628年统治莫卧儿帝国的皇帝贾汉吉尔在回忆录中提到："有一块图什披肩，我敬爱的父亲（即阿克巴大帝）曾将它用作'礼服'……"在那之后不久，1646年，第一位造访克什米尔的欧洲人——法国的弗朗索瓦·贝尼耶（Francois Bernier）在他撰写的《莫卧儿帝国游记》一书中提到：

> 然而极不寻常、值得注意的一点，将贸易和银子吸引到这个国家的一点，就是所谓"披肩"的令人惊异的质量。这种产品在本地制作，小孩子也要出力……他们制作两种披肩，一种使用本地的羊毛，比西班牙出产的质量更优；另一种所使用的羊毛，或者说毛发，他们称之为图什，取自西藏一种野山羊的胸部。第二种披肩的价格远远高于第一种，甚至河

狸的皮毛也绝不可能比它更柔软，更精细。

威廉·莫尔克罗夫特（William Moorcroft）是第一个走进西藏西部地区的英国旅行家，1812 年，他代表东印度公司去寻找上乘羊绒帕什米纳的原产地，他和乔治·特雷贝克（George Trebeck）在《喜马拉雅两省印度斯坦及旁遮普游记》（1841 年）一书中讲述了这段经历。在拉达克，他估计 1820 年至 1822 年间，每年约有 54431—108862 公斤帕什米纳运至克什米尔，而图什仅有 454 公斤。他发现在克什米尔，只有两台织机专门织造图什，其他织机则用于生产山羊绒及其他羊毛制品。莫尔克罗夫特当时也认为，图什来自野山羊。"此物始终价格高昂，想必是因为获取原料极为不易。这种野山羊白天很少进入猎枪可及的范围内，只能在夜间，在它们下山来到谷中觅食之时，设置陷阱捕捉。"

亚历山大·坎宁安（Alexander Cunningham）在 20 年后，即 1846 年至 1847 年探访拉达克，在《拉达克》一书中提到图什来自"西藏的北山羊"，并准确描述了这种动物弯弯的长角以及岩石嶙峋的栖息环境。"它们被猎杀是因为长有柔软的底绒，在克什米尔，人们称之为'阿斯利－图什'，这是一种极细极软的羊绒，淡褐色，由国外传入克什米尔……可织成一种非常精致的织物，叫作'图什'，质地细腻柔软，因保暖而备受珍视。"

早期到访的欧洲人混淆北山羊和藏羚羊情有可原。他们从没在野外见过藏羚羊，只到过列城的克什米尔商人也不曾见识过。但是，那些进藏的商人去过改则甚至更远的地方，很可能看到过藏羚羊，或从牧民那里了解过。珍妮特·里兹维在 20 世纪 80 及 90 年代走访了拉达克及克什米尔的老人，向他们了解早年间的贸易情况。她在《跨越喜马拉雅的商队》一书中写道：
"无论在拉达克还是克什米尔，我从未听到有谁说图什出自藏羚羊以外的另一种动物。"北山羊在西藏并不多见，仅限于西南部的一小块区域，就我所知，它们从不曾产出足以织造披肩的羊绒。

沙图什的原料是藏羚羊绒，这在当地是尽人皆知的事，商人们却继续杜撰出各种故事，说那是挂在灌木上的北山羊绒毛，甚至说图什源自西伯利亚大雁的羽绒。这些人或许是力图避免引起公众抗议，因而掩盖事实，即这种利润丰厚的羊绒其实来自一种濒危动物，也可能后来他们要竭力避免引起政府注意，因为这种商品的交易在印度、中国，在国际公约中都属违法。多年来，不仅是商人，就连克什米尔的政客们也联手蒙蔽了公众的眼睛。

刚开始藏羚羊的野外研究工作时，我从未听说过沙图什。1985 年，我第一次在青海的羌塘见到藏羚羊，当时许多藏羚羊在暴风雪之后死去，但是并没有人来收集它们的皮毛。对藏羚羊皮的需求显然还没有扩大到青海。

三年后，1988 年 8 月，在西藏阿鲁盆地的南面，我第一次见到了猎杀藏羚羊的人。两人都拿着前膛枪和捕兽脚夹。这种脚夹简单有效，从 19 世纪的记载来看，已使用了几百年。柏林洪堡大学的托尼·胡贝尔在 2005 年一篇有关米兰科学博物馆的期刊文章中，描述了这种脚夹，即当地人所说的"套子"：

> 套子的框架是一个用干草混合鹅毛编成的圆环……这个结实的草编圆环有 3 厘米厚，用羊毛和山羊毛捻成的线绑牢，整体直径约有 20 厘米。然后，将一只羚羊角浸泡在水中，

使其变得柔韧，再切成薄薄的长条。羚羊角薄片干燥后……顶端磨尖，以一定角度插入圆环中。

在动物往来的小路上，将捕兽夹放在一个洞上，再盖上草；脚夹上系着一根绳，另一端的小木桩钉入地面。一旦动物踩中脚夹，腿陷进洞里，夹子上的一圈尖齿就会让它无法抽出腿来。它只能挣扎，然后站在那里等猎人过来将它杀死。

西藏的牧民猎捕藏羚羊吃肉，公羚羊的角被用来固定帐篷或是拴马。斯文·赫定曾提到，1906 年的旅行途中来到一处营地，"一间小屋里放着九只藏羚羊的皮和肉，人们几乎完全依靠下套捕来的野味充饥"。但是，这与我在 1990 年目睹的藏羚羊交易完全不同。

1990 年 8 月，在西藏西部完成了又一个月的野生动物调查，我们在小城改则过夜，对于昔日往来拉达克的商队，这里曾是一个重要的交易站。第二天早上，队里的一名藏族队员带着我，走过中央大街的一排政府办公楼，来到泥砖小屋、帐篷和垃圾聚集的城市边缘。做生意的人把各自的商品摆在帐篷前的一块布上——鞋、衣服、绳子、杏干、大米、土豆等等，应有尽有。一位藏族妇女边走边从一张藏羚皮上拔下一团团羊毛和羊绒。不远处，一个藏族男人坐在地上，一把一把地从藏羚羊皮上拔下羊毛和羊绒。和他在一起的两个人是来自西藏东部的康巴商人，头上有编着红色毛线的头饰。一个院子的招牌上写着"冈底斯莫诺商店"，我从墙头往院里看了看，大约 20 张藏羚羊皮摊开放在地上，两个敞着口的袋子里塞满了藏羚羊毛。我们向一个看上去像是看管院子的人询问，他说牧民和商人会把藏羚羊皮送到这家店来卖。西藏和尼泊尔的商人再从这里把成袋的藏羚羊毛和羊绒卖到尼泊尔去。再多的事他也不清楚。

我知道藏羚羊受到法律的全面保护，1979 年就已被列入《濒危野生动植物种国际贸易公约附录 I》，并且被中国的 1988 年《野生动物保护法》列为一级保护动物。可是在改则，非法的藏羚羊交易却在光天化日之下兴旺、发展。我向西藏林业局举报了这里的杀戮和走私活动。我觉得奇怪，不知这些藏羚羊毛出口到尼泊尔去做什么，于是致信世界自然基金会，问他们是否了解情况。我没收到回信，当时对这件事也没太上心。

第二年 12 月，我再次来到西藏西部地区，发现了更多有关藏羚羊交易的线索。我们在路上看到一顶孤零零的破旧帐篷，旁边有 19 头牦牛在吃草。两张藏羚羊皮挂在帐篷外晒干，还有一只死去的野兔，让它意外送命的捕兽脚夹还没取下来。我们的车子靠近时，两个年轻人穿着污浊的藏袍，从帐篷里走了出来。我起初并未意识到这是专业猎人的营地，但两人告诉我，这一带共有三个猎人营地。他们来自一两百公里外的改则。22 具剥了皮、冻硬了的藏羚羊尸体用马鞍毯盖着，血淋淋的死尸在灰暗的大地映衬下格外刺眼。此外，这里还有 14 个藏羚羊头，都是雄性，有漂亮的长角。两位牧民很友好，邀请我们到里面坐坐。帐篷一侧，堆放着叠得整整齐齐的藏羚羊皮。我递给他们每人一张卡片，一面印着 11 世纪的喇嘛及圣人密勒日巴的一幅画：在一群眼中充满敬意的野生动物簇拥下，一位猎人放下手中的弓箭，颤抖着跪地表示臣服；卡片另一面是译成藏文的一段佛陀箴言：

> 一切皆惧死
>
> 莫不畏杖痛
>
> 恕己可为譬
>
> 勿杀勿行杖

　　大声念出这段话，在场的人都笑了，因为这是恰如其分的训诫。也许那两个人觉得这是拿他们开了一个好玩的玩笑，也许会感觉到一丝丝愧疚。不过，这次我仍未了解到藏羚羊毛的用途。

　　一个月后，1992 年 1 月 22 日，回到美国家中，我收到 Monamco 公司（现改名为加利福尼亚羊绒公司）总裁迈克尔·索特曼（Michael Sautman）寄来的一封信。他在信中写道：

> 我的公司 Monamco 专门生产销售少见的动物绒毛制品，如山羊绒、驼绒和牦牛绒……我们的一位客户，全球规模领先的一家山羊绒企业老板，提到他有意购入一批最为稀有的羊绒，名为沙图什。你或许知道，沙图什主要产自西藏，据我们所知来自北山羊。但也有人说，沙图什来自西藏的一种羚羊……这种羊绒被运至尼泊尔和拉达克，由克什米尔纺织业者收购，制作成著名的沙图什披肩。

　　终于，这肯定就是我在找的答案！

　　我向索特曼介绍了我在西藏看到的非法猎杀藏羚羊与羊绒贸易之间的关联，他回答说"根据你提供的信息，我已放弃沙图什项目，并建议我的客户及同行们采取同样行动"。真希望所有商人都能以这样的良心和关怀对待野生动物。

现在我知道了藏羚羊与沙图什之间的基本关系，稍稍查阅文献资料便发现，藏羚羊绒都是由游牧民卖给交易商，而有能力处理这种精细羊绒的人，唯有克什米尔的织工，印度的旁遮普邦一度是这种披肩的主要市场。在那里，沙图什（在波斯语中意为"羊绒之王"）被视为王族礼品，新娘嫁妆，更是传家宝，买一块要花掉一家人多年的积蓄。沙图什披肩极其精致，可从一枚指环中穿过，因此也被称为"指环披肩"。（不过，一块高品质的山羊绒披肩同样可以穿过指环。）过去，牧民猎捕藏羚羊是为了获取肉食，是为了生存，而出售羊绒只是顺便换得一点额外收入。羊绒交易的大部分收益自然是落入商人腰包，据估计，今天的交易利润高达600%—1000%。

从索特曼的信中，我对沙图什的了解依然有限，但如今这显然已是一种国际贸易商品。我认识到，要打击这种非法贸易，需要采取三方面的措施：中国必须更好地保护当地的藏羚羊，必须对克什米尔的披肩织造产业施加压力，向消费者宣传推销沙图什的行为必须予以制止。

提出这样的宏大目标或许有益，但并不能有效制止屠杀藏羚羊，整个90年代，杀戮恣意持续，甚至愈演愈烈。1992年夏季再度进藏时，我证实了这一点。

一位牧民告诉我们，藏羚羊皮想要多少有多少，一张约合25美元。在阿鲁盆地，我遇见了赤达，他是5户人家的头领，去年他们在这片盆地永久安顿下来，原因只有一个——猎捕藏羚羊。每个人每年大约需要4只羊的肉食，他们这个小团体共有40人，总共只养了600只羊，45头牦牛。要确保大家都能吃饱，同时避免牲畜数量大幅减少，这远远不够。赤达强调说，有了藏羚羊肉，就能保住他们的羊，而卖掉藏羚羊毛能换来他们迫切需要的现金。收入增加后，赤达买了一辆卡车。可是，卡车需要汽油，不像马匹那样，放出去吃草就能换来动力。事实上，就在此前一天，赤达的卡车刚载着50张藏羚羊皮去换回了汽油。或许是觉得有点心虚，赤达告诉我们，去年冬天，改则的一些官员两次来这里盗猎藏羚羊。"如果当官的遵守法律不再打猎，我们也会照做。"他补充了一句。

当我发觉藏羚羊正遭到屠杀，事态的严重性令我无比震惊。我不禁联想起19世纪60至80年代，北美野牛经历的那场肆无忌惮的冷血杀戮。当时铁路工人和军队需要牛肉，城市里的居民需要牛皮做毯子，牛舌则成为富人们享用的美味佳肴。"消灭野牛群成了一项有组织的产业。"马丁·加勒森（Martin Garretson）在1938年出版的《北美野牛》一书中这样写道。借用书中几个数字就足以说明这一点："1871年，圣路易斯的一家公司收购了25万张牛皮"；"单是一个地区，2个月里就有21万头野牛被杀"；1877年12月至1878年1月，猎人们获得了"10万多张牛皮"。铁路公司推出了猎野牛项目……"大屠杀过后，野牛的白骨将广阔的原野变得一片惨白……"到了19世纪末，曾经漫步在北美平原的数百万野牛，只剩下了黄石公园中的一小群。那是美国历史上耻辱的一页。在青藏高原，历史将会重演吗？

牧民、政府官员、卡车司机等等，大家都在为快速获利而猎杀藏羚羊。杀伤力最强的是那些有组织的武装盗猎团伙，他们开着车从格尔木、西宁、昌都等地远道而来，找到藏羚羊群后，通常在夜间打开汽车头灯，大举屠杀被晃得晕头转向的藏羚羊。此外还有一种危害更大的杀戮方式，盗猎分子发现了位于新疆阿尔金山保护区的藏羚羊产仔地，以及我们曾在 1997 年尝试寻找的青海可可西里保护区产仔地。他们开枪打死刚刚产仔或尚未分娩的母羚羊，将剥了皮的尸体扔在地上任其腐烂，新生幼仔被遗弃，最终饿死。

1993 年 9 月，5 万多淘金者非法闯入阿尔金山保护区，在很大程度上导致了当地野生动物的减少。中国探险学会会长黄效文为维护这片保护区贡献了诸多力量，他在现场报告中讲道："今年 4 月，公安局在旁边一座石棉矿对往来车辆进行例行检查，在一个 17 辆卡车组成的车队中拦下 4 辆，找出 674 张正要运往拉萨的藏羚羊皮。在花土沟，他们追查到一个带着 360 张藏羚羊皮的团伙，在乌兰抓获一个带着 300 张皮的团伙。"生物学家毕蔚林博士（William Blieisch）在 1998 年到保护区考察时，共看到 1003 具被剥了皮的藏羚羊尸体，四散横陈在当地藏羚羊群的产仔地，次年他在那里清点出"917 具尸体"。1993 年至 1999 年间，保护区的保护工作显然没有改善。

1984 年，青海西部的可可西里地区发现了黄金，不久，大约 3 万名淘金者，其中多数为回族，闯入这个无人居住的偏远地区，在沙砾中筛找珍贵的金子。由于淘金者的大量涌入，当地县政府在 1992 年成立了西部工作委员会，由县委副书记杰桑·索南达杰兼任工委书记。在巡查金矿的过程中，他们发现盗猎藏羚羊的问题非常严重，于是将工作重点转移到野生动物保护，开始在这一地区巡逻。1994年1月，索南达杰拔枪对抗一名盗猎分子时，被其同伙开枪击中，不幸牺牲。这个盗猎团伙中，后来有四人落网，但其余的人、包括当时开枪的凶手，为何仍逍遥法外？故事尚未完结。17年后，2011年12月28日，中国的《环球时报》报道，团伙中又有一人被抓获，另有六人投案自首。"有关负责人说，警方还在追捕最后的四个人。"这些年来，索南达杰已成为民族英雄。他的巡逻队被媒体称作"野牦牛队"，1996年可可西里保护区建立时，这支队伍已基本停止反盗猎斗争，由政府接管了巡逻任务。野牦牛队没有保留详细记录，但当年的一名队员告诉我，他们共没收了八九千张藏羚羊皮。1997年，我们冒着风雪、在泥泞的道路上跋涉多日，最终还是没能到达可可西里的藏羚羊产仔地，当时我们并不知道，盗猎分子抢先一步到了那里。我想，幸好我们未能成功。

我们的可可西里之行过去两年后，1999年4月，青海、西藏和新疆的森林公安局联合出击，100多名警察展开了一场反盗猎突击行动，仅在可可西里一处，就抓获了19处营地的71名盗猎分子，收缴18辆车，12000发子弹，1754张藏羚羊皮，545个带角的藏羚羊头。落网盗猎分子的罪行一旦确定，就会受到法律严惩。以1998年为例，西藏森林警察抓到10名盗猎者，查获461张藏羚羊皮，这些人在法庭上被判4年到19年有期徒刑。

栖息在青藏高原上的藏羚羊究竟有多少被杀？1998年12月，中国国家林业局发表了一项声明："根据收缴的皮张、羊绒以及被弃的尸体分析，估计每年约有两万只藏羚羊被非法猎杀……据不完全统计，1990 年以来，已破获 100 余起盗猎案件……共收缴 17000 张皮及 1100 公斤羊绒，查获 300 支枪，153 辆车，近 3000 人被抓获，3 名盗猎分子被击毙。"

如果官方统计的平均每年有 20000 只藏羚羊被杀，如实地反映了盗猎规模，那么 1990 年至 1998 年间，共有 18 万只藏羚羊被杀。以大约 10 张藏羚羊皮出 1 公斤羊绒推算，查获的 1100 公斤羊绒相当于约 11000 只藏羚羊。再加上没收的 17000 张羊皮，合计 28000 只藏羚羊。而被警方截获的皮张和羊绒，应该不会超过交易总量的 10%—15%。如此算来，官方的统计数字还是非常保守的。这些年里克什米尔的披肩产量，据估计每年能达到 5000 块至 11000 块。织一块披肩需要大约 3 只藏羚羊的羊绒，因此每年有 15000 只至 33000 只藏羚羊因这种致命的时尚而死去。以上的粗略计算显示，在 20 世纪 90 年代，至少有 20 万只到 30 万只藏羚羊被猎杀。

藏羚羊皮被卖给交易商，1995 年，在距离可可西里最近的城市格尔木，一张皮的收购价格约合 35—50 美元；到了 1999 年，价格已上涨到 70 美元。下一步，从羊皮上拔下粗毛（即较为粗硬的外层羊毛）和柔软的底绒。这项工作原先就在露天完成，毫不避人耳目，1990 年我们在改则看到过；但打击力度加大后，便转移到了拉萨等地的地下窝点。接着，混杂着外层粗毛的羊绒被走私到印度查谟和克什米尔地区的斯利那加，加工制作成披肩。主要的走私途径有几条，犯罪分子偏爱的一条路线是用卡车从拉萨运到尼泊尔的加德满都。大包藏羚羊绒可以混入运送羊毛的卡车，或是藏在卡车顶部的特制夹层，缝进床垫和睡袋，或塞进空汽油桶。

1999 年 2 月，我曾观察卡车通过中国边境口岸樟木及尼泊尔边防站卡达里。被检查的车辆极少，有些司机往边防兵手里塞点钱，更是通行无阻。在其他地方，小型车队可以从偏僻的山口偷偷进入尼泊尔，在查禁非法野生动物贸易方面，这个国家素来马马虎虎。一旦抵达加德满都，交易商就可以搭乘飞机、长途车或火车前往德里，再从那里转向斯利那加。此外还有从拉萨直通印度的路径。例如神山冈仁波钦南面有一座边境小镇普兰，羊绒可以从这里经由里普列克山口运往印度。另外还有从拉萨向西的古代贸易路线，可通往拉达克的列城。1962 年中印战争爆发，边境正式关闭。由于边防巡逻愈加严密，不法分子不得不设法开辟新的走私途径。他们的一条迂回路线绕至新疆西部，由公路进入巴基斯坦，再转运至克什米尔，据说在巴基斯坦，走私收益被用于支持当地的激进武装力量。今天甚至有人通过航空运输，经由新加坡走私藏羚羊绒。

中国在 90 年代加大力度打击盗猎，然而青藏高原毕竟太大，巡逻队人力有限，盗猎分子动机十足，国境线防不胜防。走私的藏羚羊绒虽有部分在边境被截获，大部分仍是运到了国外。1993 年至 1999 年间，尼泊尔官方没收了 659 公斤藏羚羊绒，1992 年至 1994 年，印度没收了 708 公斤藏羚羊绒。不过，官方收缴的藏羚羊绒究竟有多少，实际上根本无从估算。尼泊尔海关曾被指控将没收的藏羚羊绒贴上"兔毛"标签，出售给印度。这种伎俩让人想起 1924 年在澳大利亚，曾有两百万张考拉皮被伪装成袋熊皮出口，以防引发公众抗议。中国海关查获走私货物后，并不一定向林业及野生动物管理部门通报，藏羚羊绒有可能被转交给农畜产品管理单位，据传言说，有人将货物非法转售。有时，中国的走私商人会用藏羚羊绒直接交换其他野生动物产品，例如被用作中药材的麝香和虎骨。于是，印度的野生虎遭屠杀，送到中国成为功效可疑的药材；与此同时，中国的藏羚羊也在被屠杀，满足其他国家的时尚追求。

90 年代初，我提请西藏林业局注意，盗猎藏羚羊绝不是地方性问题，非法羊绒贸易已成为一个国际问题，林业局的领导请我帮忙在全世界宣传此事。从那以后，我一直在做这项工作。国际野生生物保护学会通知了各方保育人士，发现纽约波道夫·古德曼百货公司直到 1995 年仍在销售沙图什披肩后，制作了一张题为《沙图什真相》的宣传单。许多知名商店及时装店，包括波道夫·古德曼，收到传单之后即将店内的披肩撤下柜台。世界自然基金会和国际自然及自然资源保护联盟（IUCN）也向全球会员及公众发布了通告。

在印度，我有幸结识了国际野生物贸易研究组织印度项目的负责人阿肖克·库马尔，他掌管着与动物交易相关的事务。投身保护事业的贝琳达·赖特在 1994 年创建了印度野生动物保护协会，库马尔后来与她携手合作，在印度追查并监视沙图什交易，配合警方抓捕买卖披肩的不法商人，向克什米尔方面施加压力，要求他们遵守有关濒危动物贸易的国际协议，两人由此为藏羚羊保护工作做出了巨大贡献。1997 年，他们发表了一份极具影响力的报告，题为《因时尚而灭绝》。

关于藏羚羊绒如何由盗猎者卖给交易商再转入走私贩手中，人们很快掌握了大量信息，但是在克什米尔的斯利那加织造披肩的人，以及将披肩销往世界各地的人，相比之下并未得到太多关注。2001 年，国际爱护动物基金会与印度野生动物基金会联合发表了一份报告——《终止罪恶的贸易》，详细讲述了沙图什披肩的制作过程。织一块沙图什需要一个月到一个半月。第一步，先要将外层粗毛与纤细的底绒分开，这是只能由女性完成的精细工作，一个人干一天也许只能得到 50 克羊绒。藏羚羊腹部的毛中，羊绒所占比例最高。腹部以及交配期雄性的白色羊绒比一般的浅棕色底绒（每公斤 500 美元）更加昂贵，每公斤可达 750 美元。第二步，将羊绒交给纺线工，同样是清一色的女性，她们负责将羊绒纺成线。要将短而纤细的羊绒变成线，这是克什米尔女人掌握的独家本领，这也是几百年来藏羚羊绒都被送至她们手中的原因之一。纺成的毛线要浸泡在淀粉及树脂混合而成的特殊溶液中处理，变得更加结实，然后送上织机开始编织。实际的织造工作全部由男性承担。完成后，清洗工洗去披肩上的淀粉和树脂，修剪工剪去翘起的线头，染色工为披肩染色，缝补工负责修补所有的小洞或瑕疵。最后，设计师画出独具特色的图样，由绣工用丝线绣在披肩上。90 年代末，据估计有 14300 名克什米尔人参与披肩制作的 11 道工序，其中四分之三为女性。

威廉·莫尔克罗夫特在 19 世纪 20 年代初看到，斯利那加的众多织机中，只有两台专门用来织沙图什披肩。甚至在 20 世纪 50 年代前后，每年运至克什米尔的藏羚羊绒也只有二三十公斤。然而到了 1997 年，《终止罪恶的贸易》报告指出，这一数字上涨了百倍，达到大约 3000 公斤，即 30000 只藏羚羊的羊绒。进入 21 世纪时，克什米尔有 70 家运营中的沙图什制造商。

很多沙图什披肩中混入一半或更多的帕什米纳山羊绒，使其更加耐用，长久保持靓丽。藏羚羊绒的纤维非常短，因此很容易脱线，致使披肩变得破旧难看，正如一篇文章中形容的，"就像一块破洗碗布"。女士披肩的尺寸一般为 2 米乘 1 米，男士围巾为 3 米乘 1.5 米。1 公斤藏羚羊毛（包括粗毛及羊绒）中，可筛选出大约 350 克羊绒，用于编织 3 块披肩。而一块纯沙图什的披肩大约需要 3 只到 5 只藏羚羊的羊绒。即便掺杂了山羊绒，披上沙图什的女性仍相当于在肩头挂上了 3 只藏羚羊尸体——这是裹尸布，而非披肩。

沙图什的价格视其尺寸、颜色、绣工而定。90 年代，一块简单的米色或白色披肩，印度生产商出货的价格大概为 800 美元。国际市场上的零售价至少要翻两倍或三倍。一块绣工格外精美的披肩可能标价 15000 美元甚至更高。

千百年来，沙图什披肩在印度次大陆一直是备受珍视的饰品。18 世纪末，披肩在欧洲，尤其是在法国，成为一种时尚，大部分是山羊绒制品。不过，据说拿破仑曾送给妻子约瑟芬一块真正的沙图什披肩。在当时，披肩属于男性服饰，巴黎的女人起初不知拿它如何是好。约瑟芬和她的朋友们想出将它搭在肩上，山羊绒制品由此风靡一时，乃至拿破仑在 1806 年颁布了进口禁令，以遏制这股狂潮。

我不清楚沙图什因何开始在发达国家受到追捧。在意大利，服装设计师们将披肩染成各种颜色，并添加了美丽的刺绣装饰，原本米色或白色的沙图什因而魅力大增。1964 年，奈曼·马库斯百货公司的斯坦利·马库斯在印度发现了沙图什披肩，将其引入美国。但直到 80 年代末，产品销量才骤然增长，致使藏羚羊陷入了生存危机。

到了 90 年代末，全世界允许合法销售沙图什的地方只剩下两个：瑞士和克什米尔。1998 年，瑞士终于加入旨在管制相关交易的《濒危野生动植物种国际贸易公约》。严格来讲，克什米尔是印度的一个地区，但是根据 1947 年与印度签订的协议，克什米尔有权自行制定部分地方法规，哪怕与德里中央政府颁布的法律相抵触。印度此时已和另外 141 个国家共同签署了《濒危物种国际贸易公约》，而克什米尔面对印度及国际社会的压力，始终顽固地拒绝加入。时任克什米尔首席部长的法鲁克·阿卜杜拉宣称："除非我死，否则休想在克什米尔取缔沙图什贸易。"（后来禁令实施，他倒是并未身亡。）

自 1994 年起，执法机构开始在各国突击检查高级精品店、豪华饭店里的交易商以及富人造访的其他场所，收缴沙图什披肩。以 1994 年至 1999 年为例，没收的沙图什数量为香港 538 块，英国 172 块，法国 617 块，意大利 355 块，尼泊尔 559 块，印度 800 块，总计 3041 块。此后查抄工作继续，举例来说，2000 年至 2007 年在瑞士查获 537 块，2004 年在迪拜查获 90 块，2002 年至 2007 年在印度查获 230 块。保守计算，单是以上列举的这些罚没披肩，就相当于杀死了大约 11700 只藏羚羊。

贪婪蒙蔽了良心，非法交易屡禁不止。在 2009 年 8 月 21 日的信中，阿肖克·库马尔告诉我："最近几个月在德里机场收缴了几批货，目的地都是中东。"2007 年我途经迪拜，到几家克什米尔特产店看了看。我指着货架上的山羊绒披肩问店里的人，有没有更好的东西。他们当即从柜台下面拿出了沙图什披肩。

将沙图什拿在手中，轻轻抚摸，感受它的轻盈柔软，的确是一种奢侈的享受。我可以理解为何富人们争相把它纳为己有。人类头发的直径约为 100 微米（1 微米等于一千分之一毫米）。

北山羊的羊绒直径为 14—17 微米，无异于上等的山羊绒，也就是帕什米纳。小羊驼是骆驼的南美近亲，它的绒毛曾被认为是最细的，直径为 12.5 微米。但藏羚羊绒的平均直径仅 10—12 微米。人类的触觉能感受到小至一微米的差别。难怪藏羚羊绒会成为时尚宠儿。

从 90 年代往后，任何贩卖或购买沙图什的人都很清楚这是违法行为，也知道自己购买的不只是一块披肩，更是藏羚羊的生命。到了 2000 年，各国警方及海关都在大力遏制这种交易。伦敦警察厅的野生动物犯罪组规模不大，但十分敬业，在安迪·费希尔的领导下发起了"魅力行动"，帮助公众正确认识野生动物交易。1997 年，他们在行动中查获了 138 块沙图什披肩，价值 565000 美元。出售这些披肩的是一家名为"克什米尔"的精品店，坐落于伦敦的上流城区梅菲尔。店铺所属的文艺复兴公司的东家，印度家庭手工业博览公司，在广告中宣称沙图什原料"来自北山羊的下颌"。

1998 年 10 月，国际野生生物保护学会两位兢兢业业的成员，凯瑟琳·卡希尔和阿莉森·斯特恩，办了一场午餐会招待友人。我应邀带去一些青藏高原的照片，有美丽辽阔的风景，野牦牛、白鹤和其他野生动物，也有雌性藏羚羊为幼仔哺乳的画面。然后，我若无其事地拿出另一组幻灯片，有藏羚羊的尸体，被砍掉的羚羊头。"真是很震撼。"凯瑟琳·卡希尔后来向鲍勃·科拉切洛讲起这件事，文章刊登在 1999 年 11 月的《名利场》杂志上。起初"所有人不停地发出惊叹。然后，画面上出现了一个拿着捕兽器的牧民，现场响起一片倒抽气的声音，房间里到处都有人取下沙图什偷偷塞到桌子下面……"然而血淋淋的藏羚羊皮不足以阻止所有人购买披肩。鲍勃·科拉切洛在文中写道："据说有几位女士离开午餐会后，直接去了附近一位艺术书籍出版商的公寓，那个在巴黎做过模特的人手头还有沙图什可以卖给她们。"

就在四年前，1994 年 11 月，在纽约的梅菲尔饭店举行过一场慈善活动，为一个名为"梦之队"的匿名团体募集善款，帮助斯隆－凯特林纪念医院的一些绝症患者。活动由社会名流主持，吸引了众多有心做善事而且有心购买沙图什的人，总部设在香港的美国 Cocoon 公司为这次活动提供了披肩。没人注意到美国鱼类及野生动物管理局执法办公室的特工塔拉·邓恩、南希·希拉里等人正在现场调查沙图什的非法进口及销售。近五年后，1999 年 6 月，当时购买沙图什披肩的人接到了传票，要求他们到新泽西州纽瓦克市的地方法院出庭。最终这些买家并没有被判刑，他们似乎都不知道自己购买的动物产品自 1975 年起就已是美国禁止进口的，部分买家还向鱼类及野生动物管理局上交了自己的沙图什。不过，科拉切洛在采访一些女士的时候发现，并非所有人都有这样的觉悟：

——我跟你说，一旦你有了一块沙图什，就会不停地想要更多。

——你说什么，有人把自己的沙图什上交了？我好久没听过这么荒唐的事了。

——沙图什这件事就是那些搞动物权益的狂热分子编出来的。

有关藏羚羊遭屠杀的认知渐渐渗透到公众意识中，但起初非常缓慢。早在 1993 年，《国家地理》杂志就刊登了我的一篇文章，探讨沙图什的问题；1995 年，《国际先驱论坛报》发表了一篇报道，相关文章渐渐出现。但直到 90 年代末，媒体才开始真正关注此事，原因之一是一些社会名流被卷入纽瓦克一案。《华尔街日报》《纽约邮报》《时代》《新闻周刊》《美国新闻与世界报道》《人物》杂志都发表了文章，《BBC 野生动物》《国际渔猎守望》等较为专业的杂志也做了报道。巴黎版《时装》发表了题为《警惕，沙图什遭禁》的文章。但是也有一些时尚期刊仍执迷不悟。1998 年 6 月，《时尚芭莎》登出了马罗精品时装店的一则广告，以 2950 美元的价格推销沙图什披肩。次年 6 月，英国版《时装》称沙图什为无聊聚会上的"生存法宝"。

1994 年为斯隆－凯特林纪念医院举办的慈善晚宴，也给提供沙图什披肩的公司带来了冲击。美国 Cocoon 公司的两名负责人分别被罚款 32000 美元，公司被罚 10000 美元。向他们输送 308 块沙图什披肩的孟买纳瓦朗出口公司被罚了 5000 美元（相当于一块披肩的价格）。这是美国首次处罚相关企业。第二年，位于贝弗利山的零售企业曼斯菲尔德公司，因为在 90 年代中期进口沙图什而被罚 17.5 万美元。作为庭外和解的要求之一，该公司还要在几种时尚杂志上刊登一则公益广告，为自己的行为道歉。

那么，该如何区分沙图什与山羊绒及其他种类的羊毛呢？要将零售商等关系人送上法庭，这是一个关键的问题，而大部分披肩都混合了藏羚羊绒和山羊绒，使问题变得更加复杂。由于缺乏鉴别证据，早期诉讼案件都以失败告终。英国、法国、意大利的司法鉴定机构，还有美国鱼类及野生动物管理局的法医实验室，分析了藏羚羊、家养山羊、北山羊等动物的外层粗毛及底绒。每一种动物毛发表面的鳞片层都有其独特的排列方式，粗毛的比较容易辨别，底绒则不然。不过，在披肩中难免会掺杂有一些外层粗毛。与家养山羊的粗毛相比，藏羚羊毛的纤维更加脆硬而不平顺，横切面呈椭圆形，山羊毛则是肾脏形状。诸如此类的鉴别特征成为法庭上的可靠证据，在香港的一次庭审中首度被采纳。1997 年，香港当局突袭设在富丽华酒店的一家私营企业，查获了大量沙图什披肩。1999 年 4 月 13 日，在美国鱼类及野生动物管理局法医实验室协助下，罪名确立，公司法人巴拉蒂·阿索穆被判 3 个月监禁缓期执行，并处罚款 4 万美元。如今，DNA（脱氧核糖核酸）及纤维特征经常在法庭上被用作辨别沙图什的证据。

　　法庭审判和媒体关注明显改变了人们的观念。越来越多的人反对沙图什贸易，反对将一种美丽的生物变成时尚的牺牲品和行走的坟墓。20 世纪进入尾声时，身处时尚界的一批名模公开表示不再用沙图什。一些仍在穿戴沙图什的女性遭到同伴的当面批评，称这是"死亡时尚"。销售沙图什的店铺不时遭到抵制。披上沙图什披肩的社会名流，例如唐娜·卡兰和希腊王妃玛丽 - 尚塔尔，纷纷登上公众评选的"最差着装名单"。

　　面对这些行动，有钱而没有道德观念的沙图什买家却是依然故我。2000 年 2 月的《时尚芭莎》杂志中，一篇题为《时尚之罪》的文章引来了这样的反应：

　　　　"在冷风嗖嗖的派克大街，法律条文什么用也没有。"

"这个话题太无聊了。"

"一种喜马拉雅的山羊？那离我太遥远了。"

这些人的态度似乎是我穿我的，你骂你的。90 年代末，地下交易是沙图什的首要来源，今天，这种交易仍在继续。买家搭乘飞机到德里参加地下展示会，再带着满箱的披肩回家。大多数旅客到了海关都能轻松通行。在海关申报表上填写"披肩"即可；哪怕写上"山羊绒"也不会暴露具体是哪一种。"我在伦敦认识的每一个离了婚、手头有点紧张的人都在卖这个。"1999年一位知情者这样告诉鲍勃·科拉切洛。

90 年代，我在纽约亚洲协会等地讲课，介绍我在西藏的工作时，自然会展示一些屠杀藏羚羊以及西藏盗猎营地的照片。我的想法毕竟有点天真，没有预料到观众席上偶尔会有人愤怒地提出抗议。我破坏了这些人的浪漫想象，他们认为西藏牧民与天地万物和谐相处，从不会屠杀藏羚羊，即使杀了，也肯定不是为了赚钱。我也在无意之中扰乱了美国藏族团体的政治事务，他们原本是将所有盗猎活动全都归罪到汉人头上。我被指控替中国政府说话，甚至曾有人说我让汉人穿上藏族衣服，拍下了那些照片。总之，各种罪名不一而足。面对任何政府，我的工作方针向来是一切以自然保护为重，与政治或政策无关，无论在阿富汗、俄罗斯、伊朗、缅甸、蒙古，还是在美国，都是如此。归根结蒂，每一个国家的人都需要健康的环境才有未来可言。所以我在中国继续做我的工作，观察，写作，与政府和当地科研人员合作，推动环保工作。

为遏制藏羚羊毛交易，1999 年 10 月 12 日至 14 日，濒危野生动植物种国际贸易公约秘书处与中国联合举办了一场研讨会，主题为"藏羚羊保护及贸易控制"。会议在青海省会西宁召开，这个省时有大批藏羚羊遭屠杀。与会者来自中国、意大利、法国、英国、尼泊尔、印度、美国，包括海关、环境部门、野生动物及林业管理部门、动物保护组织等各方代表。研讨会的成果之一是发布了《西宁宣言》，敦促所有国家消灭国内的沙图什交易，加强执法力度，与其他国家积极共享信息。

20世纪即将结束时，沙图什问题终于被提上国际议程。但是还有一个关键问题尚未解决：克什米尔仍在生产沙图什。市场需求有如贪婪的无底洞，而任何一种非法的暴利产品，如毒品，总归会有乐意供货的人。毕竟，用一个经销商的话来说，卖沙图什的感觉就像"印钞票"一样。

1998年4月，印度野生动物保护协会向克什米尔高等法院提出请求，要求查禁该地区的沙图什贸易，敦促他们遵守印度于1972年颁布的《野生动物保护法》，依照该法案，藏羚羊是受到全面保护的动物。经过种种拖延，四年后，克什米尔政府终于将藏羚羊列为保护动物，但之后没有采取任何措施将这一决定付诸行动。印度野生动物保护协会没有气馁，上诉到印度最高法院，法院于2006年4月裁定，凡未在两个月内办理所有权证明的人，其持有的藏羚羊绒披肩、围巾或毛毯将被没收。然而，情况并未就此改善。非法交易仍在继续。2007年8月的一份报纸指出，克什米尔政府"对这项兴旺的产业睁一眼闭一眼"。至少印度的媒体对藏羚羊遭受的苦难表示了关心。后来，当人们得知美国驻印度大使的夫人杰奎琳·森德奎斯特购买了一块沙图什，这块"耻辱的披肩"掀起了轩然大波。

业内人士终于承认，他们所用的羊绒来自藏羚羊——但并不承认为获取原料屠杀动物。克什米尔手工艺管理局直到1998年还矢口否认，藏羚羊正遭到屠杀。克什米尔羊毛委员会的穆罕默德·尼辛曾在前一年亲赴议会，在各种证据面前仍坚称羊绒是从灌木上采集的。克什米尔商家权益协会甚至反问："你认为我们会把下金蛋的鹅杀死吗？"他们当然会——而且是以血腥的手段杀死。交易商则是感到不解：如果说藏羚羊是稀有动物，那么为什么五年来羊绒的供应量不减反增。他们没有意识到，激增过后将会是暴跌，当大群藏羚羊被杀光，猎捕分散在各处的幸存者将变得极为艰难，且无利可图。印度似乎对藏羚羊的处境感到担忧，于是决定在拉达克做一次空中调查，了解当地藏羚羊种群的状况。印度的直升机当然只能在印控拉达克调查，而这里顶多有几百只藏羚羊栖息在一个偏远角落，其中大部分只是从中国来这里过夏天。商贸部长奥马尔·阿卜杜拉很快宣布："我们在印度境内没有发现盗猎现象。如果中国那边有盗猎活动，为什么我们的人民要为此承担责任？"

2000年8月，沙图什协会依然坚称"沙图什原料并非来自被屠杀的动物"。印度环境与林业国务部长卡迈勒·纳特宣称"没有任何迹象表明藏羚羊遭到屠杀"。然而，纳特部长掌管的部门里，曾有一位高级官员参加了1999年在中国举办的藏羚羊研讨会，会上详细展示了各种相关证据。尽管如此，2001年仍有交易商说："根本没证据证明，这种动物因为羊绒而被杀。"

当人们无视事实，观念僵化，收入受到威胁，加之政治因素的干扰，这时就需要阴谋论登场了。印度报纸《印度人》在1998年1月11日刊登报道："交易商认为此次危机背后的推手，是一个极具影响力的美国游说团体。据说其目标是将克什米尔披肩挤出国际竞争市场。"另有克什米尔人说：不对，这其实是中国人的阴谋，1999年12月26日的《印度斯坦时报》报道称：

> 据沙图什业内人士透露，克什米尔陷入困境的原因是，中国意图控制全球山羊绒贸易……对于中国在山羊绒贸易领域的独霸地位，沙图什构成了唯一的威胁，因为它远比中国的丝羊绒更柔顺。中国人不具备手工织造沙图什的技术……虽然这似乎有猜忌的嫌疑，但克什米尔政府官员指出，除了夏勒最初的报告，有关藏羚羊盗猎活动的信息大都来自中国政府。他们不禁要问：既然中国人的商业利益昭然若揭，我们为什么要相信他们的话呢？

90年代末，当沙图什生产商意识到产品有可能被禁，他们上书克什米尔政府，希望一旦失业即能得到补偿。织工等相关人士自然为此忧心忡忡。随着沙图什披肩产量下滑，部分生产商选择了转行，而此前越来越多的织工从山羊绒转向沙图什。一位织山羊绒的工人一天能赚一美元，织沙图什的工钱却能达到四美元。但是到了2001年，印度野生动物基金会与国际爱护动物基金会联合发布的《禁令深度调查》（2003年）指出，约有55%的织工彻底放弃沙图什，回归山羊绒织造，16%的织工两种都做，11%处在失业状态，余下的少数人仍在织沙图什。

克什米尔的披肩产业存在很多问题。据说一部分克什米尔织工搬到了尼泊尔的加德满都。"帕什米纳"这个名称曾经代表着品质最好的山羊绒制品。但是没过多久，几乎所有的披肩，无论产自中国、印度还是其他地方，无论质量如何，都被冠以"帕什米纳"，致使真正的帕什米纳披肩渐渐失去了独有的奢华光环。旁遮普邦的羊毛织工也将自己的产品称作"克什米尔"披肩。到如今，普通的山羊绒披肩已是由机器织造，只是由人工完成清洗、修剪和刺绣装饰，这导致大批织工失业。不过，沙图什仍是全部手工制作。由于"帕什米纳"一词已和"山羊绒"无异，现在有人开始制作高品质手工产品，将其命名为"克什米纳"或"沙米纳"。各种新名词让人眼花缭乱，意大利还有一家叫作Iltex的公司，推出了名为"生态图什"及"生态沙图什"的山羊绒披肩。

眼看一种濒危动物的数量日渐减少，政府方面总是想找一种见效快、易操作的解决方案，这时很多人想到的办法就是："建一个人工繁育基地吧。"或许这些人并不清楚捕捉及照料动物的正确方法，也没有计划采取何种方式、在什么地方将繁育出来的动物安全放归野外。他们的目的只是要表明自己确实采取了行动，况且在地方官员眼里，政府为建基地下拨的资金很有吸引力。如今世界各地尽是废弃的繁育中心。90年代初，查谟和克什米尔地区政府开始大力推行人工繁育藏羚羊计划，拯救动物倒在其次，主要是为了收羊绒赚钱，他们甚至在拉达克竖起了一块牌子，写着"藏羚羊繁育中心"。印度本身几乎没有藏羚羊，他们只能想办法从中国引进——一个遥不可及的梦。织一块沙图什需要三只藏羚羊的羊绒，要圈养多少藏羚羊才能得到足以支撑生产的羊绒？此外，羊绒要怎样采集？你不可能从活生生的动物身上拔毛。如果像对待小羊驼那样给藏羚羊剪绒，剪下的羊绒将会很短，无法纺线。幸好到目前为止，这个繁育中心还只是一块招牌。

关于繁育中心的运作，青海的经历是一个很好的教训。90年代，青海省在羌塘的藏羚羊自然栖息地上围出200公顷土地，紧邻格尔木到拉萨的公路，在围栏里安置了很多从野外捕来的小藏羚羊。但由于夭折的藏羚羊太多，人工繁育计划终告流产。其实无论从经济效益还是其他方面来讲，这本身就是一个没意义的项目，因为这一地区栖息着成千上万的藏羚羊，只需做好防范盗猎的工作就够了。繁育中心后来变成了藏羚羊孤儿院。获得救助的藏羚羊长大后，即被放归大自然。

新世纪来临之际，形势有了可喜的改变。原因之一是有关方面严厉打击盗猎，收缴了牧民家中的大部分枪支，第二个原因是媒体报道的升温。（2002年《曼谷邮报》在美食评论中提到，藏羚羊"出现在了上海餐馆的菜单上"。）中国各地的报刊杂志纷纷登载藏羚羊的故事，中央电视台也播出了相关纪录片。根据野牦牛队事迹拍摄的故事片《可可西里》在全球各地上映。中国的一些民间组织，如自然之友、绿色江河、三江源生态环境保护协会等等，积极在野外、在公众当中推进藏羚羊保护工作。2008年北京奥运会上，藏羚羊成为吉祥物。

盗猎活动并没有停止，但是已显著减少。驾车作案的团伙很难再全身而退，然而个人实施的杀戮仍在继续。如今摩托车在青藏高原上随处可见，已经成为盗猎的主要交通工具。当时为世界自然基金会中国西藏项目工作的达瓦次仁告诉我，盗猎者以 60 公里的时速在原野上飞驰，一路追赶藏羚羊，直到它们因体力耗尽而倒下，再上前将它们杀死；也有的人骑着车冲到惊慌逃跑的藏羚羊身边，用木棒将其打死。这些人通过诸如此类的手段，继续为沙图什产业输送藏羚羊绒，这种情况在西藏西部地区尤为严重，约瑟夫·福克斯和他的两位同事在 2009 年的一期《羚羊》杂志中写道：

> 依然有人在为获取羊绒而猎杀羚羊，除了沿用传统的捕兽器，他们还有现代的猎枪，有些枪来自不法商人或地方官员……当地人都知道，如今西藏东部来的流动商贩会带着枪和摩托车，到改则县来换取藏羚羊皮，这些人有时也参与狩猎。

2009 年 2 月爆出新闻，德里机场的海关人员查获了两批沙图什，一批为 455 块披肩，另一批为 1290 块披肩，这次倒不是发往欧洲市场，而是准备托运至迪拜、阿曼、卡塔尔及其他海湾国家。2010 年 6 月，克什米尔贸易商及制造商联合会主席法鲁克·艾哈迈德·沙阿若无其事地说："近年来，设置在五星级酒店的各个克什米尔艺术及手工织造展示厅，在沙图什披肩的销售和出口方面都取得了很好的成绩。"为什么警方没有查封这样的店铺？在印度及其他地方，还有很多工作有待完成。

但是总体而言，情况已有所改善，特别是在中国，我们在青藏高原进行的大量实地调查可以证明这一点。现在有很多地方官员在当地民众的支持下积极保护藏羚羊。与十多年前相比，如今栖息在牧区的多数藏羚羊明显变得更加温顺，遇到过往车辆，常常只是平静地看着，或是不慌不忙地走开。事实上，在格尔木到拉萨的公路沿线以及邻近的铁路边，它们对呼啸而过的卡车都无动于衷。在一些地区，从当地人报告的情况以及我们的统计来看，藏羚羊的数量无疑在逐渐增加。

时刻关注中国藏羚羊种群，警惕国际沙图什贸易，要确保藏羚羊的生存，这是需要长期坚持的工作。在 90 年代令人心寒的大屠杀之后，十多年来藏羚羊数量的回升让我们有理由相信，这种动物或许仍可拥有光明的未来。

第五章

心灵的馈赠

　　2007 年夏天，我和以往一样，一到拉萨就见到了阿布。他刚刚退休，作为西藏自治区林业局局长，这些年来他给了我很大的帮助。阿布出生在牧民家庭，热爱羌塘，是一个作风强悍、直觉敏锐的人，总是说干就干。前不久他骑马去了甜水河，一见面就兴奋地告诉我，他在那里看到很多怀孕的雌性藏羚羊及新生幼仔。1991 年 7 月中旬我们就是在那附近看到了迁徙中的母羚羊和幼仔，当时并未意识到自己其实已非常接近羌塘中部种群的产仔地。经历过沙图什贸易引发的屠杀，大群雌性藏羚羊及幼仔出现在产仔地的消息让我无比激动，同时不由得开始担心盗猎者会像袭击其他产仔地那样，闯入这块地方。我们必须尽快进一步了解情况。

　　得知消息后，我和康霭黎都很想去看看那块产仔地。两年过去了，我们两人各自忙于其他工作。直到 2009 年，我们终于抽出时间，准备第六次赴青藏高原和帕米尔高原展开野生动物调查。霭黎为国际野生生物保护学会中国项目工作，一直是该项目的首席野外生物学家。欧盟－中国生物多样性项目拨款给国际野生生物保护学会及其合作伙伴，包括西藏林业局、世界自然基金会和西藏农牧科学院，用于研究羌塘的野生动物及牧区，并以此为依据制订一份保护计划。藏羚羊是这一地区的代表性动物，游荡于各个栖息地的身影构成了羌塘的独特风景，它们是这个项目的理想研究对象。何况，即使没有科研和保护任务，我也很想去看看那个地方，而且这次去得比较早，应该能看到新出生的小羚羊。

6 月 12 日，我们驾驶两辆丰田越野车和一辆卡车从尼玛县城出发，北上途中经过了一连串盆地，有的有湖泊，有的没有，但全都属于藏羚羊羌塘中部种群的冬季栖息地。我们见到了零星闲逛的雄性藏羚羊，但雌性都已离开。丰美的草原上，一如既往地聚集着大群藏野驴，我们共看到 475 只。之后一行人抵达了绒玛乡，即紧邻依布茶卡的地区行政中心。路边躺着一头雄性藏野驴，死因不明，但下身血肉模糊。有人取走了它的生殖器用作传统药材，留下尸体供食腐动物们享用，已经有两只高山兀鹫和三只渡鸦过来聚餐了。再往前一点，一只年迈的雌性藏野驴前腿卡在牧场的铁丝围栏上，在那里死去。

出了绒玛，一条土路攀上高原，冰川覆盖的雄伟山峰玛依岗日矗立在地平线上。这里也有少量雄性藏羚羊。远处的山坡高处有两群野牦牛，一群 75 头，另一群 179 头。不过，我们此时所在的地方仍住着牧民和他们的牲畜。有时野生公牦牛会带着家养的母牦牛跑掉，产下杂交的后代。这种杂交的现象若不加以制止，我们所熟悉的野牦牛或许有一天会从青藏高原消失。

沿着曲折的小路驶下高原，我们追上了迁徙的母羚羊群，它们像五彩纸屑一样散落在一片向西北延伸的宽阔河谷中。霭黎和刘通统计了视线中的藏羚羊，共有 2003 只。刘通是一个二十出头的小伙子，长着一个翘鼻子和一撮凌乱的山羊胡，洋溢的激情很有感染力。藏羚羊群拉长了队伍，如同波浪般从我们旁边向远处退去，夕阳照在它们身上，闪着金灿灿的光。我们站在海拔 4877 米的高处，俯瞰山脚起伏的丘陵，远眺白雪皑皑的色乌岗日，崎岖的小路尽头是一座水泥结构的保护站，有两间房，眼下没人。普松是本地的牧民，也是野生动物巡护员，他骑着摩托车赶来，当我们的向导。十年前，县政府将十几户人家迁到这片河谷中，新的安置点位于保护区的核心区域，而且我们现在发现，刚好处在藏羚羊迁徙的主路上。新来的居民拥有了使用土地的权利，不会再轻易迁往别处。我担心政府大力推荐的牲畜围栏会干扰藏羚羊的迁徙。遗憾的是，西藏的农、林、畜牧部门以及县政府等单位之间很少沟通合作，要做到保护区内外统一规划——有好的政策，好的管理——这是一个遥不可及的目标，但要维持羌塘生态系统的完整性，这也是一个必须要实现的目标。

我们在保护站待了两天，熟悉当地情况。有一天霭黎和刘通在河谷里统计藏羚羊数量，共发现 6824 只；在同一河谷的另一个区域，国际野生生物保护学会我的另一位同事张明旺找到了 2055 只。在这一片河谷中，就有大约 9000 只雌性藏羚羊，我们不知道有多少藏羚羊已由这里往前走了。我和明旺还在草场上搜集了藏羚羊和家羊的新鲜粪便，一个样本装一管，保存在福尔马林溶液中，稍后再交给野生动物保护学会的斯特凡·奥斯特洛夫斯基及他的中国同事化验，看看里面是否有蛔虫、绦虫等寄生虫卵，或是某种原虫。这样可以确定哪些寄生虫为野生和家养的动物所共有，并可能对它们的健康造成危害。

藏羚羊即将开始分娩，我们必须加紧赶路，到产仔地去等着它们抵达。藏族卡车司机和担任随队厨师的助手不肯再往前走，担心他们和他们那辆喜怒无常的卡车出问题。森林警察阿旺仁青是一个有点驼背的小个子藏族人，烟不离手。这时他和往常一样，坚定地保持沉默。有些野外考察队的团队气氛很好，还有一些却是分成两派，一派总想回家，队里的事能少做就少做，另一派则是勤勤恳恳地投入工作。现在我们的队伍就这样分裂了。藏族司机仑准、三个汉族人，还有我。都是满怀求知欲，其他人却是整天打牌，睡懒觉，就连厨师也赖床不起，任由我们自己想办法凑合吃早饭。并不是每个人都爱上了羌塘。普松是一个很有魅力的人，少言寡语，头发及肩，戴着一顶牛仔帽，在队里不属于任何一派。有时候我在帐篷里记笔记，他就坐在我旁边的地上，朗读一本有关鼠兔的寓言故事集，那是我编写的一本小书，告诉人们鼠兔对草原生态有多么重要。故事都被译成了藏语，所以我根本听不懂普松在念什么，但我们无需语言也能交流。

卡车司机不肯再走，于是我们组建了一个追踪藏羚羊的古怪车队，有两辆丰田越野车，一部带拖斗的小拖拉机，还有三辆满载负荷的摩托车，这是刚从当地人家雇来的。翻过几道平缓的山岭，我们来到嘎尔孔湖，看到大约 1000 只雌性藏羚羊分成几群，正向西北方向移动，随后又出现了更多。拖拉机的引擎坏了。我们就地扎营，越野车折返去拉行李。我提出我们应该带上罐装的汽油，没必要带成箱的圆白菜，另外，我们不能没有卡车。第二天，大幅度提高报酬之后，司机重新燃起了前进的意志，卡车也有了动力。等待车队做准备期间，我和刘通爬上色乌岗日的一道山脊，在那里遇见了一只猞猁。天空晴朗，但是大风呼啸，毫不留情地朝我们猛刮。这一整天我都满心愉悦地在原野上、在山中行走，徒步的感觉很健康，也很充实。偶尔会有同行的人说我在这个年纪能有这样的状态很难得。这是多么令人沮丧的想法——我不过 76 岁而已，健康状态良好，身体和头脑都还感觉很年轻。

藏羚羊沿着向北穿过色乌岗日的一道河谷往甜水河方向移动。千百年来，它们的蹄子在一面山坡上踩踏出了 65 条小路。由于谷中多沼泽，卡车无法通行。我们不得不再次抛下它，用越野车运送食物和装备，在河流上方的一个小湖边建起了大本营。雌性藏羚羊排成一列从我们旁边经过，走向河滩。做饭的大帐篷搭好了，所有的设备都已安置妥当，科考工作可以开始了。

我们看到很多藏羚羊过河向北，消失在山丘之间。我们的一辆车跟了过去，而我更想徒步度过这一天。6 月 21 日，边走边统计脚步匆匆、二三十只聚成一群的藏羚羊。一只母羚羊独自站在一边为宝宝哺乳，小羚羊看样子出生才一两天。队友们回来报告说看到了数以千计的藏羚羊，还有 22 只新生幼仔。看来，我们刚好及时赶到了。

长夜漫漫，我躺在睡袋里等待黎明，回想起自己从过去到现在的这一生。做了半个多世纪的野外工作，我仍睡在冰冷的帐篷里，清晨起来脸上总是结了一圈霜，20世纪50年代在阿拉斯加，70年代在尼泊尔和巴基斯坦的喜马拉雅、喀喇昆仑，80年代以后在中国的青藏高原以及中亚各地，始终如此。我究竟收获了什么？我为什么要几十年如一日，在不同的地方做同样的工作？到了这个年纪，我也该为自己做一个总结了。

　　我力求踏踏实实做研究，努力推进自然保护，但与此同时，我也向往户外的生活，从某些方面来说，这也算是纵容自己、逃避日常琐事吧。说起人生哲学，我总是想起德国诗人约翰·弗里德里希·冯·席勒的一句话："从内心里发出的声音，绝不会欺骗希望的灵魂。"不过，这个内心里的声音时常埋怨我研究的课题太窄，又太落伍，不像别人的前沿研究有着 GIS（地理信息系统）、DNA 之类的漂亮缩写。我安慰自己，博物学仍是自然保护工作的基石，必须脚踏实地去完成，去提出问题，用心观察，聆听，记录，亲自走进荒野。科学技术可以帮助人类开启世界的大门，但也可能将大门紧闭，除非我们学会从大自然中汲取知识。

　　尽管如此，内心里的声音仍指出了我的失败。我没有任何建树，没有建立保护机构，没有在大学开设专业课招纳学子，也没有就我的研究领域写过综合概论。我想，我也没有提出过重要的独到见解，没有什么观点足以让同行称赞，并在此基础上创建全新的理念和思想。我不喜欢参加会议，很少做讲座，尽量避免出风头。简而言之，我并未发挥自己的潜力。我不是领导者，也不是追随者，我只是无意之中应了拉尔夫·沃尔多·爱默生的那句格言："不要沿着前人留下的路走，去自己开路并留下足迹。"观察另一种生物的复杂而多彩的生活，为它撰写全面的介绍，这对我来说是无比快乐的工作。山地大猩猩、野生虎、大熊猫和藏羚羊，都代表了地球上最美的生命。我发表了一些有趣且有用的科学信息。但是，除了达尔文、爱因斯坦、牛顿的那些经得起时间考验的伟大发现，所有的科研成果都会很快被取代、被遗忘，或者最多是被后人当作历史参考，在此基础上继续展开研究。这是科学发展的必然方向。我的工作也受到过表彰，赢得了中国、印度、日本、德国、荷兰和美国等国的自然保护奖项。

然而，在灵魂深处，我知道那可令我心安的归去之处，是更为价值恒久的成就，超越我个人而存在。我在中国、巴基斯坦、巴西及其他国家积极推动自然保护区的建立。但保护区无法移动，不论保护得多么严密，不论当地居民多么支持，它仍有可能受到气候变化或栖息地及物种变化的影响，甚至有可能因政治因素而消失。保护区即便能够留存，也很难永远保持当前的面貌，除非它能与周边地区融为一体，实现良好的整体规划和管理。

我撰写的有关野生动物的文章和书籍激励了一些学子，促使他们走上博物学研究的道路。外出考察时，多半都有当地的年轻生物学研究者与我同行，就像这次的羌塘之行。我相信，我对一个国家的最大贡献，就是带动了一批具备专业素养的本地学者，他们将继续奋斗，捍卫自然之美。我的知识和精神也将由此得以传承，直到我从人们的记忆中消失，这份遗产仍会流传下去。

想到这里，感到心中安慰。

河滩和山岗看上去一片萧瑟，乱石遍地。很多地方的植被覆盖率不超过1%，只有几丛垫状植物，龟裂的土地上颤颤巍巍地伸出几根野草，还有小块粗硬的苔草。究竟是什么吸引着藏羚羊来到这片荒凉的山岗？我们爬上山坡，眼前突然出现了一片绿洲，三个小河谷构成一小块集水区，谷中长满了绿油油的棘豆，叶子已被藏羚羊啃秃，还有一簇簇叶片银白的雪绒花等植物。放眼望去，到处都是藏羚羊，吃草的，休息的，闲逛的……在漫长而艰苦的旅行之后，它们在这片隐秘的乐园里悠然自得。我们被眼前的美景迷住了。太好了。真是太好了。看到这么多动物延续着古老的生活方式，似乎并未受到人类的干扰，这无疑是一份心灵的馈赠。

狂喜过后，我们必须冷静下来完成科研任务，统计种群数量，向西藏林业局汇报。后来我们发现，产仔地的总面积超过388平方公里，单是这片小小的绿洲里，就有9076只雌性藏羚羊——我还从没见过一个地方聚集着这么多。另外，河滩上有6032只，河南面的小山上有1086只，总计至少16194只母羚羊。还有一只成年雄性藏羚羊不小心闯进了这场待产妈妈的大聚会。这是最低统计数字，因为我们难免会有疏漏，而且还有迟来的小群藏羚羊在陆续抵达。总数中包括成年雌性和1岁的雌性羊，但它们要到来年才能开始产仔，目前在这些藏羚羊群中占到大约 13.5%。由此我估计，今年至少将有 12500 只幼仔出生。

"这恐怕是羌塘地区最大的藏羚羊产仔地。"霭黎说。

"要是加上公羚羊，"我算了算我们在调查中见到的雄性羊，主要聚集在由此往东和往西的地方，"这个种群有可能达到三万只。"

看到这么多藏羚羊聚在一起，我想起了在蒙古东部草原上见过的黄羊，90 年代我在那里做研究，现在柯克·奥尔森还在继续这项工作。那里常年栖息着超过 100 万只黄羊，是亚洲最大的有蹄类动物种群。1993 年 7 月的一天，我亲眼目睹了大群黄羊越过一道山岭，匆匆向北而去。先是过来几百只，然后是几千只，有如一波波黄褐色的洪水，许多母黄羊都带着幼仔。妈妈和孩子相互呼唤的声音四处回荡，在滚滚向前的大潮中此起彼伏。我和同事杰弗里·格里芬搭起帐篷。黄羊仍在不停地涌来。天黑前，估计至少有 25000 只黄羊从我们旁边经过。后来，躺在黑漆漆的帐篷里，我仍可以听到小小的蹄子哒哒走过，其间夹杂着鸟鸣似的叫声，不断有黄羊经过，直到我坠入梦乡。

在 90 年代沙图什贸易热潮引发的屠杀之后，我没想到能看到这么多藏羚羊。我们没发现盗猎的迹象，除了我们的营地，附近也没有人类活动，这景象让人倍感欣慰。不过，人们在这一带打猎已有几千年。如果放慢脚步，盯着河流沿岸的土地，我们经常能找到古代猎人留下的石制工具。刘通格外善于发现石器，常给我看燧石刀片，带锯齿的兽皮刮片，还有两三厘米长的岩芯，可以从上面敲下锋利的小刀片。

在羌塘东部的很多地方都能找到两种不同时期、不同工艺的石器，杰弗里·布兰廷海姆（Jeffrey Brantingham）、约翰·奥尔森（John Olsen）和我曾在《古物》（*Antiquity*）杂志上发表过一篇相关报告。石器发现地的年代尚无确切考证，但根据其他遗迹的情况推断，多半应该有 13000 年至 15000 年的历史。我们发现的一种大号石刀及刀片的制作技术有可能源自 25000年前。想到我和那些远古猎人或许见证了同样的野生动物奇观，我觉得非常开心。

在我们的营地附近，可以看到年代较近的另一种狩猎方式留下的痕迹。在藏羚羊迁徙的路上，顺着山坡和低矮的山口，一些石头堆排成不规整的长列，高度大都不超过 30 厘米。我想起藏人把这个称作"杂卡"：长长的两列石头，有时有 150 米长，入口处很宽，然后渐渐变窄，形成漏斗的形状。藏羚羊走进这条通道，虽然石堆之间有一定的间隔，其实并不能拦住它们，但不知出于什么原因，它们似乎不敢转向旁边。在通道尽头，安置着 3 个到 20 个，甚至是更多的传统捕兽脚夹。人类学家托尼·胡贝尔在走访牧民时发现，对于猎捕怀有身孕、正要前往产仔地的母羚羊，这里没有任何道德上的约束。事实上，牧民有句老话说："杀死一只母羚羊，你就有饭吃；放过一只母羚羊，你就没饭吃。"

产仔地是一个新生与死亡并存的地方。我们见到一只刚刚分娩的藏羚羊，浑身湿漉漉的幼仔正挣扎着想要站起来。"咱们给它称称体重，还是不要打搅它？"我问霭黎。"不要打搅它吧。"她答道。于是我们继续往前走，路边又有一只刚出生的幼仔。我戴上医用手套遮住自己的气味，把这个小家伙，一只雌性幼仔，放进了袋子里。刘通给它称了体重，有 2.27 公斤，然后把它轻轻放回去，它的妈妈在一旁警觉地看着。三只狼在藏羚羊群中快步走着，其中一只突然开始追赶一群羚羊。一只小羚羊脱离队伍往旁边跑，狼扑了上去，独自大吃起来。在不远处，我们又看到一只幼仔的娇小尸体，已有一部分被吃掉。死因会是什么呢？我解剖尸体仔细查看，发现咽喉部位有藏狐的细小牙印。我们还看到一只母羚羊因难产而死去，另有一只母羚羊正在分娩，我在田野笔记里做了详细记录：

中午 12 点 3 分，一只雌性藏羚羊侧身躺着。它不时焦躁地站起来，有时转个圈，然后又躺下，23 分钟里如此反复了 9 次。12 点 31 分，它躺在地上抬起前半身，后腿踢来踢去，扬起一片尘土。幼仔滑了出来，湿漉漉、黑乎乎的，身上沾满了沙土。母羚羊躺在地上，热情地舔着自己的孩子。12 点 46 分，母羊站起身，小宝宝两次挣扎着站起来，但很快又倒下了。母子俩又静静地躺了几分钟，然后站了起来。13 点，出生仅半个小时的宝宝开始喝奶，然后绕着妈妈走了一圈。母子再次躺下。13 点半，它们起身离开，幼仔脚步相当稳健。这一幕超越科学，唤起温情，触动了我的心。它更巩固了我许下的誓约，一定要帮助藏羚羊生存下去。

霭黎、刘通、明旺和我喜欢站在山脊上俯瞰绿洲，静静观察藏羚羊生命中的成功与悲剧。一个月来，天气一直好得出奇，这给我们带来了好心情，也给新生幼仔带来了存活的机会。只可惜每天狂风不断，让我们禁不住羡慕藏羚羊有一身厚实的羊毛外套。远处山岭上出现了一个黑点。一只棕熊晃晃悠悠地朝我们这边走来，鼻子贴着地面，似乎在寻找幼仔或死尸。我在这一带没见过熊的粪便或刨地的痕迹，因此猜测它住在不远处的色乌岗日，突然出现的丰盛猎物吸引它来到了这里。还有一只熊正从另一方向走来，个头很大，看上去像是正漫无目的地闲逛。在这个地方，最高的植物也只有 30 厘米，遇上好奇心重或没规矩的熊根本无处可躲。是我带着大家进的山谷。

看到熊的前一天晚上，我们在山谷里过夜，各自裹着睡袋就睡了，这样一早起来就能守在藏羚羊近旁。我仰面躺着，看着星星。这个海拔没有污染，空气清透得令人惊叹。满天繁星璀璨夺目，不是一闪一闪的，而是稳稳地散发出耀眼光芒，犹如凝固在时空中的水晶。在这样一个宝石点缀的夜晚，在绝对的寂静中，我仿佛在无垠的宇宙中漂浮。得知可能会有一两只熊跑来查探，我们不能再随随便便地露天过夜，只能躲进营地。

储备的食物和汽油都剩得不多了，虽然目前产仔的母羚羊只有大约三分之一，我们还是不得不离开。我很想留下来继续观察藏羚羊在这座隐秘乐园里的生活，但在 6 月 27 日，我们还是启程沿原路返回了。一路上，我们遇见几群数量不多的雌性藏羚羊，还在匆匆赶往产仔地。

追踪藏羚羊二十余载，2009 年在产仔地见到它们的盛大聚会，对我而言是最美妙的一幕。掌握了各个种群交配、产仔的地点以及两地间的路径，就可以更好地制订计划保护它们。不过，我们对藏羚羊迁徙的了解还不完整。例如，我们直到 2006 年才发现，青海有一个种群沿东西路线迁徙，而非南北移动。会不会还有我们不知道的种群？

我喜欢跟着迁徙队伍，深入无人区探索。但这样一来，我忽略了以另一种方式生活的藏羚羊，它们常年栖息在同一地区。迁徙种群通常在羌塘的保护区内活动，而留居种群的栖息地大都在南边，全部或部分位于保护区边界以外，与牧民和他们的牲畜共享肥美的草场。两年前，2007 年 11 月，我与霭黎和她的同事们一起调查了几个留居种群的规模及分布情况。冬季是统计羊群总数的最佳季节，因为此时雄性和雌性正聚在一处共度发情期。

我们在色林错一带发现了这样一个种群，东面来的扎加藏布河汇入这个大湖，河流以北的巴岭乡有一大片广袤的原野，旁边还有一个湖，叫作其香错。这个季节里，总有几百人，多数是回族，从格尔木来到湖边捞丰年虾卵，这时卵多得把湖面都染出了一条条红色。据说藏羚羊在发情和生产季节都聚在这里，其他时候则四散在各处。我们见到的藏羚羊有 2443 只，但总数很可能在 3000 只左右。再往北约 80 公里是雅曲乡，靠近羌塘保护区边缘。我们在这里统计到的数字碰巧与上一个地点相当，有 2437 只。第二年 11 月的调查显示，色林错西面有 1980 只藏羚羊，申扎乡以南的两座湖周围有 1412 只。以上只是几个例子，我们见到的留居藏羚羊群还有很多，大部分都栖息在某个湖泊盆地的平坦地带。目前我们还不知道这样的种群总共有多少个，共有多少藏羚羊，这意味着我们还有几年的工作要做。

我很高兴看到这么多常年居于一地的藏羚羊。除了巴岭乡有一群格外怕人，一旦发现汽车就惊恐地飞奔而去（这是过去经常遭猎杀的表现），其他留居种群都能安然面对附近经过的汽车。地方官员和牧民都向我们保证，如今大家都在保护藏羚羊，这一地区基本已没有以获取羊绒为目的的盗猎活动，藏羚羊的数量正逐步增加。加大保护力度，增强保护意识，重拾佛教信条，这些或许都是促成改变的原因。诸如此类的变化，再加上 2009 年我们探访了羌塘中部种群的产仔地，那里的保护措施可能因此进一步升级，这一切共同成就了一个不同凡响的动物保护的成功案例。

我们的实地调查以及当地牧民和政府工作人员提供的信息均表明，很多地方的野生动物都在增加。藏羚羊虽是工作的重点，但我们同时也在关注其他动物，尤其是藏野驴、藏原羚和野牦牛。这些年里，我们一直在隆冬或冬末时节，在距离双湖不远的羌塘自然保护区东部的广阔区域统计野生动物数量，2005 年发表了调查报告《西藏羌塘保护区东部野生动物及游牧民》。下面列出的一些统计数字清晰显示了野生动物数量的变化。

西藏羌塘自然保护区东部野生动物数量统计表

	1991 年 12 月	1993 年 10 月	2003 年 4 月	2007 年 11 月
藏羚羊	3900	3066	6285	8141
藏原羚	352	404	621	931
藏野驴	1224	1229	2266	2314
野牦牛	13	2	240	204

我参与了 1991 年、1993 年和 2003 年的调查，2007 年的数

据统计由中国科学院动物研究所完成。

这样的统计工作总归会有其不确定性，在山峦起伏的地方难免漏掉一些动物。我们的调查区域内总计 10400 平方公里或更多一点——每一年的情况都不尽相同。尽管如此，我们仍可以清楚地看到，2007 年的藏羚羊数量是 1991 年的两倍，藏原羚的数量在稳步增加，藏野驴的数量也呈上升趋势——这些调查结果也反映了羌塘另一些区域的情况。野牦牛的数量实际并没有明显增加，它们只是迁回了一度因盗猎而逃离的古老栖息地。

评估藏羚羊等动物数量在上升还是下降时，有一个根本的问题，即没人知道过去的数据——例如 1950 年或 1975 年，我们甚至也不清楚当前的种群到底有多大。有多少藏羚羊在 20 世纪 90 年代的大屠杀中死去？在地域辽阔的羌塘，迄今从未进行过全面的野生动物普查。从 20 世纪初期旅行者的描述来看，凡是植被繁茂的地方，无疑都栖息着数量极多的藏羚羊、野牦牛和藏野驴。但在最好的草场上，大部分野生动物栖息地都为家养牲畜的牧场所取代。1993 年，约有 4000 户牧民住在羌塘保护区内。他们共有大约 140 万头牲畜，其中三分之二为绵羊，动物密度达到了每平方公里 4.25 只。野生有蹄类动物的密度大约只有每平方公里 0.3 只。牲畜数量大致显示出牧民到来前、当地所能容纳或实际容纳的野生动物最低数量。那时的藏羚羊很可能有上万只。90 年代中期，沙图什贸易最为猖獗的时期，我曾估计幸存的藏羚羊"或许不足 75000 只"。这个估计可能偏低，但随着疯狂盗猎的持续，这很可能就是 90 年代末的实际数量。曾有一份刊物震惊于这个数字，预测藏羚羊来日无多，说它们"将在 5 年内灭绝"。

加强保护之后，下降的趋势随之逆转。2009年11月至12月，康霭黎和她的同事们走遍了西藏羌塘地区的南部区域，因为发情期的关系，迁徙和常住的藏羚羊都聚集在这里。他们的统计结果为65837只。这是最低数字，且不包括羌塘北部、青海以及新疆的藏羚羊种群。霭黎估计总数可达90000—100000只。刘务林在《西藏藏羚羊》（2008年）一书中估计，藏羚羊总数为15万只，这一数字可能比较接近当时的实际种群规模。

反盗猎运动自然影响了以狩猎为生的藏族家庭，以及一小撮非法贩卖羊皮羊绒的人，正如克什米尔的沙图什织工深受禁令影响。藏羚羊等野生动物能否给畜牧社区带来好处，例如开发旅游或运动狩猎项目？将来有没有可能在严格管理的前提下，让人们合法猎捕野生动物，高效利用肉和毛皮，让所有家庭都能由此受益，而不仅仅是让盗猎者获利？在为羌塘及当地独特的野生动物资源规划未来时，必须将这些管理方面的长远问题纳入考虑。

藏羚羊和其他动物需要面对栖息地受到的诸多威胁，例如公路伸进它们的领地，开矿和石油勘探造成破坏，牧场被围栏圈起，以及过度放牧和气候变化导致的草场退化。要想打造和谐的生态环境，我们必须学会在不断变化的环境条件下有效管理庞大的兽群。但就目前而言，看到藏羚羊、藏野驴和其他野生动物的数量都在逐步回升，我已经觉得很高兴了。如今有很多人、很多组织在努力奋斗，致力于保护藏羚羊——过去在产地之外，这种中等个头的野生有蹄类动物几乎没人听说过——这无疑从一个方面反映了人类道德价值观的改变。

第六章

好鼠兔

　　鼠兔和我经常见面。我们都在白天外出活动，都很注意观察对方的举动，鼠兔想看看我是不是危险人物，而我想要探究它们的生活。热爱自然的人见到鼠兔的家，一定会惊叹于那里永不停歇的忙碌景象。鼠兔是兔子的近亲，住在平坦的原野上，在它们喜爱的栖息环境中数量极多。高原鼠兔自成一家，西藏人叫它们"阿不若阿"，科学家给它们取名叫 *Ochotona curzoniae*。拉丁学名中的"curzoniae"一词是为了纪念寇松勋爵（Lord Curzon），他曾任印度总督，1904 年策动荣赫鹏率领的远征军入侵西藏。鼠兔不幸背负了一个不甚光彩的学名，但是它的长相极其讨人喜欢：皮毛光滑似绸缎，呈浅棕色，根部发白，它有一对小巧的圆耳朵、一双亮眼睛，身体圆滚滚的，没有尾巴，体重约有 113—170 克。鼠兔个子虽小，影响力却很大，直接关系到青藏高原草场生态环境的完整性。

鼠兔在清晨和傍晚最为活跃，这是拜访它们的最佳时段。每当我走进一个群落，鼠兔们便四散逃进各自的地洞，但不久，它们又从洞里探出头来，瞪着亮晶晶的眼睛看看我要做什么。如果我保持安静，它们就会重新开始自顾自地忙碌起来，有的啃草，有的大嚼花梗，还有很少的几只坐下来为自己梳理毛发。鼠兔热爱集体生活，小家伙们追闹嬉戏，大人们在地洞间的通道相遇，总要碰碰鼻子打个招呼。两只鼠兔若是闹矛盾，就会用后腿立起来，挥起毛茸茸的爪子打上一架。群落中总有几只鼠兔专心地坐在那里观望，它们是警觉的守卫，一旦发现老鹰在附近盘旋，就会发出刺耳的尖叫声警告大家。如果看到地上喷出一股股尘土，那是一只鼠兔在清理地洞或扩建自己的地下住宅。鼠兔会收集野草、树叶和花，一堆堆存放在自家附近晒干，或是储藏在地下，作为恶劣天气里的储备食物。鼠兔没有冬眠的习惯，所以即使寒冬腊月大雪漫天，它们也要想办法找吃的。

在青藏高原东部，高山草甸覆盖有厚厚的草皮层。鼠兔一家的居所是一个长而复杂的地道系统，有 3 个至 6 个出口。我在青海做野生动物调查时，曾有一次觉得干劲十足，于是决定挖开这样一片地道，了解鼠兔在幽暗地下的生活。在 30 厘米厚的草皮下面，鼠兔挖出了长达 8 米的地道，里面共有 14 间厕所——这是地道侧壁上凹进去的一个个小洞，鼠兔就在这里面方便。

鼠兔群中的生活似乎总是很忙乱，到处都是奔忙的身影，在通道里来来去去，就像奔走在上下班路上的人们。我起初不清楚这个小社会的结构，直到后来拜读了安德鲁·史密斯（Andrew Smith）和富礼正（Mark Foggin）的论文。他们发现，鼠兔以家庭为单位生活，成员通常包括一只成年雄性，一只成年雌性，此外还有同一个夏季出生的两窝幼仔，数量可达十几只。鼠兔爸爸负责孩子们的安全，年长的小鼠兔要帮忙照看弟妹。一个家庭占据的领地约有 111.5 至 167 平方米。由于繁殖速度极快，鼠兔栖息地可能变得十分拥挤，每亩的密度可达 6 只至 29 只。不过，这样的密度在食物充裕的地方才可能出现，比如史密斯和富礼正在青海考察的区域，那里有大片的高山草甸。

目前为止，没有人在植被稀疏的高海拔山区或羌塘中部和西部的荒漠草地进行过深入调查，与高山草甸的结果进行对比。90 年代初，我在羌塘西北部的荒漠草地挖掘过 7 条鼠兔地道。每条地道只有一个出入口，仅有的一条通道长 69—231 厘米，倾斜向下延伸，深度为 30—58 厘米，在地下戛然而止，其中只有一条地道的尽头拓展为一个洞室，里面用草铺了一个窝。这些鼠兔的群体结构或许不同于栖息在葱郁的高山草甸的同类。我曾在荒漠草地连续四小时观察一只鼠兔。它似乎依靠矮小的驼绒藜维持生存，在我观察期间这只鼠兔造访了 37 株驼绒藜，并且拥有 3 个独立的地洞。

1984 年第一次去青海时，我发现鼠兔的处境令人担忧。我在 1985 年发表于《守护者》（*Defender*）杂志的一篇文章中讲述了当时看到的情景：

> 中午时分，我登上一座石灰岩山丘。零乱起伏的小山朝各个方向铺展，直伸向地平线，唯独在南面被高耸的雪山拦住。一只胡兀鹫乘着上升气流在阳光映射的峭壁一带滑翔，远处层叠的山岭间，贡萨寺隐约可见，两支号角的低沉声音

远远地传了过来。源自当地古老文化的音乐，为这片无垠天地注入了人类的气息，沉浸在这样的氛围中，我理应心旷神怡。可是，我却感觉不安。这里似乎少了什么东西。

　　然后我意识到，这里没有鼠兔。我一路上经过了很多地洞，但是洞口都没有新近翻土的痕迹。洞外的粪便都已变干，表面灰暗，洞口的草堆浸了水，没有得到照料。我正置身一座死亡之城，犹如被一场天灾湮灭了生命的庞贝城。

回到营地，我向中国同事提起此事。鼠兔不见了，是因为染病，集体迁移，还是别的原因？

　　"它们被毒死了，"同行的一位林业局工作人员告诉我。后来我了解到，青海省在1962年发起了大规模灭杀鼠兔的运动，起初使用磷化锌和氟乙酸钠（又称"1080"），即在美国用来毒杀野狼、丛林狼等食肉动物的致命毒药，80年代中期以后改用C型肉毒素。从60年代初到90年代，青海省约有207406平方公里的草场撒满了毒药。

　　可是，为什么要这样做？"鼠兔很坏，"在西安一所研究所工作的科学界同仁告诉我，"它们吃光了羊和牦牛需要的草。""它们挖洞，造成了水土流失，"另一位科学工作者补充道，"而且马踩到鼠兔洞，可能会摔断腿。"我非常惊讶。藏族牧民跟我说起为什么要杀鼠兔时，提到了完全相同的两个理由。即使以有限的经验判断，我也知道这是观察有误导致的错误观点。人们往往不具备生态眼光，仅凭自己的想象做出判断。我在观察中发现，鼠兔吃各种有毒的植物，包括一种鸢尾，还有一种黄花罂粟，而这些都是牲畜不吃的，鼠兔显然帮了它们的忙。此外我还知道一个类似的例子，美国政府和牧场主曾因为同样的并不切实的理由给草原犬鼠（prairie dogs）定了罪。在美国，五种亲缘关系相近的草原犬鼠在生态系统中扮演了与高原鼠兔相同的角色。

草原犬鼠是一种体重仅不到一公斤的沙黄色啮齿动物，在北美西部各种短茎草混杂的北美大草原上一度兴旺繁衍，通常一个群落中就有一千只甚至更多，密度可达三只左右。它们和鼠兔一样挖洞而居，有些地道足有 50 英尺长（约 15 米）。但与鼠兔不同的是，草原犬鼠的家族成员包括有一只或两只雄性，还有几只雌性和它们产下的后代。据约翰·L.霍兰德在《黑尾草原犬鼠》一书中介绍，每个犬鼠家族占据着一块面积约 8000 平方米的领地，不允许邻居入侵。由于遭到人类大肆枪杀、毒杀，到 70 年代，草原犬鼠深陷灭绝危机，分布范围缩减了 98%。

这场大屠杀的理由：人们认为草原犬鼠侵占了牲畜的草场。然而研究显示，这些啮齿动物其实喜欢在过度放牧的区域安家，原因之一或许是它们偏爱视野开阔的住处，草的高度不超过 10 厘米。有草原犬鼠栖息的地方，植物的数量和种类都比别处更多，而且植物的粗蛋白含量更高，更有营养。难怪家畜、北美野牛、叉角羚及其他食草动物，都喜欢到草原犬鼠的栖息地上觅食。草原犬鼠不是"祸害"草场的"有害动物"，反而能给草原带来极其有益的影响，增加了植物多样性，并为草原隼、雕、獾、短尾猫等食肉动物提供了猎物。它们维持着生态系统的运转，让本地生物和家养牲畜都能从中受益。很显然，政府和牧场主之所以对草原犬鼠充满敌意，一是源自无知，甚至准确的知识摆在面前仍故意忽略，二是为了维护既得利益，继续推进资金充足的猎杀项目，哪怕信息过时、有害无益也无所谓。鼠兔的故事与之有着惊人的相似之处。

1984年第一次拜访鼠兔家园之后，我多半时间都在西部的高山草原研究藏羚羊，那里只是部分区域有鼠兔栖息。不过，我依然关心这种动物。我知道青海还在捕杀鼠兔，直到2011年尚未停止。在此期间，深入的研究渐渐揭示出鼠兔的价值。青海海北高寒草甸研究站的李文靖和张堰铭发现，在鼠兔栖息的区域，表层的10厘米土壤中含有更多有机质和水分，甚至50厘米深处的土壤仍是湿润的。这些水分，还有因鼠兔挖洞而被翻到地表的矿物质，以及地洞中的鼠兔排泄物，都能够促进植物生长。同时，土壤被鼠兔翻松之后，能像海绵一样储水，对水土流失、侵蚀及下游洪水都能起到防范作用。如今冰川加速融化，如第七章所述，下游低地的居民未来用水堪忧，因此鼠兔的作用更显重要。

在青藏高原延伸至印度的部分，苏曼塔·巴格奇（Sumanta Bagchi）和他的同事们在2003年发表于《生物保护》（*Biological Conservation*）杂志的一篇文章中提到，在鼠兔栖息的区域，植物种类别处更多，而植被覆盖率仍保持在基本相同的水平。据计算，鼠兔一天吃62—76克的植物。50只鼠兔的食量与一只绵羊大致相当。不过，鼠兔更偏爱草本叶状植物，而羊、马、牦牛喜欢禾本杂草和莎草。我曾在青海的一个地区收集到48种鼠兔食用的植物，其中37种为草本。中国科学院的研究人员指出，一般情况下，鼠兔不会与牲畜争夺资源，除非大量家养牲畜连续几个月不间断地啃食，植物得不到任何休养、恢复的机会，导致草场严重退化。

在土地零散、被分割遭侵蚀的区域，表层草皮塌陷、土壤裸露的地方，鼠兔家族发展得最为兴旺。一旦绵延的草皮因某种原因被切断，例如冻土隆起、修筑公路、牲畜蹄子踩踏出小径、牦牛打滚形成泥塘，结果都可能导致整面山坡瓦解。当一块草皮顺坡下滑，就会形成一个表面覆草、高度约 30 厘米的土台。风和雨水的侵蚀以及鼠兔的挖掘，共同制造出草皮覆盖的一个地下空洞。蒿草等植物的根接触不到土壤，渐渐死去，草皮随之变黑，最终四分五裂。在草皮滑落堆积的地方，鼠兔更容易挖掘地道。但是，正如同草原犬鼠的情况，引发侵蚀和草场退化的罪魁并非鼠兔，而往往是牲畜。在此我要强调：鼠兔种群是过度放牧和草场退化的标志，而非起因。然而很遗憾，对于科学证据，政府部门和普通大众往往是不理会、不关心，或根本无从了解。

鼠兔是许多食肉动物的理想猎物，它们个头适中，在一个区域内数量繁多，而且很容易捕捉。我观察过一对猎隼，它们喂给窝中雏鸟的食物有 90% 是鼠兔，余下 10% 是鸟。高原雕一动不动地蹲踞在鼠兔洞旁，耐心等待机会。藏狐悄悄游走于鼠兔的栖息地，伺机扑向粗心大意的鼠兔。找不到更大的猎物时，狼也大量捕食鼠兔。棕熊会把鼠兔从地洞里挖出来：19 世纪末，俄国探险家彼得·科兹洛夫曾在一头熊的胃里发现 25 只鼠兔。

一天，我偶然见到一只死去的艾鼬，这是一种鼬属动物，脸上仿佛带着黑色面具，有点儿像美洲的黑足鼬。当年美国的草原犬鼠遭屠杀时，同区域的黑足鼬也纷纷中毒死去，险些灭绝，它们捕食草原犬鼠，而且与猎物同住一处。我见到的这只艾鼬，皮毛潮湿凌乱，死在一片投放了毒药的鼠兔栖息地上。我希望留在记忆中的是另一只艾鼬的样子，那是在青海同一地区，我在一天早上 7 点遇见的。当时一个灵巧的深色身影从地洞里冒出来，猛追一只鼠兔。它们俩跑进了另一个地洞，随后艾鼬独自钻了出来，看来这场追捕失败了。艾鼬接着重新潜入地下，转眼又跟着一只疯狂逃跑的鼠兔冲出地洞。它咬住鼠兔的颈背部位，把尸体拖进另一个地洞，放在那里，自己出来继续捕猎。艾鼬无视我的存在，接连搜了两个地洞没有收获，然后咬着一只鼠兔的后背从第三个洞里出来了。它把猎物拖进先前的地洞，不到 30 秒便又出现，悄悄潜入另一个洞。再度叼着鼠兔出现时，一只在附近游荡的狗跑了过来。艾鼬丢下猎物，退进一条地道，鼠兔被狗一口吞掉。艾鼬仅用 12 分钟就抓到了 3 只鼠兔，效率着实让我惊叹。我继续观察。10 点钟，两个仿佛戴着黑面具的幼年艾鼬从地洞里探出头来。

鼠兔洞成了许多动物藏身或安家的地方。蜘蛛住在洞里，等着刮风下雨或雪暴袭来时，张起网子捕捉躲进洞来的苍蝇及其他昆虫。个子娇小的沙蜥栖息在这种高寒地带，可以到地洞里御寒避险。活泼的褐背拟地鸦是一种嘴巴弯弯的浅棕色小鸟，它们和几种雪雀都在鼠兔废弃的洞里筑巢。每次看到小鸟突然从地面消失或冷不丁地冒出来，总是让人感觉很神奇。正如安德鲁·史密斯和富礼正所述，鼠兔被毒杀后，这些鸟的数量急剧减少，失去鼠兔照料的地洞也渐渐坍塌，而雪雀之类以种子为食的小鸟也因为吃了有毒的草籽纷纷死去。

写下这段文字时，我觉得自己就像一名律师，在为一个无辜的受害者辩护。但直到 2006 年，我才看到罪行在眼前发生。

在这之前，我虽然为鼠兔的艰难处境担忧，却并没有为此投入太多心思。事情的改变源自 2006 年冬，我们自西向东穿越羌塘之后遇上了一场大规模毒杀鼠兔的行动。措池村副书记噶玛告诉我们，他的村子接到投药通知，压力很大，但他没有照做，因为他认为没必要毒杀鼠兔。政府要求这一地区的所有住户协助灭杀鼠兔，否则将处以罚款。佛陀规劝世人以爱、尊重和怜悯之心对待世间一切生灵——不包括鼠兔吗？听说有些人家没有四处撒药，而是把整袋毒药埋了起来。我向一位牧民问起投药的事，他回答说："汉人才干那种事。外面的人要来这里，我也拦不住。"在当时我们所在的玛多县，汉族居民的确参与了有偿灭杀工作，但在很多地方，本地的藏民也在做同样的事。

在我们走访的第一个投药点，我看到营地里堆放着成袋的谷物和玻璃瓶装的剧毒灭鼠药 C 型肉毒素。透明的毒液被混入小麦、大麦或燕麦中，然后分装成小袋，发给居民。这种肉毒素鼠药的主要原料为肉毒杆菌，通常微量存在于土壤及有机物中，达到一定浓度可毒害身体，麻痹运动神经。一只健康的鼠兔吃下有毒的粮食后，不到一天就会开始衰弱，在奔忙中不支倒地，感到吞咽困难，无法发出叫声，目光涣散，最终躺在地洞里抽搐，无法呼吸而死。

12 月 14 日，在玛多县城附近，大约 20 个人横跨草场排成一大排往前走。每个人都拿着一个装有灭鼠药的白色小袋子和一把铲子或长柄勺子，毒谷粒被舀出撒在鼠兔洞的洞口。这天冷风刺骨，一阵阵飘着雪，灭杀队伍觉得把谷粒撒在地上比送进洞口更轻松，但这样一来家养牦牛和其他动物也都很容易吃到毒药。一位政府工作人员告诉我，他在投药的鼠兔栖息地上见过死去的小鸟，但没见过更大的动物。我跟他讲了我看到的那只艾鼬。

第二天，在鄂陵湖边，我们见到一个投放灭鼠药的营地，帐篷前堆满了装在绿色袋子里的谷物。一块牌子上的汉字写着"县第三灭鼠站"。我们停下来跟工作队长聊了聊。这是一个和气周到的人，他告诉我们，队伍在这里已有 40 天了，整个玛多县都要投放灭鼠药，冬天灭杀鼠兔，等到春天再灭杀老鼠。他说他们只在平原地带投药，山上不投，这样可以留下一部分鼠兔，保持"食物链"的完整。政府希望消灭 90% 的鼠兔。队长很确定地说，牲畜不会受到毒药影响。

在三江源国家级自然保护区展开的灭鼠行动格外令人心痛。这片广阔的土地在 2003 年正式升级为国家级保护区，其目的非常明确，即全面保护包括所有动植物在内的整个生态系统，并为藏族聚居区未来的生活提供一份保障。保护区涵盖了黄河、长江、澜沧江三条大河的源头，由于关系到下游成百上千万居民的水源供应，环境保护至关重要。可是，盲目的灭鼠行动造成了草场退化，也破坏了生物多样性。

2006 年我曾想，不知这样声势浩大、花费不菲的灭杀行动能持续多久，6 年后的今天，我的疑问仍没有解开。这项工作已进行了半个世纪，草场状况却一直在走下坡路，没有鼠兔或鼠兔很少的地方也是如此。"在高原鼠兔得到控制的地区，牧草产草量并没有明显增加。"罗杰·佩赫（Roger Pech）等人在 2007 年发表于《应用生态学报》（*Journal of Applied Ecology*）的文章中这样写道。2004 年及 2005 年，他们在西藏那曲以东的高山草场针对鼠兔进行了深入研究。"没有证据证明，有必要实施人为控制，或这一项目能改善藏族牧民的生活。"简而言之：政策糟糕，牧场也糟糕。

忧心鼠兔的同时，我自然联想到了藏羚羊、雪雀、绿绒蒿以及这片高原上的其他动植物，想到了留住这里自然和谐的生活模式以及壮美生态的完整性。不幸的鼠兔是这个生态体系中的关键组成部分。鼠兔被认为是一个"关键种"，扮演着无可取代的重要生态角色，史密斯和富礼正在1999年《羚羊》（Oryx）杂志刊登的文章中强调了这一点。失去鼠兔，将对其他生物产生极大的影响。举例来讲，在北美西海岸的大部分地区，海獭一度被赶尽杀绝。没有了首要天敌，海胆数量呈爆炸式增长，吞噬了许多鱼类和无脊椎动物赖以为生的巨藻丛林。在黄石国家公园，狼被尽数消灭之后，加拿大马鹿越来越多，大群聚集在它们钟爱的河岸栖息地，特别是柳树丛生的地方，植物几乎被啃得精光，致使鸣禽类生物深受其害。以上两个案例中，复杂的生命网络都遭到来势汹汹的外力破坏，结果导致生态恶化。要说"关键种"鼠兔对青藏高原草场的重要贡献，我可以轻松列出十几项，例如鼠兔挖洞时将矿物质带到了地表，它们的排泄物为土壤补充了养分，它们吃掉了对牲畜来说有毒的植物，它们为许多动物提供了栖身处和猎物，增强了土壤的水分涵养能力。鼠兔这样一种小小的生灵，无疑能够极大地影响与它共享一片天地的众多动物及植物。

2006年完成穿越羌塘的考察后，我回家过圣诞节，抽出一些时间了解了C型肉毒素（除C型之外还有七种类型）对野生动物的危害。这种毒素对人类也有效力。通过2005年伊弗拉多·杜尔塔（Iveraldo Durta）等人在巴西一份兽医杂志上发表的文章，我了解到突发性肉毒中毒在巴西的家养牛群中相当常见，曾有过大约 9000 头牛同时出现不同程度的中毒麻痹，其中约 20% 死亡，原因有可能是饮用了被腐烂动物尸体或植物污染的水。在加利福尼亚，牛受到几种肉毒素威胁，其中 C 型最为致命。2003 年罗伯特·莫勒等人在兽医杂志上报道过一个案例，444 头荷斯坦奶牛食用的饲料中混入了一只感染 C 型毒素的死猫，结果有 427 头奶牛死亡。不知为什么，青海和西藏的羊和牦牛在有毒的草场上游荡，却从未出现过中毒死亡的报道。我请人把上述文章翻译成中文，递交给各相关部门。但这也许只是为荒野发出而无人回应的孤独呐喊。

我和同事们有时会想，许多藏族人毫无道理地憎恨鼠兔，我们能用什么方法改变大家的观念。扎多和吕植指出，我们必须向年轻人传递准确的新知识，并帮助老年人以新的眼光看问题。两人建议我写点东西，讲讲鼠兔为牧场带来的好处，并把这篇文字翻译成藏语。我没有写直白的报告，而是决定用寓言故事传达我们想要说的话。我写了十二则寓言，在青海发行的藏语小册子题为《鼠兔的故事》，在西藏发行的版本叫作《鼠兔泽仁的故事》。[①] 下面就是其中的三个故事，原文为英语。

鼠兔招待苍蝇来做客

鼠兔待在自家洞口，只探出一个脑袋。它的太太和孩子们在地洞深处，舒舒服服、暖暖和和地躺在草窝里。虽说已

---

① 中译本参见《好鼠兔》，吕植，康霭黎译，北京联合出版公司，2012 年。——编者注

经是夏天了，外面却还是寒风呼啸，漫天飘着雪花。

看看天气那么糟，鼠兔心想，出门找午饭吃实在太冷了，就在这时，两只大苍蝇落在它跟前。苍蝇肚子上裹着一层绒毛，可它们还是被冻得直哆嗦。

"请让我们到你的洞里待一会儿吧，"一只苍蝇说，"风太大了，我们飞不动，而且冷得要命。"

"那你们为什么不回家呢？"鼠兔问，"干吗要到我的洞里来？"

"我们没有家，"另一只苍蝇边说边跺着脚，它的六只脚上沾了雪，都湿了，"平常我们都是找一个空的鼠兔洞或者旱獭洞歇脚，可现在天太糟，我们一时找不到地方。"

鼠兔有点不乐意："我为什么要让苍蝇来家里做客？"

"哦，请它们进来吧。要善待陌生人。"鼠兔太太在洞里大声说。鼠兔乖乖遵命，它一向听太太的话。

鼠兔尽量往墙边靠靠，腾出地方让苍蝇进来。到了没风的地方，苍蝇们抖了抖翅膀，伸出前脚擦掉身上的水。

"这种天气你们跑出来做什么？"鼠兔问。

"我们正在给花授粉，没想到暴风雪忽然就来了。"一只苍蝇答道。它说，它们在花丛中飞来飞去，寻找甘甜的花蜜。采蜜时，它们的腿上、毛茸茸的肚子上总归会沾到花粉，被它们从一朵花带到另一朵花。这样一来，苍蝇就帮龙胆、罂粟、报春花，还有其他很多花授了粉，往后这些花会结出种子，而种子会长成新的花。

鼠兔想了半天，开口道："你是说，你们能帮植物开出花来？"说完继续琢磨这到底有什么意义。鼠兔太太脑筋很好，只听它在窝里说："你还没想明白吗？这两位客人能让咱们的食物好好生长。没有它们，咱们就吃不到那么多美味的植物；不光是咱们，那些牦牛、绵羊和旱獭也都吃不到啦。所以要记得永远为苍蝇敞开大门。"

鼠兔一动不动地坐着，它没有再把脑袋探出洞去，这样可以更好地思考。它想起自己其实经常在家门口遇见苍蝇，但从来不去注意它们。

"以好客之心善待陌生人，这样很好，"它暗自思忖，"你会得到意想不到的回报。"

寻找新家的狼

狼从牧场栅栏门的缝隙中挤进去，左右看了看。它看到几只鼠兔正在各自忙碌，沿着它们那些弯弯曲曲的小路跑来跑去，在地洞里钻进钻出，到处找吃的。一只鼠兔还轻声哼着小曲：

这是一大口青草

这是一粒野豌豆

这是一朵花

这是一片嫩叶

这样你我就有了一顿午餐

不远处，鼠兔正盯着狼，洞口只露出它的鼻子和亮晶晶的眼睛。

"你为什么来这里？我们这片草场上很少见到你的同

类。"鼠兔提出了疑问。狼四周瞧瞧，发现了鼠兔。

"这个嘛，"狼说，"我是来抓鼠兔的。不过眼下你还不用担心。"

"你还没回答我的问题。"鼠兔又说。

狼觉得应该有礼貌，于是告诉鼠兔："我一直在北边的几片草场捕猎。那是我的家。我主要抓鼠兔当早饭、午饭、晚饭，还有两餐之间的点心。我难得抓一只羊。有一天来了很多人，在草场各处撒下有毒的谷物毒杀鼠兔。鼠兔差不多都死掉了。你听说过这件事吗？"

鼠兔不喜欢听这些。它不愿去想被狼吃掉的可能性，而且它完全没法理解，人类为什么想把鼠兔全部杀死。所以它没说话，只是摇了摇头。

"总之，"狼继续说道，"大多数鼠兔都死了，我很难找到吃的。于是，我自然是去抓羊吃。以前牧民根本不太理我。可是突然间，他们一门心思想把我也干掉。你看，我的左耳朵尖没了。有人有枪，那颗子弹差点要了我的命。所以我离开了那里。也许我会在这儿住一阵子。这里好像有很多鼠兔。"

就在这时，狼发现了两只羚羊，一个妈妈带着它的宝宝。如今这一带幸存的羚羊已经很少了。牧场建了很多围栏，羚羊想要逃脱狗或狼的追捕时，总会遇到障碍。大多数栅栏都太高，羚羊跳不过去。

"瞧我的，"狼说，"我练出了一套抓羚羊的绝技。那些栅栏帮了我的大忙。"说着，狼俯下身子，慢慢地靠近羚羊。

忽然，狼朝着羚羊猛冲过去。羚羊吓了一跳，连忙逃跑。狼转眼追到了它们身后。前方有一道栅栏。羚羊妈妈左闪右闪，到栅栏前猛地转向。它的宝宝没经验，一头撞上铁丝栅栏。晕头转向的小羚羊被弹了回来，纤细的腿胡乱踢着。狼已经守在那里了。

鼠兔看着这一幕，苦苦思索毒杀鼠兔和建围栏的意义。最后它得出结论：人类目光短浅。他们根本不考虑自己的所作所为会带来什么后果。

鼠兔与跳舞的兔子

鼠兔正坐在自家地洞边，兔子跳了过来。"你要去哪儿？"鼠兔问。

"我从后面来，要到前面去。"兔子答道。它低头看了看小小的鼠兔，噗噗地笑起来。兔子这样一乐，几瓣嘴唇都在微微发颤。

鼠兔不明白兔子为什么笑。还没来得及问，突如其来的一阵大风卷着沙子打在它们脸上。鼠兔忙退进洞里，可是兔子说："等等，等等。"边说边用前爪抹去脸上的沙土。"沙子让我想起一件事来。你想不想听最新的故事？可能也不算特别新。这是另一只兔子告诉我的，它也是从别人那儿听来的……"兔子凑过来小声说："全村人都在跳舞呢，踩着鼠兔跳。"

鼠兔一下子被吸引住了。

兔子笑起来，晃晃两只长耳朵。然后它一边转圈，一边摇着蓬松的白尾巴，踩着毛茸茸的脚，咚，咚，跳起了兔子舞。兔子接着说道："村里的工作队要建一道围栏。到处都是鼠兔洞。风不停地把沙子刮到人们脸上。鞋子会陷进土里，因为鼠兔挖洞把地都挖松了。队长嘎迦忽然想通了：鼠兔挖洞，还吃光了草，它们是沙暴和土地侵蚀的罪魁祸首。你也知道，人类经常仓促下结论。"

鼠兔点头表示同意。

"总之，"兔子说："嘎迦下达命令：'土太松了。我们必须把它踩实，必须把鼠兔洞都填上。'第二天，全村人都来了。藏族人一向很喜欢野餐。他们用暖瓶装着酥油茶，带着面包和大块的煮羊肉。大家吃喝谈笑，都很高兴。然后就要开始干活了。起初他们只是用力踩脚，"咚，咚，兔子跳着，"后来他们跳起舞来，踩着舞步唱着歌，扬起他们的手臂。"

兔子踩踩脚，直起身，转着圈唱起了歌，只是它的歌声听起来更像尖叫。咚……吱吱……咚……"接着，他们铲起沙子填进洞里。土地的确变得结实了。"

"那些鼠兔怎么样了？"鼠兔问。

兔子又笑得嘴唇发颤。"我们兔子不太挖洞，顶多这儿刨一下，那儿刨一下。你们鼠兔简直是痴迷挖洞，整天不停地挖。那些鼠兔没怎么样，它们把家重新修好了。可是，嘎迦很生气。他想要结结实实的土地，结果却搞得很没面子。于是他找政府要了毒药。鼠兔就完蛋了。"

这个故事让鼠兔很不开心。它垂下头，胡子也耷拉着。兔子看见便说："等等！故事还有一个有趣的结尾呢。你应该能猜到。不过你们总是在忙着挖洞，不像我们兔子这样爱花时间思考。行动很简单，思考很难。没了鼠兔，土壤变得密实。下雨时，水都从地表流走，造成了侵蚀。疏松的土壤能吸收水、存住水。有了水分，草就长得好，鲜嫩又有营养。在硬实的土地上，草长得不好，又老又难吃。你们挖洞，帮助了所有吃草的动物。嘎迦却认为你们鼠兔是有害的动物。"

鼠兔得意地说："半懂不懂是很危险的。"

兔子摇摇耳朵和尾巴，抽抽鼻子，笑了起来。"咱们来跳舞吧。"它转着圈，唱着歌，咚咚地跳走了。它唱的是：

松软的土
湿润的土
草绿绿
草壮壮
鼠兔好样的

鼠兔的寓言故事完成后，由山水自然保护中心、国际野生生物保护学会等民间组织在青海及西藏的学校和村庄里发放。我希望这些故事能引起人们的兴趣，改变人们的观念，还有最重要的一点，能温暖孩子和大人的心。从很多方面来看，鼠兔的家庭生活其实与同一片土地上的藏族居民有几分相似，这是引起共鸣的良好基础。鼠兔、人、牲畜和牧场共同存在了几千年，彼此间生命相连，没有恶意相向。现在从官员到牧民，几乎所有人都已认识到大片草场的退化是因为牲畜太多。可是，鼠兔却依然被当作替罪羊。人们总是无视事实：如果珍爱大自然，它就会给予我们回报；如果伤害大自然，到头来受伤的只会是我们自己。鼠兔的故事就是在提醒世人，不要忘记这条基本真理。不过，在野外遇见洞里洞外奔忙的鼠兔，我很少会去认真思考保护问题。我的大脑总是不由自主地放松下来，因为观察这些讨人喜欢的小生物是一种愉悦的享受。

第七章

穿越大羌塘

1896 年 6 月初，两名英国军人——蒙塔古·辛克莱·韦尔比上尉和尼尔·马尔科姆中尉（Captain Montagu Sinclair Wellby and Lieutenant Neill Malcolm），经过了西藏羌塘西端的小型湖泊龙木错（又称查格错）。2 人从列城出发，带着 39 匹矮种马和骡子，以及 11 名拉达克随从，决心成为首开先河的探险队，穿越青藏高原上海拔最高、最荒凉的区域。一行人基本一路向东，跨过了海拔约有 5486 米的拉纳克山口（Lanak La），在当时，那是拉达克与西藏的分界线。在龙木错附近，韦尔比后来在《穿越未知的西藏》（1898 年）一书中写道：“我们决定放弃寻找已有路线，自己闯出一条路来，向正东方向全力推进。”

110 年后，2006 年 10 月 31 日，我们的考察队一行 14 人——10 名藏人、3 名汉人，还有我——驾驶 2 辆卡车和 2 辆丰田陆地巡洋舰，在龙木错附近驶下公路，大致沿着当年韦尔比和马尔科姆的路线开始向东行进。此前我们从拉萨出发，西行经过雅鲁藏布江源头，在那里看到一些小群聚集的藏野驴，共计956只。之后又路过了神山冈仁波钦，积雪覆盖的主峰在云层衬托下有如白玉般耀眼。我们随后向北，过日土，到班公错，这是一个狭长的湖泊，延伸至拉达克境内，然后队伍继续向前。最终，在5天行驶1825公里之后，我们可以开始羌塘大穿越了。与韦尔比的探险不同，我们有充足的食物，有相对准确的地图，而且多少知道自己要往哪里走。但此时正值冬季，气温可能降至零下40摄氏度。我们要去的地方，海拔至少有4572米，甚至能达到5534米，加上严寒的天气，这一路的艰苦必定让人终生难忘。尽管如此，冬季旅行还是比夏季容易一些，因为地面及河流都冻得很结实。

我们和韦尔比一样来这里探险，但并非单纯穿越，而是有一个更为明确的目标。我们想知道冬季还有多少野生动物留在这片萧瑟的高原上，与我夏季考察的部分地区进行对比，并了解沿途有多少区域可供放牧。我读过韦尔比的书，被他的旅行经历所吸引。若能试试传统形式的探险，哪怕开着车，重走一百多年前有人走过的路线，想必也是一件很有意思的事。对于这样一次旅行，我原本并没有具体的计划，直到登山家及制片人戴维·布里希尔斯（David Breashears）找到我，提议组建一支队伍，重走韦尔比的路。他已募集大部分旅程所需资金以及帐篷、睡袋等装备。

制订计划令人兴奋，而实现计划多半就没那么好玩了。从地图上看，我们的预定路线穿过西藏和青海，直线距离约有

1770公里，需要向两个省或自治区申请许可并寻求合作。我们幸运地找到了嘎玛康巴和他的拉萨徒步旅行公司，他们接下了任务，为预计两个月的旅行采买食物和汽油，协调车辆、司机及营地工作人员。西藏林业局同意为我们提供进入羌塘保护区的许可，但除了收取一大笔费用，他们无意更多参与此事。于是我去找西藏自治区高原生物研究所，问他们是否愿意出面组织这次旅行。此前我和研究所有过几次合作，这次研究室主任仓决卓玛不仅赞成这个项目，还主动提出加入我们的考察队，让我格外欣喜。美国国家地理学会为我们提供了部分资金，并计划派一名摄影师来，但我们沿途要穿过一些禁区，青海方面拒绝发给他通行证。经过一年的努力，方方面面的准备工作逐步完成。然而这时，布里希尔斯突然决定退出，我们的资金一下子出现一个大缺口。所幸国际野生生物保护学会以及国家地理学会的一位赞助者慷慨相助，我们终于可以从拉萨启程了。

由龙木错向东，我们进入了绵延的原野，静默的大地无休止地伸向更远的天际线。在北面，高高低低的昆仑雪峰巍然耸立。这片空旷的荒野充满诱惑，给人以未知世界的感觉，前方山岭的背后总仿佛隐藏着迷人的风景。我们终于来到了羌塘最荒凉、最偏远的地方，唯有自己能够依靠，却也摆脱了社会的繁杂束缚，可以自在漫游。

我们这辆车走在最前面，开车的是塔多。打头阵的好处就是我们能趁着动物还没跑远，抓紧时间观察、记录。同车的人有旦达，这个头戴牛仔帽的精瘦汉子是西藏西部的森林公安局局长，据说打击盗猎从不手软。另外还有康蔼黎，再度和我一起到野外，她是非常理想的伙伴，安静，高效，独立，跟我脾气相投。另一辆车上有哈希·扎西多杰，大家都叫他扎多，他有一张和善的圆脸，留着短短的凌乱胡子。扎西是来自青海的藏族人，创办了三江源生态环境保护协会，也曾是积极拯救藏羚羊的反盗猎野牦牛队的成员。另外还有北京大学的讲师王昊——他和我来过羌塘，以及仓决卓玛，她乐观开朗，是一位很好的旅伴。

我们穿过原野，翻过山岭，深入广袤的荒寂天地。一只藏原羚警觉地看着我们驶过，再往前一点，一只灰狼跑到小山包后面不见了。一只高山兀鹫在湛蓝的天空中翱翔。在一片缓坡的上方，凛冽的空气中弥漫着团团蒸汽，我们停车过去查看。原来是温泉，孤零零的一潭水，直径不超过一米，溢出的水形成了一条小溪。仓决的助手李建川伸手探进水里，抓出一只蠕动着的黑色生物，只有一厘米长短。居然是蚂蟥！它怎么会跑到这个小小的、与世隔绝的水潭里？我们把它也列入了野生动物观察记录。

前方出现了一顶黑色的牦牛帐篷，像一只巨大的蜘蛛蹲踞在那里。那是一户游牧人家的住处。我们离开公路才走了 16 公里，但天色已晚，我们决定在这个海拔 5282 米的地方扎营。嘎玛的团队手脚麻利地搭起了帐篷。炊事帐篷有四五米见方，这里是嘎玛、泽仁（藏语"长寿"的意思）和尼玛（意为"太阳"）的地盘；司机萨迦、塔多、卡登和那旺住在另一个帐篷里。余下我们几个分别搭起了自己的小帐篷。我们每晚都在冰冻的溪流边扎营，今晚也不例外。强壮的大块头嘎玛用斧子劈下大块的冰，用来煮饭烧水。尼玛点燃了煤气罐供气的炉子，一向勤快的泽仁准备煮茶。我凑到炉子边取暖。不一会儿，去拜访牧民的霭黎、旦达和扎多回来了。那户人家有扎西次仁和他的妻子以及 7 个孩子。扎西告诉他们，从这里往东再也没有人家了，因为草场很糟。后来果真如此，经过 23 天、总计 1688 公里的越野旅行，到达格尔木至拉萨的公路之后，我们才又见到人。

嘎玛、泽仁用剁肉刀从一只冻羊身上切下肉来。我们一共带了 14 只羊和半头牦牛。晚饭是米饭和羊肉炒圆白菜。大家匆匆吃完便各自躲进了暖和的睡袋。我想写点东西，可我的圆珠笔冻住了。帐篷门口的温度计显示为零下 24 摄氏度。夜里，司机几次发动卡车，免得发动机冻坏。

黎明，我的睡袋和帐篷内壁都结了一层晶亮的霜。我的日记里记下了这样一段：

> 起床和往常一样痛苦，穿上冰冷的衣服，用冻得麻木的手指系上鞋带。牙膏冻住了，擦脸油冻住了，就连夜里尿在瓶子里的小便都结成了冰。起身去炊事帐篷。我通常是第一个。嘎玛在角落里睡觉，泽仁和尼玛已经开始做早饭。我要了一杯热可可。8 点，天际出现一道粉红和黄色相间的光。9 点，太阳出来了。营地旁有一只鹌鹑。不知它吃什么？

早饭可以选米粥或加了茶和一勺糖的糌粑。一个世纪前，韦尔比和马尔科姆动身前，"早餐吃了我们的羚羊肉，喝了很好的茶"。我们离开前仔细清理了营地，把垃圾装进袋子，堆放在一辆卡车上。

一辆卡车的线路出了问题，我们直到 10 点才出发。苍白的阳光下，我们沿一道山谷向上。北坡积雪很深，但朝南的山坡上覆盖着枯黄的草梗。旦达发现远处有几个浅棕色小点。藏羚羊！霭黎把望远镜架在半开的车窗上，不时报告说："有5只，距离大约1000米，太远了，看不出性别、年龄。""这群是7只成年雄性，距离400米。"我记下全球定位系统（GPS）读数：北纬34° 37′，东经80° 40′。

我们降下车速，统计沿途视线范围内的藏羚羊。这一带的草场很好，山坡上长满了针茅——藏羚羊钟爱的冬季美食。近一半的母羚羊身边都带着幼仔，看来成活率不错。这里还有很多成年雄性。再过不久就要进入发情期，估计这些藏羚羊会一直待在这个地方，位置远比我预计的更靠北。瑞典探险家斯文·赫定在1906年10月经过这一地区时，看到了"成群的羚羊"。如此说来，我们眼前的景象也许不是特例。临近傍晚时，我们走了68公里，共看到467只藏羚羊。

我们的营地很舒适，饭菜很好，炊事帐篷里很暖和，队员们用藏语、汉语和英语聊得很开心。1896年6月，从这里往北一点，韦尔比和马尔科姆的处境和我们大不相同。行进至此，随队人员让韦尔比很头疼，他觉得他们"散漫、靠不住"，他还要努力提防这些人"密谋丢下队伍溜走"。一场暴风雪让他们损失了一些牲畜，原本39头，此时只剩下28头，不久之后将进一步减少到21头。他们减轻了装备，把大部分仪器扔在一个大湖边，还为此给湖泊取名为"轻装湖"。那个时代的西方探险家经常以一些没人知道的事件或没人知道的人物，给某地取一个并不合适的名字，幸好这类地名多半都已从地图上消失了。今天这个湖已有一个藏语名字，叫作郭扎错。

我仿佛能看到这两位军人，韦尔比和马尔科姆，胡子拉碴、浑身脏乎乎地坐在帐篷里，旁边的火堆冒着烟，用来烧火的植物被他们称作"布尔察"，那其实是驼绒藜属的一种低矮灌木，灰绿色的小叶子是鼠兔、野兔、藏羚羊和藏野驴等动物的食物。这个画面与韦尔比书里的照片相去甚远。照片只拍到第十八轻骑兵团的韦尔比上尉肩部以上。他歪戴着一顶圆筒帽，两撇胡子两端上翘，神情扬扬自得。他名叫蒙塔古，但这个词在书中一次也没出现过。第九十三阿盖尔与萨瑟兰高地人兵团的马尔科姆中尉则是站得笔挺，穿着格子呢短裙和及膝长袜，左手搭在剑上，肩上披着斗篷。书中只提到他的姓，从未出现他的名。我有点儿好奇，不知两人在共同度过的那么多个月里，是否曾直呼对方的名字。

清晨，气温只有零下 34 摄氏度。两辆越野车没了气息，但与韦尔比驮队的牲畜不同，它们还能复活，用卡车拖行一段就能让发动机恢复生命力。在残留着一道道积雪的山丘上，我们又见到了 455 只藏羚羊，还有一些野牦牛，其中 7 头身体笨重的公牦牛凑成一群，见了我们便发足狂奔，长长的毛来回摆动。藏羚羊都很怕人，总是飞快地远远跑开，汽车在它们眼里就如同死神的使者。第二天，我们来到一片盆地，这里几乎没有积雪，有很多藏羚羊，总计 1410 只。另外，这里还有 9 只藏野驴，穿越开始以来我们还是头一次遇上。这片草场想必很好，不然它们不会选择这里。王昊和仓决设置了一平方米的样方，统计样方内的植物种类和密度，每隔一定间距测一次，计算种类组成及密度。他们还将样方内的所有植物剪割下来，按种类分别称重，计算出食草动物可获取的食物量。土壤样本也要采集，留到以后分析其中的矿物质含量。

在这之后我们来到一片开阔的原野。借用韦尔比的话说，南面矗立着"一片壮美的雪山"，这座海拔超过 6400 米的山峰叫作土则岗日。山脚下有一座湖，普尔错。这儿是我熟悉的地方，过去也有探险家来过。1896 年 7 月，亨利·迪西上校（Captain Henry Deasy）在这里见到了数以千计的藏羚羊，因而把这块地方命名为"羚羊平原"。与当时闯入西藏的大多数英国人一样，迪西也是一名军官，前来探险，游玩，可能也做一点间谍工作。7 年后，塞西尔·戈弗雷·罗林上校（Captain Cecil Godfrey Rawling）在同一季节来到同一片原野，在他的《大高原》（1905 年）一书中这样写道：

> 从我所站的地方向北、向东，目之所及，有成千上万只带着幼仔的母羚羊。营地里的人全都跑出来观赏这幅美丽景象，试着以各种方法估算视野中的羚羊数量，得出的结果各不相同。不过，这的确很难统计，更何况我们能看到远处还有更多的羚羊，正排着队向这边稳步走来。我们一次能够看到的羚羊绝不会少于 15000 只或 20000 只。

我第一次来这里是 1992 年 6 月，目的是追踪羌塘西部藏羚羊种群的迁徙，找到它们的神秘产仔地，但羚羊群脚步不停，走出西藏，向北进入了新疆。同年晚些时候，在 7 月底、8 月初，我们又追踪带着新生幼仔归来的藏羚羊，南下前往阿鲁盆地。以我们了解的迁徙路线推断，我本以为这片原野在 11 月里应该是空荡荡的。可是，现在这里却有几千只藏羚羊，看样子已经安顿下来，准备迎接发情期。藏羚羊聚集在此地，是因为南边

乔治·夏勒在青藏高原

12月交配季，在镜头前驻足的两只雄性藏羚羊，它们身披求偶时节特有的醒目"外套"

牧民传统上依靠狩猎获取生活所需，图中是一个用藏野驴皮做成的摇篮

藏野驴是青藏高原所独有的，近年来因为保护力度加大，数量有所上升

我的太太凯正在采集一个样方中的植物，以准确了解植被生物量、种类构成及多样性

我们戴着橡胶手套抱起一只刚出生的藏羚羊，为它称体重，以防它沾染上我们的气味而被母亲抛弃

一只雌性藏羚羊带着满月的孩子从产仔地南下，迁往更好的草场

刘炎林（右）与康霭黎（左）拿着天线和接收器在产仔地追踪一只戴着无线电项圈的藏羚羊

猎手猎杀了22只藏羚羊。他们将把肉吃掉，把角卖掉，用于制药，把剥下的毛张收存在帐篷里，伺机走私到印度去织成沙图什

藏羚羊毛中，长的针毛要挑拣出去，短的绒毛用来制作织物

隆冬时节，一个牧民家庭在自家帐篷里。一对野牦牛角挂在柱子上，用作奶桶

起码在冬季，多数牧户都会舍弃帐篷，搬进泥砖搭建的房屋中，有些人家装配了太阳能板、电视天线和卫星天线

在羌塘，高原鼠兔是维系生物多样性的一个关键物种，却常常被当作有害动物而遭到毒杀

羌塘北部地区，一只狼站在它猎杀的藏羚羊旁边，面对我们毫无惧色，也许是因为它从未见过人类吧

在广袤的羌塘北部过夜的营地。我们由西向东，驱车1300多公里穿越荒原，途中没有遇见一个人

盗猎活动猖獗吗？我们是不是遇到了一个向西迁徙度夏的独立种群？我无从回答。

我们见到了一只漂亮的狼，棕黄与灰色相间的皮毛很是华丽。它刚刚猎杀了一只母羚羊。我们查看了尸体，羚羊是窒息而亡，外表看不到一滴血，体重56公斤，脏器和骨髓中完全没有脂肪，要这样度过漫长而寒冷的冬季恐怕会很难。狼一直耐心地守在不远处，等着拿回它的美餐。

今天，11月5日，我们决定休息一天。嘎玛和我一起去散步。我需要走动，需要感受脚下的大地，我不希望被囚在一个铁盒子里疾驰，不希望包围自己的是发动机的轰鸣，而不是风。我们步履沉重地走了6个小时，一路边走边聊——嘎玛英语说得很好，我记下了途中见到的几只藏羚羊，还看到一只藏兔由一丛灌木下面的浅坑里蹿出来。笔记本上增添的内容不多，但我的身体恢复了活力，我的感官被苍茫的景色、无垠的空旷大地唤醒。后来，当我坐在帐篷里做笔记时，王昊跑过来说："乔治，有狼！"一只浅米色的狼站在离营地约有9米的地方，正打量我们。我们也聚在一起盯着它看。它转身离开时，我跟了上去，隔开大约六米并排走着，我们两个都不慌不忙。直到狼爬上一道山坡，我才停了下来。事后旦达评价说："出门在外，要是在近处看到狼，那是好兆头。"

我们继续向东，进入一片白雪覆盖的广阔天地，时间仿佛已在这里停滞。风和阳光清除了一些地方的积雪，可数的几只藏羚羊在啃食地上的青藏苔草（*Carex moorcrofti*），这是一种粗硬、叶端尖利的莎草属植物，有蹄类动物通常对它们不感兴趣。再往前，平地渐渐变成起伏的低矮山丘，风雨侵蚀下，岩床裸露,干涸的水道在谷中留下了一条条沟壑。藏传佛教有"十八空"之说,而这个地方,荒凉而空无一物,却又呈现出原始而震撼心灵的美,应是代表了另一种"空"吧。停车休息时,我独自往前走,天地间溢满了光,白雪炫目,空气中涌动着太阳的能量。凝重的寂静里,甚至没有一声鸟鸣。我的靴子仿佛踢起一股股月球上的尘埃。探险家费尔南·格勒纳尔(Fernand Grenard)曾在1893年写道:"由此经过的唯有风,在此发生的唯有地质现象。"我将这片大地印刻在我的身体之中。

前方出现了一座形似金字塔的山,韦尔比将它命名为"头盔山"。在这片不毛之地,他的探险队找不到干净的水源,甚至不得不在看似有希望的地方掘地三尺。我们带着装在容器里的冰块。韦尔比的队伍靠打猎维持生存,心中总是"有种挥之不去的焦虑"——"能不能找到足够的猎物"。一天,"中午正休息时,几只羚羊和沙鸡跑来喝水,因为它们的贪婪而倒在我们的枪口下"。快要走到头盔山时,他们的两名随队人员为了一杆枪扭打起来,一人不小心开枪轰掉了另一人的下巴。受伤的人跟着队伍走了几天,然后和另一个人离队向南,就此消失。此时队里只剩下14头驮畜。

原野和山丘朝着四面八方无尽伸展。荒寂,荒寂至极,视野中不是裸露的土地就是成片的荒草,时而被积雪遮盖。即便是有草的地方,植被覆盖率也不足一成,余下的九成都是沙土、淤泥和石头。我们又遇上一大群藏羚羊,这一带到处是大块的黑色火山岩。在北面,与新疆交界的地方,矗立着雄伟的慕士塔格峰,海拔6553米。慕士塔格的北边有一片藏羚羊产仔地,今年早些时候霭黎去考察过,不知这些动物是不是从那边来的。

现在站在车外统计藏羚羊数量和性别，需要顽强的意志力，雪和狂风取代了原本晴好的天气。每到中午前后，风就从西边呼啸而至，一连几百公里肆无忌惮地驰骋，刮过光秃秃的山顶，冲过湖边滩地，像狼一样嚎叫，扬起漫天沙尘。我们的衣服被狂风撕扯，身体抵挡着狂风冲撞，脸上被刮得生疼。然而霭黎始终不为所动地盯着望远镜，红色的毛线帽子拉得很低，一只手稳住三脚架，一边数藏羚羊，一边把结果报给记录的扎多或旦达，我则在地平线一带搜寻更多的野生动物。

　　近些年里有几支队伍穿越羌塘，不是驾车穿越，而是骑自行车。其中一支队伍由两个瑞典人和一个加拿大人组成——扬内·科拉克斯、纳迪娜·索尼耶和斯特凡·约纳松（Janne Corax, Nadine Saulnier, and Steffan Johansson），他们骑车由北向南穿越羌塘。一行人于 2003 年秋天出发，跨越阿尔金山保护区进入西藏，之后经由多格错仁东岸、普若岗日峰西侧一路前进。后来，2007 年的一期《日本高山新闻》（*Japanese Alpine News*）杂志讲述了他们的经历。1046 公里的旅途中，约有四分之三的路程需要他们推车步行。由于饥饿难耐，他们在草原上看到一只已开始腐坏的死狼时，一度考虑是否要吃掉充饥，但最终还是抵制住了诱惑。一个半月之后，他们抵达了双湖北面的公路。

夜晚，我们尽量找一个避风的地方搭帐篷，比如山梁或陡岸的背风面。泽仁煮了牦牛肉炖红萝卜和土豆。饭后我抄写别人做的记录，也把我的笔记给其他人传抄。大家在一起聊很多事，从野生动物种群的规模一直聊到开发旅游可能给牧民生活带来的影响。生活在青藏高原不同区域的藏族人，各有各的方言，彼此间沟通可能会有困难，扎多和仓决就是一例。他们教给我一些动物的藏语读法：狗——chi，羊——luk，棕熊——dom，苍蝇——bhanbu，兀鹫——shaghe。我们队里有五个人是党员，一天晚上他们建议我也申请"入党"。我说我没加入过任何党派。大家最后得出结论：我是外国人，怎么说在中国也入不了党。

11 月 12 日，难忘的一天。我们驱车行驶在靠近雪景湖岸的冰面上，湖泊周围是一圈陡峭的山丘。走了没多远，我们忽然发现其他人没跟上来。原路折回一看，一辆卡车沉在离岸 23 米的水里，湖水没过了车头灯。原来两辆卡车一前一后跟得太紧，23 厘米厚的冰面承受不住它们的重压。幸好，其中一辆安全上了岸。夜幕降临、湖水封冻之前，我们有 6 个小时。所有人拼尽全力卸下卡车上的东西，用斧子和铁棍在冰上开凿出一条通往岸边的路，但仍是无济于事。卡车在泥里越陷越深。我们试着用另一辆卡车把它拖出来，但发动机马力不够，卡车被湖底淤泥死死囚禁。当晚在营地里，司机卡登消沉沮丧。那是他自己的车，是他用来养家糊口的。我问嘎玛卡车是否上过保险，他说："藏族人不懂这些东西。"（后来我和嘎玛给了卡登足够的钱再买一辆卡车。）到了早上，卡车被结结实实地冻在湖里，我们只好抛弃了它，很抱歉给这里留下了垃圾。

当年在离此处不远的地方，韦尔比几周以来第一次看到人类活动的痕迹："队里的一个人捡起一根完整的腿骨，应该是某种驮行李的牲口……因为那条腿上还带着蹄铁。"既然有倒毙的"驮行李的牲口"，就意味着附近或许有牧民居住，于是，韦尔比的大半队员都待不住了。听到继续前进的指令时，"他们板着脸说不想再往前走，然后从行李堆里匆匆找出自己的东西，一群人一起离开了"。这些人很快改变了主意，但韦尔比只答应其中一人归队。不久，又至少八头牲畜死去；它们腹部肿胀，这是吃了有毒植物的症状，很可能是某种豆科植物。探险队继续徒步前进，队里只剩下韦尔比、马尔科姆和四个拉达克人，最后的几头牲畜驮着行李。

每一天的降雪量和途中见到的野生动物都不尽相同。11 月 15 日早上，我帐篷外面的温度计显示为零下 35 摄氏度。天空湛蓝，前方原野上几乎没有雪。这天见到的藏羚羊数量大大出乎我们意料，共有 1137 只，我们仍是无从得知它们在哪里度过夏季——也许是北面的阿尔金山保护区。或者，也可能有很多留在这里。1901 年 7 月，痴迷旅行的斯文·赫定在又一次徒劳寻找拉萨的途中经过此地，发现了"大量藏野驴和羚羊的粪便"。我们这天统计到的野牦牛为 85 头，创下穿越开始以来的最高纪录。第二天天气稍稍转暖，但仍只有零下 26 摄氏度，苍白的太阳躲在薄薄的云层后面。这一带的雪很深，吹积的雪堆高达 60 厘米，野生动物极少。风仍是一刻不停地刮，"狂暴，无情，凶猛咆哮"，费尔南·格勒纳尔（Fernand Grenard）在 1903 年出版的《西藏风土人情》（*Tibet: The Country and Its Inhabitants*）一书中曾经这样形容。

11月17日，行进近3周、跨越1086公里后，我们在一道山岭停下，这里大致是西藏与青海的分界线。我带来了一串风马旗，红、蓝、白、绿、黄五色。旦达和扎多一人拉着绳子一端，握了握手，交接领导队伍的重任，也借此表达友好与合作的意愿。我们由此离开西藏的羌塘保护区，进入了青海的可可西里保护区，十几年前扎多曾在这里巡逻，打击盗猎活动，对这片土地了如指掌。

这次工作开始前，我拜读了昔日穿越羌塘的每一位西方旅行家的记述，现在，走在前人的路上，我试着通过他们的眼睛审视这片高原，他们仿佛就在我身边。大多数旅行家只是附带提及野生动物，而且常常是因为要猎捕野味。他们真正追求的目标是进入圣城拉萨。很多人全副武装，带着帝国的傲慢来到西藏，试图闯入拉萨，结果多半被西藏军人拦截。1889年隆冬时节，气温降至零下47摄氏度，两名法国人，加布里埃尔·邦瓦洛和奥尔良的亨利亲王（Gabriel Bonvalot and Prince Henry of Orleans），率队由北向南穿越了羌塘地区。探险队中有两人死亡，驮畜最终只剩两头，一行人在距离拉萨153公里的地方被西藏士兵拦截。4年后，费尔南·格勒纳尔与另一名法国人朱尔-莱昂·迪特勒伊·德兰斯（Jules-Léon Dutreuil de Rhins）9月从新疆启程，带着11名随从和61头驮畜，意图前往拉萨。他们的牲口死了大半，随从大都开了小差。后来，西藏人强迫他们转向东走。在玉树附近，德兰斯因为随员偷马引起的争吵被杀。我们此行还经过了克莱门特·圣乔治·利特代尔（Clement St. George Littledale）的路线，他是一位富有的英国地主，1895年4月12日从新疆出发，带着250头牲口组成的驮队，同行的还有他的妻子特雷莎、一只小猎犬以及他的一个外甥威廉·弗莱彻（William Fletcher）。特雷莎·利特代尔（Teresa Littledale）是已知记录中第一位穿越羌塘的西方女性，在她之后，纳迪娜·索尼耶（Nadine Saulnier）于一百余年后的2003年才完成骑车穿越。利特代尔一行人在1895年6月26日第一次遭遇西藏人，与地方官员发生一系列争执之后，在距离拉萨仅79公里的地方被迫转向西行。1904年，拉萨的大门终被荣赫鹏上校（Colonel Francis Younghusband）率领的英军探险队强行打开。引发这次侵略的因素包括错误的情报——谣传俄国在对西藏施加影响，以及不可告人的政治目的。一个世纪之后，美国入侵伊拉克时，进攻他国的借口让人觉得似曾相识。

在1904年的侵略之前，偶尔也会有外国人成功潜入拉萨。其一是古怪的英国人托马斯·曼宁（Thomas Manning），他在1811年混入一支商队进入了拉萨。另外，日本僧人河口慧海（Kawaguchi Ekai）在西藏各地游荡九个月后，于1901年进入拉萨，并在色拉寺悄悄住了一年。斯文·赫定在同一年直闯拉萨失败，不免有点讽刺意味。

其实，拉萨拒绝外国访客的历史并不长，直到17和18世纪还向外界敞开大门。早期耶稣会传教士就曾受到礼遇。举两个例子：1626年4月12日，在西藏西南部的札布让，葡萄牙人安东尼奥·德·安德拉德（Antonio de Andrade）为基督教会的建立奠定了基石；1716 年 3 月 18 日，伊波利托·德西代里（Ippolito Desideri）在拉萨设立了布道所。1717 年，西藏的两大教派——格鲁派和宁玛派因达赖喇嘛的传承问题发生冲突，请来蒙古人解决争端。然而蒙古军队抵达后，很快将拉萨洗劫一空。于是他们又请清朝政府出手，赶走蒙古人。1720 年，清朝军队进驻西藏，打败了蒙古人，并在拉萨设永久驻军，派一名军官，即"安班"镇守。1788 年，尼泊尔进犯西藏，清政府闻讯再度出兵赶走了入侵者。由于当时清政府推行闭关政策，西藏在此影响下，也以群山为屏障，拒绝与外界往来。

对于那个时代的一些探险家，去拉萨占据了他们的全部心思，几乎到了痴迷的程度，而羌塘就像他们的炼狱，只要经受住磨难走出去，就能达成圆满。加布里埃尔·邦瓦洛在羌塘感受到的孤寂"比任何时候都更沉重"，费尔南·格勒纳尔则是"被这片无边无际的山岭荒漠吓坏了，急切地渴望逃离"。我却认为，正是孤寂和无边的虚空让这片荒野与众不同，它经历过危机，因而更美，大半区域都没有人工开发的痕迹。在这样的地方，我只觉得心有所依，安然舒适。它与我的内心世界相契合，也是一种独立精神的反映。

我的父亲在德国外交部门供职，被派驻芝加哥任领事，1932 年在那里与我的美国母亲结婚。第二次世界大战爆发前，我们在德国及其他欧洲国家生活，战时旅居丹麦，后又回到德国。不过，父亲在战争结束前就被解职了，因为他有一位美国太太。我清楚地记得，因为我的国籍，丹麦孩子都不能跟我玩，而战时在德国，因为母亲的关系，我又遭遇了同样的事儿，但不管在哪个国家，我仍不得不去上学。1947 年，母亲带着我和弟弟克里斯回到美国，被外祖母的兄弟夫妇——塔尔科特和保拉·巴恩斯（Talcott and Paula Barnes）好心接纳，住在圣路易斯近郊的韦伯斯特·格罗夫斯（Webster Groves）。当时我 14 岁，只会一点简单的英语，立即被送去上中学。德国给世界带来了无法形容的恐怖梦魇，不是每个人都能友好对待来自那个国家的我。我又一次成了陌生国度里的陌生人，或许是因为这种经历一再重复，让我感受到社会的束缚，时刻渴望拥有属于自己的空间，我的性格因此受到很大影响。不过，虽说我不喜交际，不愿意跟谈不来的人多来往，这并不意味着我为人孤僻。我喜欢身边有家人、有考察队伙伴、有志趣相投的朋友相伴的感觉。

　　出了西藏，我们继续穿越羌塘的旅行，由一片多石地带进入青海，来到勒希武担湖。在汇入湖泊的一条小河边，我们发现了一些石器，其中混杂着两块黑曜石岩芯，从这上面可以敲下细石器，把这些锋利的碎片装在木头手柄上，就做成了刀。石器告诉世人，早在 10000 年前，这里就有猎人居住，古时的人们也曾看到类似的原始景色，看到冰河从昆仑山上翻滚而下，葱郁的草场上时常有一群群野牦牛觅食。连日来我们驱车经过的荒漠草原和高山草原，现在渐渐被高寒草甸取代，这里的植物群落需要 304 毫米以上的年降雨量才能繁茂生长。旱獭洞开始出现，我们还看到了 4 只藏原羚，这两种动物都喜欢富含水分的植物。

当天下午，我们在太阳湖附近扎营。湖边一块地势较高的地方伫立着一块石碑，上面用汉字刻着"英雄"，这是藏羚羊保护者索南达杰被盗猎分子杀害的地方，我在有关沙图什贸易的第四章中讲述了他的事迹。平常大嗓门的塔多，此时默默地将一条白色哈达系在石碑上，表达他的敬意。泽仁和尼玛献上了一串风马旗。阴沉的降雪云团低低地压在湖对岸的冰川上。

　　我们穿过山与湖之间的一片碎石滩，驶上一条车来车往轧出的小路。前方突然出现了一道河谷，看样子不久前被重型机械翻搅过，整个变成了矿渣堆，一幅死气沉沉的凄凉景象。这是一座商业开采的大型金矿，坐落在一个理应是保护区的地方，也许这是非法项目，贿赂某位腐败官员换来了许可证。冬天水都结了冰，所以矿上没有人，但从废弃物来看，上个夏季金矿必定还在运营。这会成为未来的记忆吗？要淘出黄金，首先要将沙砾送进流槽，然后从小河或临时水塘里抽上水来冲刷。含金的细沙与沙砾分开后，再用水银处理，把黄金凝聚到一起。水银会污染溪流、地下水和土壤，还可能与土壤中的某些细菌发生反应，形成甲基汞——这种神经毒素会在动物和植物的组织里逐渐积聚。

　　从这里开始，我们一路沿着大卡车在地上轧出的深印行进。第二天，11月20日，我们来到卓乃湖，这是我在1997年寻找过的湖。我知道韦尔比当年从湖的南面经过，看到了"庞大的羚羊群，全部是雌性和幼仔"。我被这句话吸引，那年夏天很想找到藏羚羊产仔地。可是，正如我在第二章中所述，我们的车又一次陷进了湿软的沙土，结果不得不放弃寻找。就连韦尔比的牲畜也是"几乎每走一步都会深深陷进泥里"。现在我们可以顺着卓乃湖湖岸轻松行驶在冰冻的土地上。不过，我们只见到4只藏羚羊。

　　以莎草为主的草场覆盖了整面山坡，正是牦牛栖息的理想环境。它们以黑色的庞大身躯占据了整个视野，我们从几公里外就能看见，可以轻松统计。短短两天里，我们就见到了713头，其中一片山坡上有两大群，一群201头，另一群215头。直到不久前，探险队、专业猎人、淘金者还在猎杀牦牛吃肉。看到这些动物现在似乎过得很好，我非常高兴。我可以设想未来，也可以回到一个世纪前，想象韦尔比笔下的大自然，那时"不论我往哪个方向望去，都能看到大群野牦牛和藏野驴在吃草"，"在一片绿油油的山坡上，我们看到数以百计的牦牛"。随着保护工作的持续，那幅场景能够重现吗？

　　韦尔比还看到"我的脚下蹲踞着硕大的旱獭。它们个头惊人，足有人那么大"。更早些时候的一次观察报告同样令人困惑，1889年1月18日，加布里埃尔·邦瓦洛在羌塘东南部的双湖附近，"我们看到猴子跨过冰封的河，在石头上嬉戏……它们一身红毛，几乎没有尾巴，脑袋很小"。这些画面恐怕是不可能重现了吧。

　　我估计明天我们就能到达格尔木至拉萨的公路。队里大多数人都拿出手机，查看是否有信号。这让我感到不安，平静的日常工作将被打破，我们这支和谐的队伍也要解散了。旦达、西藏高原生物研究所的仓决及李建川，还有卡车被留在湖里的卡登将返回拉萨，王昊要去北京。我们的一辆丰田越野车忽然坏了。曾是僧人的萨迦精通机械，他和塔多试着修理发动机，但收效甚微。车子哆嗦一阵，仍是不肯走。我们只好扎营。天空飘起小雪，但夜里零下 17、18 摄氏度的气温让人觉得挺暖和。

这天晚上大家聊天时，谈起了可可西里保护区的未来，这关系到近万平方公里的土地。我担心牧民繁养的牦牛会渐渐占据保护区各个角落，继而与野生种群杂交，致使高原上特有的这种动物走向灭绝。对野牦牛而言，可可西里可以说是最后的理想家园。目前世界上只剩下大约 15000 头至 20000 头野牦牛，全部栖息在青藏高原。扎多认为，对于家养的羊和牦牛，这里很多地方的草场太过贫瘠；但是旦达指出，与他所在的西藏西部地区相比，这儿已经算是非常好的草场了。在人口增加带来的压力下，往后必然会有人要求开放保护区，以放牧、采矿，或其他方式开发利用。1954 年公路贯通前，这个地区没有任何人居住，只是偶有商队经过，但现在，多数区域都已有牧民定居。

第二天，即 11 月 23 日，我们在下午 2 点 30 分到达公路边，越野里程已达 1609 公里。我和每一个人握手，感谢他们的辛苦付出以及一路的耐心和陪伴。队里有五个人要回家，剩下我们几个还将继续向东，穿越几百公里的草原，但与前半段旅程不同，此后经过的地方都有牧民居住。

当年韦尔比带着残存的队伍往东走，先是见到一个玛尼堆，接着，"在旁边的一座小山上，我通过望远镜看到，那里有一个人和一只小狗"。此时他们已有四个月没见到其他人了。几天后，他们来到一片藏族商人的帐篷前，这是从拉萨去西宁的一个庞大商队，带着 1500 头牦牛。商人通常集结成队以抵挡强盗，特别是东部果洛地区一些四处抢掠的藏人。类似这样的商队给当地带来干枣、糖以及其他从印度进口的商品，返回时带着收购来的茶叶、烟草和布料。

这条古老的商路也曾是外国人潜入西藏的路径。例如法国的天主教遣使会传教士古伯察和约瑟夫·加贝（Evariste Huc and Joseph Gabet），他们于 1846 年 1 月 20 日悄悄抵达拉萨，在城中停留了两个月才被责令离开。俄国科学家及探险家尼古拉·普热瓦利斯基（Nikolai Przewalski）是一个更典型的例子，他是普氏野马及黑颈鹤的发现者，为了一圆去拉萨的梦想，他跟着一支哥萨克武装骑兵队出发，但在那曲遭藏族军队拦截，被迫折返。

韦尔比也曾走到我们现在所处的大致位置，出发时的 39 头驮畜只剩下 5 头。而我们的 4 辆车，有一辆阵亡在路上，两辆生了病。越野车跟跟跄跄开到公路旁，最后挣扎了一下，终于崩溃，发动机再也不肯启动。余下的那辆卡车也是勉力支撑。我们现在只有一辆行驶正常的汽车。无论对待牲畜还是汽车，羌塘都是一样冷酷无情。韦尔比和马尔科姆跟着一支商队走了几天，向商人购买补给之后，便向东北方向行进，越过昆仑山，最后到达北京，结束了长达 7 个月的旅行，继而启程前往印度。

韦尔比带着驮畜徒步行走数月，与之相比，我们这段 23 天的汽车旅行实在不算什么。不过目前为止，我们达成了预定目标，调查了野生动物数量，并研究了它们的栖息环境。我们统计得到了下列数字：6909 只藏羚羊，977 头野牦牛，515 只藏野驴，146 只藏原羚，2 只盘羊，20 只狼，12 只藏狐。当然，我们完全不知道这一地区每种动物的确切数量，因为我们只能统计沿途看得到的那些。不过，当地藏羚羊和野牦牛的数量远远超出我的预计。我们的统计数字至少可以为将来的调查提供有益的参考。这个季节里，棕熊和旱獭都在冬眠，只能偶尔看到它们在地上留下的挖掘痕迹。我们还记录了 18 种鸟，包括所有在这里越冬的鸟类，如高原雕、金雕、猎隼、角百灵、褐背拟地鸦以及 3 种雪雀。

目前而言我对这次旅行非常满意。我们成为一个真正的团队，没有争吵，没有个人事务扰乱整个考察计划。我们在荒野中行驶的距离相当于从纽约到芝加哥，或巴黎到华沙，或德里到加尔各答，全程所到之处没有人类居住，只有藏羚羊和其他野生动物。当今世界上还有哪个地方能够给人以这样的体验？能让人站在小山上放眼四望，目光越过原野直达远方的雪山，广阔天地里没有一个人。这是触动心灵的空寂感受。在这片高原上，中国拥有一座宝藏，其价值不在于黄金或石油储量，而在于这片独一无二的土地以及大自然中的动物和植物，任何敞开心胸来到这里的人，都会为之着迷。永远不应有人来发掘羌塘的这些偏僻角落，不应有人来开发，来定居，来把这里"发展得更好"。面对这片土地，我们必须懂得节制，必须待它以尊重和怜悯之心。

我们的羌塘穿越进入了第二阶段。此前我们有如生活在过去，却突然被推入今天和未来，要面对随之而来的种种忧虑和问题。韦尔比和马尔科姆向昆仑山前进时，所经之处仍无人居住。但如今，藏族家庭带着家养的牦牛、山羊和黑脸绵羊四散居住在公路以东区域。在海拔 4572 米的地方，东边的地势稍低一点，而且草场大都不错。不过，我们必须先往北走，去格尔木取一些补给品，并与新加入的队员会合。我们的卡车拖着动弹不得的丰田越野车，缓缓翻过昆仑山，沿着下山的漫长公路进城，足足开了四个多小时。我在温暖的酒店房间里洗了一个热水澡，尽情享受这份奢侈。霭黎和我见到了奚志农，他是中国最优秀的野生动物摄影师，曾在帕米尔山区和我们一同研究盘羊，现在将加入我们的考察队。他带来了工作伙伴吴立新，还有报刊记者秦晴。青海省林业局的蔡平也将加入我们的队伍，此外还有可可西里保护区的两位工作人员。

我们在可可西里保护区内看到两个大型金矿和几个小矿，在格尔木期间打听了相关情况。据非官方消息说，金矿运营至今已有三年，推土机之类的重型设备是走后门从新疆穿过阿尔金山保护区弄过去的，看样子是两地官员串通一气。

我们的卡车和一辆丰田越野车都无法继续在野外行驶，我们必须从拉萨调来替补车辆，为此需要等待几天。我们没有在格尔木枯等，而是去了可可西里保护区的索南达杰保护站，这是保护区反盗猎队伍的营地。建在公路旁的锈红色房子是铁皮的，白天水汽在屋内墙壁上凝结，滴到我们身上，夜里则是冻结成冰，把整间屋子变成一个大冰箱。保护站为我们提供了一间宽敞的简易房，工作人员非常热情。我们可以从这里去我1985年第一次考察到过的区域，了解野生动物的状况。

保护站旁边有一大片围栏圈起来的土地，被用作藏羚羊的孤儿院。浑身毛茸茸、可爱的小家伙们用奶瓶喝山羊奶，负责喂奶的两位管理员——郭雪湖和江永显然很喜欢自己照料的小羚羊。这里还住着两只极为英俊的雄性藏羚羊，总是昂着头、趾高气扬地四处溜达，或是用长剑般的角指着对方以示威胁。

这天，其中一只公羚羊没理会离它更近的霭黎，突然径直朝我冲了过来。我急忙跑向两米高的围栏，尽我所能往高处爬，公羚羊的尖角恶狠狠地在我的臀部附近晃来晃去。秦晴刚好拍下了这一幕。当天晚上，她浏览数码相机里的照片时，死死抓着围栏的我让众人狂笑不已。

格尔木和拉萨之间新建的铁路，大部分路段都与公路平行，我们开车沿着它走了走。这段 1136 公里的铁路从 2003 年开建，至 2006 年竣工，我们抵达时刚建成几个月。这是一项了不起的工程杰作。铁路对环境的伤害被降到了最低限度，而且施工过程中明显花费了很多心思，就连受损的草皮也得到修补。羌塘路段的下方有很多通道，其中 143 个宽度在 90 米以上，另外还有很多稍小一些的，让野生动物可以轻松往来。大多数桥下通道的主要作用，是在地势起伏的区域确保铁路路基水平，或是为了跨越河床。保护站的一位向导带我们看了藏羚羊偏爱的通道，沿东西方向迁徙的藏羚羊群就是经由这里往来产仔地。我还是第一次听说这条迁徙路线，据说也是通往卓乃湖。另外有一条从西藏到青海的路线和一条在青海省内北上的路线，都是通向同一地区。这样看来，有三个种群在卓乃湖周围产仔，这里对藏羚羊来说无疑是至关重要的地方。作为一个保护区，可可西里有着不可估量的价值，人们可以在这里研究高海拔生态系统的结构与功能，持续监测，并与其他地方的变化进行对比。

迁徙季节里，可可西里保护区的工作人员与中国民间保护组织绿色江河，有时会在公路上拦住车辆，让藏羚羊群安全通过。我们在公路附近看到了藏野驴、藏原羚和几只藏羚羊，它们似乎都对往来的汽车无动于衷。相比于 20 世纪 80 年代，这真是巨大的改变,那时候一旦有车靠近,所有的野生动物都会拔足飞奔。而现在,我们甚至看到一只狼不慌不忙地从保护站前走过。

11月30日,一辆卡车和三辆丰田陆地巡洋舰组成了我们的新车队,天刚蒙蒙亮,我们就启程沿着公路向南进发。我们路过了五道梁,这是建在路边的一片聚居区,有餐馆、店铺和加油站,近二十年里规模扩大了许多。这一带公路附近的藏原羚异常多,我们猜测,也许是因为它们偏爱的植物在翻动过的土地上长得更好,也许是它们觉得待在人类身边可以避开天敌,比较安全。行驶大约160公里后,我们离开公路,沿着一条小土路向东,进入三江源保护区。这个保护区占地约150219平方公里,覆盖青海省东南角。中国在保护区内外实行的法规大致相同,禁止打猎和砍伐树木,因此管理方式也基本一样。

小路蜿蜒穿过侵蚀严重的山丘。地表的草皮四分五裂,有些区域发生滑坡,露出光秃秃的土壤和岩石。走了80公里,我们来到预定的目的地之一,措池村。说起"村",人们会联想到聚在一起的一片住家和店铺,但这个村子里只有管理办公室、村会堂、卫生所和一座寺院。村民带着他们的牲畜分散居住在大约1994平方公里的区域内。我们对措池村感兴趣是因为扎多的关系,他在当地发起了一个村民参与的生态保护项目,北京大学自然保护与社会发展研究中心为此提供了支持。就在我们抵达前两个月,措池村与三江源保护区管理局签订了一份首开先河的协议,自行承担起村中土地的生态保护工作。支部副书记嘎玛是一个体格健壮、不怒自威的人,他邀请我们到家中喝酥油茶,围炉取暖。前一年我在四川康定举办的一场专题研讨会上见过嘎玛,当时政府官员、地方领导、僧人、商人、生物学家等各界人士齐聚一堂，讨论地方生态保护问题。

　　嘎玛告诉我们，这里的草场退化非常严重，很多人家无法再依靠土地维持生计。去年全村200多户1046位居民中，有59户搬往格尔木，如今只剩下160户710人。严重退化的草场至少占到了三分之一。我问："为什么退化这么严重？"这是一个简单的问题，然而此后几天里，它一直是我们与嘎玛及各户村民讨论的中心议题。嘎玛说，1966年之前，这里没有定居的牧民，到了季节才有牧民从东边过来。1985年，这一地区遭遇了有史以来最大的降雪，气温连续多日停留在零下40摄氏度上下。很多牲畜被饿死。我告诉嘎玛，当时我也在这一带，看到了很多死去的绵羊以及野生动物，尤其是藏羚羊和藏原羚，我在第一章中讲述了那次经历。嘎玛说，遭遇雪灾后，草场的质量就不如从前了；90年代初，持续三年的干旱致使情况进一步恶化，草场再也没能恢复元气。当年的暴风雪过后，各家牲畜所剩无几，有很多人挨饿。为了求生，村里男人不得不去猎捕动物。但当地人说，如果杀死动物，就会遭到附近玛吾当扎等神山上的神明惩罚；如果保护动物，就会得到好报。不论情况如何，1988年村里开始明令禁止狩猎。政府给当地家庭送来一些羊和牦牛，但畜牧业再也没有恢复到过去的规模。

　　高山草甸的草皮层剥蚀开裂是一幅触目惊心的景象，让牧民们看到自己未来生计堪忧。高山草甸覆盖了大约一半的放牧区，主要集中在青藏高原的东部，另在南部有一条零星分布带。

草皮层由植物根须及其他有机物构成，厚度从 10 厘米到 30 厘米不等，上面覆盖着密集的高山蒿草。蒿草被牲畜啃食，只剩下很短的草梗，看上去就像是精心修剪过的高尔夫球场。牦牛格外钟爱这样的草场。但如今高山草甸正以惊人的速度退化，将来这种植被结构或许将不复存在。在措池村周围可以清楚地看到，整面山坡的草皮开裂后顺坡滑落，留下裸露的土地。原因究竟是什么？我曾指着这样一片荒芜的山坡，让一位林业局的官员看，他轻松地说："这是鼠兔干的。"正如我们在第六章中看到的，部分藏民也抱有类似观点，尽管在很多侵蚀严重的地方，其实几乎没有或根本没有鼠兔。进一步察看受损的土地后，我认识到问题的原因并非那么简单。

任何穿透草皮的外力都可能导致坡面移动，开裂，滑落，崩塌。修筑公路就是其中一个原因，还有过多牲畜往来踩踏，以及切断草皮搭建围栏。雨水和冰雪融水渗透到草皮下面，随着季节变化造成的冻融一次次膨胀、收缩，由此破坏坡面的稳定性，致使草皮下滑堆积，分裂成孤立的土堆，渐渐变干死去。这种七零八落的区域正合鼠兔心意，它们的挖掘有可能在一些地方加剧了草场的退化。风和水不断侵蚀裸露的土地，整个山坡很快变秃，只剩下零星的几块草皮承载昔日的记忆。这样的荒芜土地有可能逐渐被稀稀落落的野草等植物占据，但裸露的岩石上不会长出任何东西。

有时候，一片草皮会莫名其妙地龟裂。仔细察看可能会发现，其中一半的高山蒿草已经枯死，草皮表面颜色灰暗，有时夹杂着星星点点的白色地衣。究其原因可能是牲畜一连数月的密集踩踏和啃食。一株植物若是不断被啃食，在生长季节里得不到休息，它就会耗尽储存在底部的能量，根和叶都没机会生长、储积养分，过不了多久它便会枯萎死去。没有湿润绿叶的遮盖，草皮会渐渐变干、开裂，这就是解体的第一步。不论细节规定如何，政府的政策毕竟鼓励繁养牲畜，致使其数量在一二十年里增长了两倍或三倍，而草场仍是原先有限的面积，土地没有喘息的机会，直至 80 年代，过度放牧引发了灾难性的草场退化。后来的新政策，例如将草场划分给个人、建造围栏等等，更加快了破坏速度，其后果今天赤裸裸地摆在我们面前。

藏族牧民对草场状态及其他事情的看法，被记录在一系列有关三江源保护区的精彩文章中，发表在 2010 年《人与生物圈》杂志的一期英文版特刊上。在特刊的《走进黑帐篷》一文中，措池村前党委书记毛拉向作者林岚讲述了这个地方的变化：

> 从 1972 年到 1984 年,牲口头数超越了以前任何时候……那时候全乡有 27 万头（只、匹），草原没有问题，虽然牲畜量一直上升，达到顶峰。不过这有个前提条件，就是必须要转场，这期间都是帐篷，一间房子都没有，直到 1987 年的时候，才开始有牧户盖房子。……
>
> 1985 年大雪灾的时候，基本上一下子牲畜就死光了，一个星期的时间。那一年，10 月中旬开始下雪，到来年 2 月的时候还是一片白茫茫，连野生动物都没有了。这个阶段，整个草原坏了。那时刚刚包产到户，分完了牲畜……草场承包到户了，把草场给了个人，盖了房子，定了居。一家就在一个地方，不动了，这是草场不行了的一个重要原因。

以前几月份到什么草场都有规定的，一年下来一块草场最多用 3 个月，现在一年四季，从早到晚就在一块草场上，这是历史上从来没有过的。草一长出来就被吃掉了。

措池村民几米·日也表达了类似的观点："以前游牧，从一个草场转到另一个草场，很好。现在一年到头不搬家，草都变黑了。每年搬家次数越少，对草场伤害就越大。"

政府增加放牧强度的举措毫无益处，草场因而更加脆弱，状态很容易进一步恶化。需要土地的人越来越多，每家的配额也就越来越少。吉米日的儿子结婚后，分到了两平方公里多土地，单靠这块地养牲口的话，远远不够维持生计。牧民清楚地认识到，草场需要休息。如果没有几个月的恢复时间，草场的退化很可能将无法逆转，我们看到的那些侵蚀严重的山坡就是有力的证明，过去那里也曾是繁茂的草地。研究显示，在羌塘东部地区，有些土地的退化至少从 2000 年就开始了，那时森林被砍伐、烧毁，以求开辟出更多草场。

在退化的草场上，植物种类少于健康草场，裸露的土地更多，植物所含养分更少，土壤中的有机物更少，难以下咽的植物更多，诸如此类的差别还有很多。相应的，牲畜体重较轻，发育更慢，雌性产仔更少。解决问题的方法似乎显而易见：给予当地社区更多管理草场的自由，让土地和居民都能受益。举例来讲，社区可以鼓励多个家庭联合放牧，就像过去那样（目前有少数人尝试这种方法，而西藏多半按村组划分草场），及时根据草场及天气状况调节牲畜数量，以及从大局来说，结合传统知识与科学新知，建立起理想的、可持续发展的体系。

措池村因自发的生态保护行动而声名远扬，我问起了他们的工作。有一个项目的关注焦点是野牦牛栖息的一小片山岭，也是邻近地区最后的一片野牦牛栖息地。村里将十几户人家搬迁到别处安置，以保护那里的草场。这并不是纯粹无私的举动。村民认为这里需要野牦牛种群，因为人们愿意让野生和家养的牦牛杂交，产下更壮实的后代，卖出更好的价钱。由此往北有一片平原，藏民们称之为"勒池"，即藏羚羊的家，勒池村另一个保护项目的核心。措池村与邻村一同努力，将勒池村平原的部分区域保护起来，供藏羚羊过冬。除此之外，措池村还在实行一个生态保护监测项目。每年四次，村里的三个生产队要统计各自区域内的野生动物数量，记录湖泊水位和积雪深度，并观察整体生态状况。艰难时期的经历促使人们重新审视自己的价值观。措池村关心自己所处的环境以及村庄的未来，这并非因为政府法令，而是出于生态认知和佛教信念，他们知道，做一名合格的守护者，生活才能有保障。

　　我们驱车进山拜访散居在各处的人家，进一步了解这个地方。有一天，扎多指着几座险峻高峰下的山坡说："我小时候，那是我们家的草场。"父母去世后，他在外地由亲戚抚养长大，现在为了推动家乡的生态保护，他一次次回到这里。牧民的生活正急速改变，生态保护是一个至关重要的问题。这里每户人家至少有一块夏季牧场和一块冬季牧场，有的只隔着徒步一小时的距离，但也有些人家的牧场相距40公里甚至更远。政府将大部分草场分包到户，租期为 30 年到 70 年不等，由此为牧民家庭和野生动物带来了一系列新问题。如果遭遇暴雪或严重的干旱，牲畜没草可吃，牧民或许可以向邻居租借草场，如果是在人烟稀少的地方，还可以试着找一块共用土地。近年来，政府鼓励牧民修建围栏，推出各种奖励措施，为修围栏的工人发工资，为牧民家庭购买所需材料提供至少 80% 的补贴。但是被圈起来的草场使得野生动物无法觅食，行动受阻。对于与野生动物共享草场，人们有什么看法？为了解这类问题，我们到牧民家中拜访。

我们走近吾金家时，巨大的黑色藏獒狂吠着想要扑上来，拴它们的铁链绷得紧紧的。扎多认识这家人，吾金和他的妻子卓玛邀请我们进屋。扎多、霭黎、蔡平和我在炉边坐下，每人面前都摆上了奶茶和一小碗牦牛奶做成的香浓酸奶。吾金 42 岁，家里有 6 口人，包括两个孩子和孩子们的奶奶，奶奶一直拿着转经筒，静静地坐着。吾金从没上过学，但跟父母学会了读藏文。他家养了 200 只羊，40 多头牦牛，还有 2 匹马——牲畜数量算是中等，他们还帮其他的人家养着 500 只羊，每年可以得到一定数量的羊羔作为报酬。另外，吾金帮一位邻居照看着 6 头牦牛，每年可以得到 6 公斤酥油及 6 公斤其他奶制品作为回报。他自己的草场不足以支撑这么多牲口，所以他还向别人租借了草场。他们每年杀 2 头牦牛和 20 只羊自家吃，并用部分牲畜、羊毛和酥油跟本地商贩换取糌粑及其他生活必需品。不过，作为主食的糌粑粉价格不断上涨，此外还有其他问题。家里原有的 16 匹马大都被狼咬死了，有时一个月里狼就要叼走七八只羊。还有一次，羊染了病，一年就死了大约 60 只。他们请来喇嘛为家里念经，后来状况就好转了。他说，因为雨水多，今年和去年的草场都还不错。

吾金记得 30 年前，这样一片草场能养活 2000 只羊，但现在养 200 只都是勉强。他认为气候的确在变。降雨变得很不稳定，冬天比以前暖和，风和沙暴更加猛烈。春天变得很干燥。鼠兔数量增加了，在草场上制造出更多秃斑。卓玛一边往炉子里添牦牛粪，一边插话说，山坡上草皮裂得越来越快了。今年这家人响应政府号召，建了更多围栏。吾金不反对建围栏，这样可以避免跟邻居因草场发生争执，而且不必再紧盯着自家牲畜。但有时候会有藏野驴跑过来，撞坏围栏。"不，杀死动物解决不了问题。"吾金这样回答我们的问题。卓玛说，在家门口看到野生动物的感觉很好，不过，狼除外。谈话结束后，我们感谢这对夫妇抽出两个小时，让我们深入了解他们的生活。

我们总共做了 16 次这样的入户采访。除 1 户之外，回答问题的主要都是男性，年龄从 22 岁至 72 岁不等，都是牧民或曾经是牧民，在本地出生，或年少时搬到这个地方生活。其中 3 人是村干部，有政府发工资，其余的人都依靠牲畜维持生计。9 个人从没上过学，4 个人上过一两年，1 个人达到了初中水平——大多数人能阅读，但只有 1 个人能用汉语交流。

13 个家庭提供了家中牲畜的情况。他们总计养了 3275 只绵羊和山羊，77 头牦牛。两户人家没有牲畜，每月可以领到大约 125 元的政府补贴；他们为其他人家放牧、宰杀牲畜，干些零活贴补家用。有一户人家在 2005 年卖掉了全部牲畜，因为家里没人照看，孩子们都去上学了，不过这家男主人每年有政府发的 900 元工资，以 1850 元一头的价格卖掉牦牛后，用赚到的钱开了一家小店。当地的家庭年收入相差悬殊,有一人家收入超过 125000 元,也有的家庭仅靠 1500 元勉强糊口。多数家庭维持着中等收入,主要收入来源是出售牲畜及畜牧产品,或直接以物易物,以此换得衣物、糌粑、食用油及其他必需品。另外,这些家庭需要肉食、奶制品,需要羊和牦牛的粪便当作燃料,用牦牛驮运物品,用牦牛毛编织绳子和帐篷。摩托车已基本取代马匹,如今除食物之外,汽油成了最大的一项家庭支出。

刨除当地最富有的牧户,一般家庭只有 173 只羊和 63 头牦牛,仅够维持最基本的生活。以昂曲为例,他和吾金一样,依靠家中的 150 羊和 30 头牦牛艰难度日。今年他杀了 15 只羊自家吃,但是有 45 只羊和 4 头牦牛被狼咬死。几年前,他家里有 96 头牦牛染病死去,有可能是炭疽病。2004 年春天,20 只羊和 4 头牦牛在经历严寒之后死去。这样的损失是非常沉重的打击,因为牧民如今要卖掉越来越多的牲畜去买汽油、摩托车、太阳能电池板、电视机以及过去没有的新产品。吾金、昂曲这样的居民很难维持自家生计,很难保持经济独立,更何况他们必须要面对干旱、大雪、牲畜染病、草场退化等问题。很多人家选择了离开,或是由政府重新安置,搬到格尔木等城市。在那里,他们可以分到一套房子,每月领到一笔不多的生活补助,这让他们感觉"就像一个袋子,空空的根本立不起来"。为了养家,大多数人家至少有一个人留下来守着自家土地,养些牲畜,把草场租借给其他人。换言之,将牧民家庭搬迁到城镇并不一定能让草场休息调养,从此前的退化状态下恢复过来。

对野生动物而言,牧场围栏有害无益。多数围栏都有一米二到一米五高,有的顶端还拉着一根带刺的铁丝,动物们根本跳不过去。原羚、藏羚羊、岩羊等动物试图钻过围栏或从底下的空档挤过去时，有可能因为被卡住而送命。长长的围栏阻挡了藏羚羊、藏野驴等动物的行动和迁徙。我们尝试说服牧民，至少去掉带刺的铁丝，免得想要跳过去的动物被钩住，挂在围栏上慢慢死去。

有件事让我有点儿意外，在措池村一带走访牧民的过程中，没有一个人将草场退化太多地归罪于牲畜或相关管理问题。对此，杨永平在《人与生物圈》杂志刊登的一篇文章中提出了他的观点："牧民虽然不愿接受过牧的说法，但他们说过去卖出去的牲畜多了，造了孽，所以草场变坏了……在他们的传统知识体系里找不到'过牧'的解释，只有'杀生'多了，'造孽'了的解释，这或许也是牧民不接受'过牧'说法的一个原因。"

措池村夜间的气温往往不超过零下 26 摄氏度，全球变暖问题似乎离中国的这个角落还很遥远，但实际上，这股浪潮已然到来。据统计，青藏高原上有 46298 条冰川，喜马拉雅山区域内共有 18000 条，总面积达 189069 平方公里，是南北两极地区以外面积最大的覆冰区，亚洲的这一地区也因此被称作"第三极"。20 世纪中期，青藏高原上的冰川有一半呈退缩趋势，而现在，据持续监测 680 条冰川的中国科研人员统计，这个比例已高达 95%。到 2050 年，或许将有 40% 的冰川彻底融化，冰川学家姚檀栋预计到本世纪末，将有 70% 的冰川消失，引发一场"生态灾难"。

气候变化将对青藏高原的生物资源以及经济和文化造成巨大影响。20世纪70年代以来,高原上的气温平均每10年上升0.3摄氏度, 比全球平均水平快了一倍。冰雪消融让越来越多的岩石裸露在外,被阳光烤热,因此冰川退缩的速度还将进一步加快。此外, 粉尘污染也加速了冰川的融化。深色的粉尘颗粒会吸收阳光, 致使其周围的温度上升。这一进程首先将给下游地区带来洪水, 之后便是严重的水资源紧缺。中国将青藏高原东部地区誉为"水塔", 这是国家的生命线, 是黄河、长江、澜沧江和怒江的源头所在地。中国北方的可耕地约有75%要靠来自高原的河水灌溉; 从缅甸到越南的南亚各国, 同样需要发源自青藏高原的河流滋养。中国必须为保障粮食供应做好规划; 13亿人的吃饭问题不是其他国家所能解决的。没有了这些江河, 就意味着没有食物, 电力紧缺, 成百上千万人被迫迁移, 政局也将不稳。除此之外, 哺育了南亚文明的印度河、雅鲁藏布江等许多河流也都发源于青藏高原。

　　在中国, 对水的关注并非新生事物, 只是人们时常无视有关生态保护的古训, 这是当今世界的通病。3600年前中国古人就说, 要保护河流, 首先要保护山岳。写于约1400多年前的南北朝的庚信《征调曲》中就有了"饮水思源的说法('饮其流者怀其源')"。这句话所表达的含义在今天格外发人深省: 哪怕只是一杯水, 也不应认为来得理所当然。

　　随着青藏高原的气温不断上升, 更多的变化陆续显现出来。冬季比以前暖和了, 积雪时间缩短, 与几十年前相比, 没有霜冻的日子平均增多了17天。在高原东部, 冬季降雨增多, 而夏季降雨略有减少。天气变暖, 霜冻变少, 有可能提高植物产量。

但是，气温上升，植物所含养分就会减少，而夏季土壤水分的减少也会抑制植物生长。

在 2009 年世界自然基金会中国项目编写、出版的 *Impacts of Climate Change on the Yangtze Source Region and Adjacent Areas*（《长江源区气候变化的影响》，John Farrington ed.）一书中，朱立平等人对生态影响做了很好的概述：

> 在青藏高原进行的气温、降雨量、湖泊水量及湖泊沉积物研究显示，过去的一个世纪里，气温呈明显上升趋势，降雨量的减少相对缓慢，高原地表水的蒸发速度总体而言有所增加……其后果不仅是蒸发量增加，降雨量减少，还包括为许多高原湿地供水的冰川正迅速消融，位于高原湿地下方、能够阻止地表水下渗的多年冻土层出现了大范围退化……在这四方面因素的影响下，许多渗流区、溪流、湿地、池塘及小型湖泊已经干涸，还有更多呈现出大面积干涸的趋势。高原各地普遍出现地表水资源消失的问题，这将给青藏高原上的人和野生动物带来严重后果，同时也将影响到整个地区的经济发展。

青藏高原约有一半的区域有永冻层，即永久冻结的土层，在地表以下一米至两米深处。虽然名字叫作永冻层，却并不一定永久不变：现在它正在融化。永冻层能够将水留存在地表附近，阻止水渗入地下——我们在夏季里时常陷入泥潭，对此深有体会。永冻层融化后，水渗透到地下更深处，由于地下水位下降，土壤水分流失，所有植物都将受到影响或已经开始受到影响。高山草甸将以更快的速度干枯、开裂、剥落，裸露的土壤将受到风雨侵蚀，直至彻底消失。高山草原上的针茅是家养及野生有蹄类动物钟爱的食物，它扎根很浅，到那时多半都会枯死。莎草科的青藏苔草的根系很深，在沙质土壤上生长良好，但有蹄类动物不大爱吃，它有可能将取代针茅，尤其是快速占领因放牧而退化的草场。如果目前的趋势得不到遏制，整个地区或将变成一片风沙漫天的荒漠。

高山草甸的草皮层在其所含的有机质中，积累并储存了大量的碳。土壤中的微生物利用氧气将这些碳转化为二氧化碳。草皮层被破坏后，将有大量的二氧化碳释放到大气中。同时被释放的还有甲烷气体，它的吸热量是二氧化碳的 20 倍。单是高山草甸遭破坏，就可能对气候变化起到推波助澜的作用。

不论具体形式如何，气候变化与造成草场退化的其他外力相结合，必将给所有的植物、动物以及措池村等各地居民的生计带来严重影响。藏羚羊能够坚持吗？我们听取了政府官员和各家户主的意见，发现这一地区并没有以生态知识为基础的切实有效的土地利用政策。好的政策应该建立于促进牧民、牲畜和野生动物和谐共存的知识的基础上，而现在的政策制定仅凭直觉和一时冲动的想法，最终得到的必然是意料之外的结果，而且往往是不好的结果。与当地家庭讨论糌粑价格似乎没什么意思，与生态问题根本不沾边，但是，保护工作离不开社区的支持和参与，而要在双方相互理解的基础上才能实现。

嘎玛在社区中心召集大家开会，就野生动物监测、发展旅游、气候变化和草场管理等各项议题展开讨论，交换意见。社区中心的墙上挂着红色和金色相间的锦旗，表彰各生产队完成

任务或取得其他成绩。约有 50 位牧民参加了会议，另外还有 3
名大约 10 岁的当地寺院的小喇嘛，穿着僧袍。一部分牧民戴着
传统的赤狐皮帽，身穿羊皮藏袍，其他人则是穿着时髦的夹克
衫，衣服上印着本田或其他跨国公司的标志。村长洛桑主持会
议，扎多担任主持人。扎多是非常专业的主持人，让大家时而
听得入迷，时而哈哈大笑。他不是用科学的语言传播知识，而
是用本地人熟悉的语言。我有时用英语讲一两句话，由霭黎翻
译成汉语，再由扎多翻译成藏语，常常要讲五分钟——甚至更久。
我很好奇，在村民耳中我到底说了什么。讲话结束后，大家开
始了长时间的热烈讨论，时常很多人一起开口。每一个人都积
极参与，发表意见，从中学习。会议持续了一整天。会后我送
给嘎玛 3000 元捐款，用于监测小组记录春季第一批抵达的候鸟、
第一批绽放的花，等等。依照惯例合影留念后，洛桑为我们戴
上了哈达。

　　我们由措池村向东，然后向北前往多秀村。一只赤狐蜷缩
在一块洼地里躲避刺骨寒风，睡眼朦胧地看着我们。它有一身
油亮亮的砖红色皮毛，但愿它不会变成一顶藏帽。这一带除了
赤狐，还有个头较小的藏狐，背部棕黄色，臀部灰色，长着一
张毛茸茸的脸，看上去就像一个毛绒玩具。

　　在多秀村，副村长才仁占多，一位高瘦亲切的藏族人，为
我们安排了两个房间，但没有灯也没有炉子。第二天，他带我
们四处参观。在一道河谷中，我们看到山坡高处有几只西藏盘羊，

其中两只是公羊，长着巨大卷曲的角。我们在河谷里一共看到26只盘羊，非常兴奋，这是难得一见的景象。才仁说，这种动物曾险些被猎人捕杀殆尽，在他们村的保护下，如今数量渐渐多了起来。

当天晚些时候，我们站在山梁最高处扫视一片原野。四只狼排成一列快步走着，转眼不见了。在我们的下方聚集着一群藏羚羊。它们和盘羊一样，也进入了发情期。我真希望能在这里多待一阵，继续观察，欣赏公羚羊围着异性轻盈腾跃，或是猛然间以惊人的速度相互追逐，竖起尾巴，低着头，边跑边吼。藏羚羊发情的样子让我回想起1991年，我在这个季节里曾跟它们相伴多日；当时有一件事格外令人难忘，被我记录在《西藏生灵》一书中：

> 有一次我在藏羚羊群中走着，然后坐下一动不动，假装是个没有生命的小土堆。不一会儿，动物们就无视我的存在了。一只狼正沿着远处的陡峭河岸溜达。依偎在远方山岭下的牧民帐篷也仿佛与自然景物融为一体。在我的周围，到处是雄性藏羚羊高声叫着挑战对手，互相追逐着跑进天际的炫目阳光。在我的周围，藏羚羊在枯黄的草地上起舞，沉浸在一年一度创造新生的仪式中。我坐在这幅神圣的画面中央，静静赞美这一刻转瞬即逝的美好和谐。

才仁绕过一处营地，这里有20顶白色帐篷、7辆吉普车和很多辆摩托车。一辆卡车上装满了白色的口袋，袋子上画着骷髅和交叉的骨头，他们告诉我，那是粮食——拌了毒药的。男人们聚在周围。我惊愕地了解到,这是当地居民集合起来准备灭杀鼠兔。如我在第六章中所述,这种无知的毒杀行动让我无比愤怒。不过,晚间的庆祝活动将我的阴郁心情一扫而空。这天是霭黎的三十岁生日。泽仁和尼玛不知用什么办法烤了一个可爱的巧克力蛋糕,上面用英文写着"生日快乐"。霭黎吹灭了唯一的一根蜡烛。藏族伙伴们唱起传统歌谣,泽仁跳起舞来,我们跟着他的节奏拍手。嘎玛变戏法似的拿出啤酒分给每人一罐,我们已经有一个多月没见过啤酒了。霭黎站在那里笑开了花,戴着平常那顶红帽子,身上挂着我们大家送上的哈达。

我们沿着颠簸的小路继续向东。这里有很多原羚——今天的统计数字是 809 只。一只红棕色的狼从八只原羚旁边快步走过,相距大约 150 米。羚羊们紧盯着狼,尾部的毛立起,呈扇形散开,像白色警示标一样警告远处的同类。狼无意捕猎,自顾自地轻松前行,但它的存在本身就给这块地方增添了一丝紧张气息。临近傍晚时,我们到达这一地区的行政中心曲麻河乡,这是一座只有一条街道的小镇,街边排列着政府机关和店铺。扎多的哥哥就住在这里。拴在他家院子里的六七只藏獒纷纷想扑过来,安全通过后,我们在主人热心安排的客房住下。在这样的聚居点,走在外面要非常小心,不能紧贴着墙角拐弯,不能靠近任何可能有藏獒猛扑上来的地方。第二天,其他人去拜访当地住户,我要调养我的腰,连日坐着车颠簸在荒野以及比荒野更糟的小路上,腰背部阵阵作痛——这一天我休息了。

我们在大喇叭播放的诵经声中告别了曲麻河乡。这段路向北穿过河滩和山丘,积雪覆盖的大地冰冷坚硬,狂风仿佛要把我们的车掀翻。这个地区牧民很少,没有围栏。我们在一幢房子前停下问路。四位板着脸的妇女对我们的提问爱答不理，在这个普遍热情好客的地方实属少见，几只藏獒狂吠着，绕着拴住它们的柱子乱跑。我知道几位妇女只是害怕陌生人，但仍不免觉得这次偶遇带着几分凶兆。

再往前走，我们来到一片河谷——灰色的、高低起伏的碎石和尾矿堆毫无生气，绵延几公里，金子被采走了，一个美丽的地方将就此荒废几百年。在昆仑山的山麓地带，这样的金矿有好几处。藏族牧民大都反对这样开矿，但他们没有足够的发言权。他们相信，一个人若是毁了一条河，来生就会投胎为恶鬼，赤裸而丑陋。尼玛江才在《人与生物圈》杂志的一篇文章中写道：

> 那象征风调雨顺的龙，离我们越来越远了。过多的机器开始剖开草原的胸膛。过多的人群开始扩张利益的贪欲。逐水草而居的牧人开始失去了水草，牛羊开始被渐渐消灭。
>
> 失去了神灵，人心就会寂寞；失去了血液的龙族，会疼痛、颤抖、呐喊，会不断降下灭顶之灾。
>
> 如果有一天，大地病重了，又该向谁求救呢？

开矿会扰乱整个排水区的水文状况，以致短暂的夏季生长季节里，草原得不到关键的水分滋养。有人告诉我，这些都是私人金矿，有的有海外资金支持，全部位于明令禁止开矿的国家级保护区内。

黎明时分，我帐篷边的温度计显示为零下22摄氏度。我们不太确定该怎么走，开车沿着模糊难辨的小路，大致朝着东方在山间曲折穿行。这条路不知通向哪里，有时彻底被积雪覆盖。

直到一道峡谷拦住去路，一行人原路折返。我们在雪地上看见一些小小的、圆圆的黑色鼓包，车子接近时突然就消失了。那是鼠兔躲在它们的地洞里不时探出脑袋又缩回去。我们这辆丰田越野车暖气不足，窗子都被冻住了，不过，太阳会渐渐让我们暖和起来。后来，我们在一片没有雪的原野上看到两个身影，那是一位牧民和他的妻子在照看一大群羊。两人为了抵御恐怖的大风，用衣服把自己裹得严严实实，只露出眼睛。我们问麻多乡怎么走，但他们也不知道小路通向哪里，只是笼统地指了指南方。我们又一次调头返回，开到一个湖边，岸上立着一顶帐篷。我们跟贡达、他的太太、他七岁和十岁的两个女儿打了招呼，然后在他们旁边扎下营。等我们再回来做入户调查时，贡达已换上了最好的一身衣服，通常是过节或参加活动时才穿的。他的藏袍用豹皮和水獭皮镶了边。我问他这要多少钱，他回答说6000元。一个贫穷的家庭竟会为时尚投入这么多！

我们终于找到了路。风卷起大团尘土从后方扑过来，吞没了我们。小路不时穿过断断续续的草皮，我们在车上颠簸了几个小时。经过漫长的一天，我们终于到了麻多乡。这是一片破旧冷清的房屋，垃圾和排泄物随处可见，气氛十分压抑，就连狗的叫声也显得没有底气。不过，副乡长罗松扎西热诚接待了我们，在乡政府为我们安排了一个有炉子的房间。

罗松非常关心生态保护，创建了黄河源环境保护促进会。今年这里举办了一场活动，旨在增强人们的环保意识。我问起那些被金矿毁掉的河谷。是的，他答道，挖矿现象很严重，而且使用了水银，现在藏狐的行为变得很古怪。驱车接近麻多乡时，我们注意到藏原羚和藏野驴格外胆小，看到我们的车子都是极其惊恐地跑开。罗松表示同意，这是因为有些做买卖的猎人从格尔木过来，开着卡车在山里转，猎杀野生动物。罗松还说了一件让人不开心的事——我们不能再沿着原定路线继续向东，因为黄河上的桥塌了。越野车也许能从冰面上开过去，但卡车过河恐怕不行。关于卡车在冰上行驶，我们已有深刻的教训。书记松布建议我们往东一直走到黄河源头，这段距离只有四五十公里，然后再从那里南下。我们接受了他的建议。

在郭洋村，我们见到了党委书记孜密，他现年 61 岁，看上去酷似演员彼得·奥图尔（Peter O'Toole）被晒得黝黑、穿上了藏袍。孜密答应带我们去黄河源头，我们请他谈谈这个地区的情况。他口才好，很健谈，对奚志农来说是很好的拍摄对象。孜密告诉我们，50 年代，他 7 岁时搬到这里，当时曲麻河乡和麻多乡总计有 12 万头牲畜，没有放牧纠纷。现在这里有 5 万头牲畜，人们时常为争草场打架。大片好草皮如今都变成了沙地和石头。"一百年后会不会没有牲口了？"我们无法回答他的问题。藏羚羊在这里曾经很常见。但他从 90 年代以后就再也没见过。

沼泽遍地的山坡上有一道涓涓细流，这就是滔滔黄河的源头之水。它在河谷中成为一条小溪，眼下已冻结成冰。大河源头系着风马旗，还立有两块石碑，一块是胡耀邦手书的"黄河源头"，还有一块更大的，是江泽民的题词。孜密提醒我们，这里也是传奇人物格萨尔王的故乡，这一带有格萨尔王尊封的 13 座神山。由此往北，巍然耸立在原野上的就是神山雅拉达泽。黄河是一条龙，源头的两条溪流是它的两个角。孜密继续介绍说，我们现在所在的地方也是"野牦牛之都"。过去栖息在这里的野牦牛，一群就有上千头。直至 90 年代，还能看到一两百头一群的野牦牛，但幸存的那些仍遭到大肆猎杀。现在它们都走了，全都走了。

柔克义（William Woodville Rockhill）曾在 1889 年到访此地，并将旅行见闻写入《喇嘛的国度》一书，他的一段描述印证了孜密所说的情况："这片平原周围的山丘，还有尕玛滩，望过去黑压压的满是牦牛；它们数以千计地聚在一起，由于极少被人类骚扰，我们可以骑马走到相距两百码（约 183 米）的地方，它们丝毫不会害怕。"

我们希望能在广阔牧场东部边缘的两座大湖——扎陵湖和鄂陵湖结束此次大羌塘穿越行动。但由于黄河上的桥断了，我们只能先往东南方向走，绕远路前往曲麻莱县城，再从那里向东向北，路程多出了 563 公里。汽车在一阵阵狂风中颤抖，大片的雪横扫过路面，聚积成堆。一辆抛锚的吉普车拦住了路，我们合力把它抬到了一边，继续赶路。在曲麻莱县，奚志农和他的团队跟我们分手，调头返回西边去拍藏羚羊。县城的海拔高度为 4398 米，一个多月来，除了中间去了一趟格尔木，这是我们旅行途中的最低点。羌塘已被远远抛在身后，第二天我们一整天都在赶路，穿过一道河谷，河边鼠李丛生，两侧山坡上长着纠结的刺柏，我们一直开到了治多县，扎多的家在这里。我在 1984 年来过治多，但这些年来县城发展得太快，一切看起来都很陌生。我们继续向前开，开始出现农田，公路旁也有了白杨树。州首府玉树海拔 3688 米，是一座很大的城镇，交通拥挤而嘈杂，空气污浊。（2010 年 4 月 14 日，一场地震将这里摧毁。）扎多和他在玉树的环保组织工作人员，经常到学校及周边各地作环境知识讲座，我们去参观了三江源生态保护协会的机构办公室，他们为自己取得的成绩感到十分自豪。

天空中乌云滚滚，暴风雪中，我们驱车向北 6 个小时到达玛多县。第二天，即 12 月 15 日，我们补上了此次穿越的最后一段行程，向西到达鄂陵湖，这个季节里，湖泊已变成一片寒冰。回到玛多县，我总结了 11 月 30 日离开格尔木至拉萨的公路以来我们一路观察到的野生动物。除去近几天走过的公路，在穿越适宜栖息地的 1981 公里旅程中，我总计记录了 719 只藏羚羊，1090 只藏野驴，2675 只藏原羚，46 只盘羊，还有 17 只狼，48只赤狐和藏狐，以及 1 只兔狲。鸟类统计中包含 1 只流浪的红交嘴雀，它远离平常栖息的针叶林跑到了高原上。目前这一地区仍留存有很好的野生动物资源，只是措池村残存的少量野牦牛未来堪忧。自 90 年代开始，在其栖息地以东的 241 公里区域内，藏羚羊被赶尽杀绝，但若能给予良好保护，它们还有可能回归这一地区。

我们的旅行结束了，回想一路所见，青藏高原的牧场在过去半个世纪里退化得多么严重，我的心里只有悲哀，这是糟糕的畜牧管理、无人监管的金矿采挖和无限制的狩猎共同导致的局面。相对完好的可可西里让我领略了昔日的景色，而这里的发展趋势展现了未来的黯淡前景。我们必须找到办法，更好地保护及管理土地。当然，任何生态系统都不是一成不变的，而地方文化也需要设法适应和改变。当前我们迫切需要新理念、新方法和新政策，以适应变化的生态现状及随之变化的社会和经济环境。最根本的目标应是维护生态系统的健康运转，为了没有其他谋生手段的牧民，为了除此之外一无所有的植物和动物。

简单来说，环境管理实际上是人的管理。要让野生动物与牧民相安无事，在一定程度上维持和谐的生态环境，那么，就不能对当地人忧心的问题视而不见。解决问题从来没有简单的方法，总归需要采取综合手段，而不是毒杀鼠兔那样的单一方法。让当地社区全面参与规划、实施管理，生态保护工作才有可能成功——如今这已是不言而喻的真理。事实上，只要采取应时而变的灵活方法，并给予牧民迁移的自由，针对草原展开的长期保护工作就能取得很好的成效。在其他国家，如美国、澳大利亚以及许多非洲国家，由于漠不关心、疏于管理、贪婪、科学知识不完善、缺乏合宜的管理政策等等，也曾出现草场大面积退化的问题。可以从这些国家的错误中汲取教训，充分运用一切相关知识。这在很大程度上需要科学家肩负起责任，与各省及地方官员、与社区领导合作展开行动。

正如一次入户采访时，桑杰对我们所说的那样："我们现在的最大问题，就是改变我们自己。"

玛多县附近的一面山坡上，数以百计的风马旗在风中飒飒作响。旁边有一座小小的寺院。我从拉萨带了风马旗过来。一行人爬上一个小山包，肩并肩站着，一同拉开系在绳上的一串旗子，这是友谊长存的象征。这次只有我们七个人完成了全程穿越——嘎玛、泽仁、尼玛、萨迦、扎多、霭黎和我。大家握手、拥抱，拍着伙伴的肩膀，都很高兴能平安健康地抵达终点。这是我在中国最愉快的旅行之一。

第八章

野性难驯的博物学家

　　空旷无垠的青藏高原，没有人工雕琢的野性大地，湖泊有如融化的绿松石，究竟是什么让我如此迷恋这个地方，让我一次又一次回到这里，做了几十年的野外研究？我依然说不出确切的答案。不知为什么，为保护大自然而努力的过程中，我的足迹总是"向上"——在阿拉斯加、非洲和亚洲都是一路向上，那里的山峰没入云中，那里有歌唱的风和纯净炫目的光。我一直行走在山间的云上，边走边做着我的梦。这与博物学研究并无多少关系。不过，这也不算是偏离了我的本职，因为要寻求贴近土地和各种生灵的感觉，其实在任何地方都可以。儿时的经历并没有让我对山岳或对任何一种地貌产生特殊的热爱，环境和遗传也没有对我个人的塑造产生太多直接影响。也许，我只是觉得那个与外界隔绝、弥漫着沉静气息的世界很美。

"我是天生的博物学家。"查尔斯·达尔文在他的自传中这样写道。这句直白的陈述促使我开始回想自己在博物学这条路上的成长，是什么引领我走到了今天这一步。说起我如何对大自然萌生出兴趣，我没有达尔文那样的自信。要厘清当初的动机，准确解释每一次探索背后的复杂原因，对我来说恐怕很难，甚至根本不可能。任何目标的设定都与情感、欲望和理性思考有着不可分割的联系，随着时间的推移，也可能发生微妙的改变。道家大师老子说过：

> 多言数穷
> 不如守中

小时候生活在欧洲，我曾辗转各国，长大以后作为博物学研究者，我行走了更多国家。我一直漂泊不定，内心里总有一份身为外来者的忧郁，因而或许成为精神上的流亡者，性情疏离，寡言少语。做野外工作需要坚韧的毅力，要忍受风雪的洗礼，要面对不听指挥的搬运工和汽车，还有最艰难的一点——时常要与自己所爱的人分离。个人爱好是自私的，而我的爱好让凯承受了重负。或许是因为我厌恶城市生活、人群、噪音和公众的目光，加之儿时在欧洲的清苦生活，致使我总去偏远的地方旅行，在那样的艰苦环境中，有时能活着就已觉得满足了。简而言之，我喜欢在荒无人烟的地方漫游，或是静静地坐着，看着某种动物沉浸在它的世界里，与我的世界截然不同。博物学研究的主要任务就是四处行走，用心观察。从我记事时起，这就是我很想做的事。这种愿望并未预示着将来我会从事科学工作。我从不曾积极追寻未来。但我得到了选择的机会，不论当时是基于怎样的理由做出决定，总之，我的选择引领我沿着这条路走了下来，再回过头去看看，我似乎是注定要成为一名博物学研究者。

几十年的动物研究工作塑造了我的形象，从某些方面来说，甚至取代了我这个人。人们根据我发表的文章、根据我在专业领域的各种活动对我做出评判。然而，在研究野生动物及其栖息地的过程中，保护这些研究对象渐渐成为我必须要做的一件事，确切地说，成为一种道义上的责任。于是我不再像传统的实践型科学家那样，全心全意地专注于发表满篇数据和图表的学术论文及专著，不管那有多么重要，我仍是将工作重心转向宣传生态保护的必要性。我开始问自己："我需要掌握哪些情况，才能更好地保护及管理自然栖息地上的这种动物？"就这样，我不断适应现实的改变，敞开心胸接纳新的见解，投入新的行动，留下新的回忆。我与达尔文不同，不认为自己是天生的博物学家，我似乎是偶然进化成博物学家的——并且还在继续进化。

1952 年，我因接到了第一份野外工作而正式成为博物学研究者，这工作是到阿拉斯加北部研究北极鸟类。当时我在阿拉斯加大学刚读完一年级。在那之前，我的人生并没有明确的方向。回想自己纷乱的过去，我很难从灰暗的年少时代找出有关大自然的记忆，但有时候，某个片段会冷不丁地冒出来。有一次，走在西藏的高原上，我忽然忆起我在德国，在一片黄色报春花绽放的草地上奔跑。此时我的脚下正有报春花散发出独特的甜香，唤醒了我的童年记忆。在西藏东部地区，高山草甸与小片森林交错分布的地方，栖息着很多大杜鹃。听到它们一连串的响亮啼叫声，我就会想起当年走在德国的森林里，牵着父亲的手，他反复用德语哼着一句"布谷—布谷，回荡林间"。

从 1933 年我在柏林出生到 1939 年，我们先是住在今天捷克共和国的布拉格，后来搬到波兰的卡托维兹，我父亲在那里的德国公使馆做外交官。然后，战争打乱了生活。1939 年，在距离德累斯顿不远的拉德博伊尔，我入学读书，当时我们住在父亲的父母家，一幢很舒适的房子，四周环绕着花园和果树。那年晚些时候，父亲派驻丹麦的哥本哈根，我们在那里生活了三年，其间我上学，我的弟弟克里斯出生。1942 年回到德国，我仍在拉德博伊尔附近的学校读书，但 1944 年，我被送进了寄宿学校。赫尔曼－利茨是连锁学校，大都开设在乡间的古老城堡中，我上过其中的四所。

第一所学校在埃特斯堡城堡，但我在那里的时间很短。一天学校里来了一些武装党卫队军官，给大家发巧克力，这在战时是很稀罕的东西。紧接着，学校就接到了全部撤出的命令，我们所在的地方离布痕瓦尔德集中营不远，当时大家只知道那里是一个战俘营。军方调派了一列火车，把我们全部送往另一所分校，比贝尔施泰因城堡。途中，我们走到哈雷的一条支线时，正遇上盟军空袭轰炸这座城市，大家都躲进了铁路下面的桥洞。一颗炸弹落在桥洞附近，一股飓风卷着碎石猛扑向呻吟的人群。火车逃过了一劫，虽然外观七零八落，但总算还能走，于是我们继续前行。

到了比贝尔施泰因城堡，我们之中一部分人很快被转往另一所学校，靠近哈茨山，原本是一座农庄，叫作格罗夫斯穆尔。在这里，我们在田里劳动的时间比上课的时间还要多，到各个农场为甜菜除草，挖土豆，学校可以得到农产品作为报酬。随着美国军队在德国一路向东挺进，我们奉命去挖壕沟，必要时可以进去躲避危险。一天晚上，大地忽然震动起来，爆炸声如闷雷般从远处传来。我们在壕沟里看着一团团火焰从天空划过，地平线已变成一片火海：那是撤退的德军炸毁了一座弹药库。没过几天，两辆美军轻型装甲车满载着野战部队开进了学校院子里。校长命令所有学生躺在床上不要动。风尘仆仆、满脸胡子的士兵一张床一张床地走过去，用枪指着我们，仔细查看每个人的脸，防止有德国军人混在我们当中。几天后，学校里涌进来一大批塞尔维亚人及其他东欧人，都是刚从一个德国劳工营被放出来的。我们又一次躲到了床上，学校里的食品、衣物被掠劫一空，甚至连猫也被抢走了。这些人各自抱着满怀的东西，一窝蜂地离开了。

　　我已有几个月没有家人的音讯，不知道他们情况如何。一天，我看见一个壮实的人独自沿着小路往学校这边走，背着一个背囊。父亲来找我了。

　　为躲避东边来的苏联军队，很多德国人都在往西逃，我们一家最终也选择了西行。父亲被派到别处工作，而我还在寄宿学校的时候，母亲带着克里斯去德累斯顿拜访一位朋友。那天是 1945 年 2 月 13 日。英国空军的两场空袭以及第二天美军的一番轰炸，将那座美丽的城市夷为平地，据估计有 135000 人在轰炸及伴随而来的大火中丧生（超过广岛的死亡人数）。防空警报响起时，母亲和三岁的克里斯躲进了一间地窖。后来母亲讲述了当时的经历并录了音，那天晚上 10 点刚过：

> 我们被一声沉闷的巨响吓了一大跳。墙在晃，煤灰从烟囱底下喷出来。爆炸声很响，离得很近。整幢楼好像在来回摆动，接着传来什么东西裂开的声音。空气中弥漫着灰尘，呼吸很困难……地窖的门被炸飞了……眼前是怎样一幅情景！我们这幢五层高的楼房已经不存在了……大多数房屋都塌了。到处牵拉着通电的电线。我们听到一些地下室里隐隐传出哭喊求救的声音。

母亲和克里斯在废墟中走了一夜，逃到了郊外的另一个朋友家。

我们家随后搬到了法兰克福附近，美国控制区内一个叫作巴特奥尔布的度假小镇，在那里租了一个房间。战争结束后，城市里食物极度紧缺。我的美国外祖父弗兰克·比尔斯，芝加哥一所学校的退休学监，给我们寄来了爱心救助包裹。我们因此收到了肥皂、香烟之类的奢侈物资。我从寄宿学校回家后，有时和父亲拿这些东西去农家换取面包。美国军队驻扎在附近的一间旅馆。我时常守在后门口的垃圾桶边，拿着一个大铁皮罐。如果有士兵出来扔掉吃不完的食物，我就抢救出里面的煎饼、面包片和零碎的煎蛋卷等等，带回家去全家人吃。

父亲想去德累斯顿旁边看望他的父母，顺便拿些他的物品回来卖掉或换取食物，那边现在是苏联占领区，他让我跟他一起去。往东走很容易，但是 1945 年 11 月 13 日那天，我们要从苏占区回来时，那段路让我终生难忘。四年后，我在美国上高中，老师让我们写一篇简单的自传。我清晰地记得那次经历，于是把它写进了作文里：

> 我们在德累斯顿上了火车，那趟车西行开往莱比锡，车厢窗子都已不见，顶棚也破烂不堪。快要驶出德累斯顿地界时，我们经过了轰炸中受创最重的城区，现在这里只剩下极少数人住在破旧的地下室里，或是用木板和箱子搭一间小屋。我们要从莱比锡转车去爱尔福特，但是看样子根本挤不上停在那里的火车。车顶上躺着人，车头上坐着人，踏板上也站满了人。不过我知道一个没有窗户的小角落，通常位于最后一节车厢，是用来安置狗的。我进去之后，父亲在我身后关上了门，我陷入了伸手不见五指的黑暗。（当时里面没有狗。）火车摇摇晃晃地开了几个小时，偶尔停一阵，我想，不知父亲怎么样了，甚至不知道他是否在车上。最后，有人打开了门。这一路父亲一直躺在我上方的车顶上，在大约零下17摄氏度的气温里，裹着一条毯子。
>
> 两个当地人答应带我们去边境，翻过一道很高的山，穿过3公里的中立地带，进入美国占领区，两人还帮我们分担了一部分沉重的行李。这时大雨倾盆。烂泥很深，一道道水流顺着山坡冲下来。爬到山顶，我们蜷缩在灌木丛后面，等着下一班巡逻兵走过去。守卫边界的是脱队的德国兵，受雇于苏联人，他们恶名远扬，抓到人就会把所有财物都抢走。终于，三个巡逻兵走了过去，我们急忙跑进3公里的中立地带。大约走到半途，两个帮忙的人决定跟我们分手。前方的一片灯光就是位于美占区的松德斯豪森。我和父亲带着箱子，

连拉带推，一步一步地穿过一片农田，来到公路上。我们两次跳进沟里躲避苏联的巡逻车。前面的最后一道障碍是横跨河上的一座桥，有苏联士兵守卫。

父亲先下水，把一个箱子顶在头上。我跟着下去，河水才到我的腋下，但走着走着，我一脚踩进一个泥坑。此时水已没到我的鼻子下面，两脚在泥里越陷越深，我几乎拿不住箱子。我压低声音呼唤父亲，生怕卫兵听见……

这样的战时经历或许与后来的博物学工作没有什么关系，但可能正是因为这种影响，我能够适应并承受野外的种种艰苦。

不久，我从巴特奥尔布被送到布亨诺城堡寄宿学校。住在城堡里听起来很浪漫，但让我记忆最深刻的，是冬天没有暖气的房间里石头墙壁上结的霜，还有户外的厕所，只是一个敞开的坑上面架了一根横杆。和在格罗夫斯穆尔的时候一样，我们也要到农田里劳动，尤其是种植芜菁的农田，我们时常早饭吃芜菁泥，午饭吃煎芜菁，晚饭吃芜菁汤。后来，我再也没有碰过那种根茎菜。我们的老师大都水平有限，都是战争的幸存者：一位惊魂未定的空军军官；一位年迈的、讲课艰涩难懂的数学教授；一位本地的天主教神父负责教历史课，根据大家去教堂的次数评成绩，对此我反抗过；还有一位体育老师，他的头骨缺了一块，但仍坚持和我们一起踢足球，不顾乱飞的球可能击中裸露的大脑。

但是在布亨诺，在十三岁这年，我第一次对大自然本身有了认识，第一次体验到了随之而来的喜悦和满足感。我的一位朋友是护林员的儿子，我们在附近的林子里找乌鸦和秃鹰的窝，搜寻静静栖在高处树枝上的长耳鸮。我开始搜集鸟蛋，小心地从鸟窝里拿出一个新鲜的蛋，用一根针在两端扎出小孔，再用力吹出里面的东西。很快，金翅、乌鸫、槲鸫、欧斑鸠、椋鸟等各种鸟的蛋，陆续被收进了一个盒子，用棉絮护住。

我还跟另一位朋友到学校旁边一条清澈湍急的小河里抓鳟鱼。我们在水里慢慢往前走，伸手在陡岸下面的凹洞里摸索，直至碰到里面一条鳟鱼的光滑身体。接着，我们很慢很轻地移动手指，顺着鳟鱼的肚子往上摸，几乎不碰到它，最后一把抓住它的鳃。我们把鱼穿在一根木棍上，放在火上烤熟，尽情享受狩猎的果实。

我的母亲想带着我和克里斯回美国，父亲打算稍后再去。在一个难民收容所度过几天之后，1947 年 9 月 10 日，我们登上了运兵船"厄尼·派尔"号，于 9 月 21 日抵达纽约，被扣押在埃利斯岛。外祖父比尔斯来把我们接了出去。我和克里斯作为敌国侨民踏上了这片土地。外祖父给了我 25 美分，我买了一罐菠萝。

母亲、克里斯和我搬到了圣路易斯近郊的韦伯斯特格罗夫斯，借住在舅公塔尔科特和他的妻子保拉家。两人当时都是五十多岁，为一个十几岁少年、一个五岁男孩以及他们的母亲提供了一个栖身之处，对此我一辈子心怀感激。我的母亲是一位优秀的艺术家，不久便带着克里斯去纽约投靠她的妈妈，之后成为布料设计师。（我的父亲留在了德国，后来两人分手，各自重新组建了家庭；克里斯在加利福尼亚成为一名律师。）

我一直住在舅公家，抵达韦伯斯特格罗夫斯后立即进入高中就读。从舅婆保拉的叙述来看，我是一个不讨人喜欢的少年。比如1950年，她曾写信给我的母亲，讲述了我如何对待异常宽容的茉莉娅·黑利太太，这是一位忠诚的管家，全心全意地照料家中的一切，包括我："他年纪还小，仍不能跟黑利太太好好相处。他喜欢戏弄她，折磨她，有时跟她讲话的态度非常蛮横……不能随意吩咐乔治做事，如果让他去做一件他不感兴趣的事，他会表现得很差劲。"但是过了没多久，舅婆保拉似乎看到了一点希望："他好像长大了一点。他在学着更加平和地与别人相处。"尽管如此，黑利太太仍总是说："他是个好孩子。"不愉快的战时经历以及由此留下的阴影，我们这个家庭的分崩离析，还有突然被抛入另一种文化环境的紧张感，或许是这些让我变得躁动不安。但母亲也说过，其实我在生命之初就显露出暴躁的性情。我出生后不久，母亲第一次见到我之后给一位友人写信说："看到了乔治·比尔斯·夏勒那张怒气冲冲的脸……这孩子身体健壮（体重4公斤，身长53厘米），性格极度别扭。"

上高中时，我成绩平平，主要原因是我对大多数课程没兴趣。一项资质测试的结果显示，我不是上大学的材料，但有可能成为出色的机械师。不过，我仍保持着在德国培养起来的爱好，喜欢徜徉在户外天地，在学校结识的朋友吉姆·路透和我一起到林子里找石龙子、牛奶蛇、环颈蛇之类的爬行动物，我们各自有一个专门的饲养箱。舅公塔尔科特夫妇有两个儿子，比尔和埃德。哥哥埃德对我此后一生有着决定性影响，在我上高中的那几年里，埃德带我领略了大自然。他在阿拉斯加大学读采矿工程，在安大略的雷尼湖上拥有一座松树覆盖的小岛，离国际瀑布城的美国边境不远。1949年，在伐木工朋友杰克·基欧的帮助下，他在岛上建了一幢木屋，砍树、剥树皮、开槽口全靠自己完成。我也应邀去帮忙，但更重要的是，我还在那里划船，用我的箱式照相机拍到了豪猪和大蓝鹭，在夜里听到了狼的嚎叫。

次年夏天，在我升入高中最后一年之前，埃德开着卡车带着他的父亲、杰克·基欧、林赛老头（一位朋友）和我，沿阿拉斯加公路北上，前往育空地区的怀特霍斯。林赛老头曾在大萨蒙河上淘金，宣称他知道"白色地带"——即主矿脉的确切位置。对于我们，这只是一次单纯的户外探险；对于年逾八十、眼睛已接近失明的林赛老头，这却是重返青春的怀旧之旅。在怀特霍斯，埃德买了一艘特大号划艇，加上一台舷外马达，我们由育空河顺流而下，经过拉贝日湖，进入大萨蒙河。这里水流湍急，即使马达全速运转，我们仍是无法前进。埃德、杰克和我蹚着冰冷的水，连拉带拽地把船往上游拖。我们在碎石滩上扎营，避开大群的蚊子，用漂流木生火烤干衣服。林赛老头用朦胧的眼睛看着模糊的山岭，已认不出任何景物。我尽情品味每一天自由自在的生活。转眼到了返家的时候，我们顺流漂到育空河，在那里搭上了一艘蒸汽轮船——为偏远居民点运送日常物资的"阿克萨拉"号。我们把划艇和装备全部搬上船，回到了怀特豪斯。

随后，我们沿阿拉斯加公路继续北上到达费尔班克斯。阿拉斯加大学就坐落在城郊，当时还只是山坡上的一小片建筑物，面对开阔的平原，远眺北美洲的第一高峰迪纳利峰，云杉、大齿杨、桦树混杂的森林朝着各个方向伸展，我深深爱上了这种广袤空旷的感觉。回到韦伯斯特格罗夫斯，我接受了埃德的建议，向阿拉斯加大学提交了入学申请。我高中毕业在即，正是被征召入伍的年纪，因此上大学又多了一项好处：暂缓服役。舅婆保拉在写给我母亲的信中说得很对："一想到征召，我的脊背就一阵发凉。"亲眼目睹过战争，我对枪和炸弹极度厌恶——现在依然如此。

完成最后一年的高中学业，我在埃德的朋友杰克·戈森那里找了一份暑期工作，加入美国地质勘测局的队伍，在南达科他州的巴德兰兹地区做勘测工作。但没多久政府就把我开除了，因为这时我还是敌国侨民。（我在1957年成为美国公民。）我随即到本地的职业介绍所询问，成了农场的临时工，帮忙收割小麦。

递交申请之后，我一直没接到阿拉斯加大学的回复，但我仍是把自己的全部家当塞进一个行李袋，在9月搭乘飞机来到费尔班克斯。学校没有收到我的申请。不过，那个年代还很宽松，学校让我交了60美元的州外学生注册费，我就被录取为一年级新生了。我似乎是下意识地做出决定，选修了几门动物学和人类学课程。

阿拉斯加大学为我开启了一个全新的世界，引领我步入人生的全新阶段，让我认识到后来作为博物学研究者的天命。我的头脑突然间燃烧起来。我喜欢上课，有生以来第一次得到好成绩，为此还拿到了一小笔奖学金。年轻的生物学教授及鸟类学家布丽娜·克塞尔满腔激情，成了我的良师益友。我发现了各种科学杂志。瑞士动物学家鲁道夫·申克尔在一篇文章中阐述了狼的行为，让我觉得格外生动有趣，也许是因为我在表兄埃德的岛上听到过它们的悲凉叫声。学校的行政主楼里有一个名为野生动物协作研究会的组织，戴维·克莱因（David Klein）和卡尔·伦辛克（Cal Lensink）等一批研究生聚集在这里，讨论各自研究的石山羊、貂、茴鱼等等课题。他们让我认识到实际的研究工作包含哪些内容，也让我学到了书本中没有的知识。我主动帮忙做事，比如清理麝鼠的头骨，剥狼皮，这些狼是食肉动物管控举措的牺牲品，因为吞下了毒杀它们用的氰化物，舌头变成了黄绿色。研究生为这种管控项目展开辩论，我在一旁认真倾听。整个行政楼里飘荡着煮头骨和腐烂的狼内脏的气味，野生动物研究因而引来了不少关注。

布丽娜·克塞尔（Brina Kessel）得到一笔研究经费，在1952年夏季研究阿拉斯加北极斜坡地区的鸟类。她无法亲自前去，便将野外考察任务交给了汤姆·凯德（Tom Cade），一位研究鹰隼的专家，而汤姆需要一名助手。布丽娜先询问了两个比我年长的候选人，两人都婉言谢绝，然后她来找我，我毫不犹豫地答应了。6月初，一架水上飞机把汤姆和我送到一个小湖上，不远处就是科尔维尔河的源头，这条河全长547公里，向北流入北冰洋。我们各自划着一艘可折叠式划艇，开始沿着河往下游走，中途停下大都是为了记录鸟类。有些鸟，例如蓝喉歌鸲，是从亚洲飞过来的夏季访客。毛脚鵟、矛隼、游隼以及渡鸦，还有出乎我意料的加拿大雁，都在陡峭的河岸上筑巢。我们制作鸟类名录，记录鸟巢中的鸟蛋及幼雏数量，还要射杀几只为阿拉斯加大学博物馆做标本。每天傍晚，我们扎营，处理死鸟，在它们肚子里填上棉花。汤姆从鸟巢里抓来一只年幼的矛隼和两只游隼，打算训练它们捕猎，我选了一只渡鸦当作伙伴。我们继续往下游走，把宠物鸟安置在各自的船头。我们偶尔会捡到被水冲刷出来的小块猛犸长牙，还看到了成群的北美驯鹿，在河边发现了棕熊的脚印。在这里，白冠麻雀和铁爪鹀在午夜阳光下歌唱，我的心与这片渺无人迹的广阔天地紧紧相连。

我们路过了乌米阿特（Umiat）的石油勘探营地，完全没想到这片不起眼的开发区仅用四分之一个世纪，就发展成了向四周无序蔓延的工业区，永远地摧毁了北坡地区的生态系统。渐渐接近科尔维尔河三角洲时，我们陆续发现了小天鹅、黑喉潜鸟、翻石鹬等更多鸟类，全程总计记录了 62 种。地形越来越平坦，让人很难准确判断距离，由于光的折射，一些小东西看上去显得很大。我们远远望见前方矗立着一座塔。

"那是什么？"我问汤姆。

"不知道，"汤姆答道，"我不知道这一带还有塔。"

十分钟后，我们来到这座塔跟前——原来是一个油桶。海面的雾涌上三角洲，我们看不见前方的情况，于是在河里的一片沙洲上扎营。早上起来，发现一道亮闪闪的海冰拦在眼前：我们竟是停在了陆地的尽头，再往前走，就是无边的北冰洋了。

我渴望再度像这样感受阿拉斯加的荒野，第二年夏天，我接下美国鱼类及野生动物管理局的任务，在安克雷奇北面研究奈尔奇纳驯鹿种群。我在山间徒步追踪驯鹿，记录它们的觅食习惯和日常活动。1954 年夏天，我在阿拉斯加半岛的卡特迈国家历史遗迹（Katmai National Monument）管理处工作，担任生物学家维克托·卡哈兰（Victor Cahalane）的助手。我们在那里做野生动物调查，遇见了很多体型庞大的棕熊，在1912年卡特迈火山那场灾难性喷发形成的万烟谷中，我们研究了逐步占领山谷的新生植被。

那时的阿拉斯加大学只有大约350名学生，各门课的人都不多，而且会在不少课上见到熟面孔。1952年的秋季学期，我在几门课上都能见到一位新来的女生。她一头金发，身材窈窕，穿着时尚，充满活力。凯·苏珊·摩根来自安克雷奇，是"外面"来的转学生，在阿拉斯加，美国其他地方都被归为"外面"（阿拉斯加在当时还是地区，尚未成为州）。凯是人类学专业的学生，比我高一年级。我们偶尔一起在食堂吃饭，打乒乓球或玩马蹄铁套圈，我还带她去野生动物实验室，哄着她帮忙清理头骨。她第一次留意我，是因为看见我挥着胳臂朝天上大喊，直到一只渡鸦——我从科尔维尔河带回的那只放养的宠物——飞速俯冲下来，吃了一点食物。我觉得凯很迷人。

布丽娜鼓励我继续读研究生。她拥有博士学位，导师约翰·埃姆伦（John Emlen）是威斯康星大学动物学系的鸟类学家，她建议我也申请那所学校。于是我在1955年年中搬到了麦迪逊，全身心地投入学业。

在研究生院的第一年结束后，我在夏季还是回到了阿拉斯加。荒野保护协会主席、知名博物学家奥劳斯·穆里（Olaus Murie）和他的妻子玛格丽特（玛蒂），计划在阿拉斯加北部做一次生物调查，覆盖布鲁克斯岭直至北冰洋的广阔荒野，我自告奋勇担任野外助理。同行的还有布丽娜·克塞尔，以及研究生鲍勃·克里尔（Bob Krear）。此次考察由纽约动物学会（即今天的国际野生生物保护学会）资助，这是我第一次与这个组织接触，后来的五十多年里，它一直是我在科学领域的家。奥劳斯决定以布鲁克斯岭南坡的欣杰克河谷为大本营，对这一地区的自然历史展开研究。我们共发现了85种鸟，收集到138种开花植物，还有许多蜘蛛和昆虫，夜晚大家总是围坐在篝火边，兴奋地讲述各自看到的迁徙驼鹿和棕熊。奥劳斯查看狼的粪便时，找出里面的美洲黄鼠毛和驼鹿毛给我看。"天哪，这太棒了。"他说。看到他年近七十依然保持着这样的热情，始终从细微之处深入观察大自然，我由衷感到敬佩。

我们在欣杰克河谷及周边地带的工作目标是搜集相关信息，最终实现区域保护，保护美国最后的这片广袤荒野。奥劳斯和玛蒂强调，生态保护离不开科学，但同时必须认识到，保护自然世界也是一个道德问题。我们必须将一个地区"宝贵的无形价值"纳入考虑，例如在绵延至天际的群山之间，除野羊、驯鹿、棕熊踩踏出的小径之外别无道路的地方，置身其中的感受即是无形的价值。从那时到今天，穆里夫妇的教诲一直在指引我前进。

离开欣杰克河谷后，奥劳斯等人发起了一场保护这片荒野的运动。1960年12月6日，这里被划定为北极野生动物栖息地（Arctic National Wildlife Range），面积为36260平方公里。1980年，卡特总统将这一区域扩大了一倍有余，覆盖80290平方公里，并重新命名为北极国家野生动物保护区（Arctic National Wildlife Refuge）。最初的胜利让我们欢呼雀跃。那时我天真地认为，只要保护区建起来了，就不必担心开发的问题了。我完全没想到，宁静而偏远的北极保护区将成为一场环保大战的焦点，力争阻止石油公司在生物核心区钻井，半个世纪过去了，战斗仍在继续。

这件事让我明白，那些强盗势力绝不会放过任何摧毁自然的机会，而我们必须以永远的警惕心和责任感，保护一个国家的自然宝藏，为后世子孙留下几片荒野。

秋天回到威斯康星大学，被学生们称为"博士"的约翰·埃姆伦拿到一笔资金，用以研究鸟类恐惧心理的形成。他交给我这项任务，要求以严谨的科学态度展开深入研究，争取由此拿到博士学位。于是我开始喂养刚出壳的小鸡、小鸭，把它们单独放在一个个盒子里，提供光照、食物和水，观察记录它们在生命最初的一两周里，见到某种缓慢接近的物体——例如长方形纸板或橡皮猫头鹰时的逃离反应。出生后 10 小时，它们开始有躲避的动作，然后反应逐渐增强，直至出生后约 100 小时。我还测试了普通拟八哥的雏鸟，看它们从什么时候开始看到陌生物体会缩起身子，结果发现这种反应出现在它们出生约 9 天，即睁开眼睛 3 天之后。没过多久，我就有了一大群需要照料的动物，满满一屋子的小鸡、小鸭，两只嘎嘎乱叫的大蓝鹭，还有一只叽叽喳喳的大雕鸮。这是一项很有趣的工作，也让我对定量研究有了深入了解，但我很快发现，实验室工作并不适合我。

我在阿拉斯加大学结识的朋友凯·摩根打算去哥本哈根，希望能在那里的博物馆找到一份与人类学相关的工作，我说服她离开前先来到麦迪逊来，她答应在这里暂住。1957 年 8 月 26 日，我们在明尼苏达的埃德家中结婚，之后到雷尼湖划独木舟。从此凯占据了我心中最重要的位置，后来又多了我们的儿子埃里克和马克。有生以来第一次，我的身边有了一个与我兴趣相投的人，能一同分享感受、分担忧虑，有了一个不离不弃的伙伴，与我携手打造未来。

一天我到"博士"的办公室去问一个问题,他往椅子里一靠,半开玩笑似地说:"你想不想去研究大猩猩?"

　　"当然。"我脱口而出。这一次,还有后来很多次,我都是没有细想就抓住了机会。这种时刻有愿望、有冲动就足够了,需要理由的话总归往后可以找到。我的"恐吓小鸡"项目(我私下这样认为)就这样突然结束,被观察大猩猩取代了。我当时就知道,我的人生将由此进入一个全新阶段。

　　1959 年 2 月 1 日,博士和我携家眷启程前往非洲,去研究山地大猩猩,这种动物以生性好战而闻名,已有几位科学家告诫我们,这项任务恐怕很难成功。与三年前的阿拉斯加项目一样,这次也是由纽约动物学会出资。我们首先走访了大猩猩的各处栖息地,包括今天的卢旺达、乌干达和刚果(当时还是比属刚果),了解分布情况及生态环境,这种奇妙动物的栖息地从炎热的赤道森林(海拔仅 457 米左右),一直上升至海拔 3962 米的寒冷高山。埃姆伦夫妇 7 月返回麦迪逊,我和凯留下来继续深入研究山地大猩猩。我们将大本营设在刚果艾伯特国家公园,即今天维龙加国家公园内的维龙加火山群。55 位脚夫将五个月的补给及各种设备运送到休眠火山卡里辛比和米肯诺中间的地带。这里有一小片草原,四周环绕着大猩猩栖息的森林,海拔 3048 米的草原边缘有一座小屋,由粗糙的木板搭建而成。我们在这里生活了一年。

　　起初我试着悄无声息地爬到近处观察,避免被大猩猩发现。

正如我在《与大猩猩共度的一年》（1964年）中所述，我多少有一点收获："一只雌性大猩猩从草木丛中冒出来，慢慢地爬到一个树桩上，嘴角叼着一根野芹，像叼着雪茄似的。它坐下来，两手抓住野芹，咬掉外面那层粗硬的皮，只留下中间多汁的部分吃掉……"

即便是这样单调的观察工作也让我觉得新鲜而振奋，记录这些动物平静的日常活动，这是从来没有人做过的事。不过，我希望能有更亲密的接触——我想跟它们建立友好关系。于是我不再躲藏，而是爬上一根低处的树杈，让大猩猩能清清楚楚地看到我。它们的反应似乎是好奇多过害怕："它们聚在一片灌木丛后面，三只雌性抱着幼儿，还有两只少年猩猩爬到一棵树上，想要看得更清楚些……这一群中唯一的黑背大猩猩朱尼尔从灌木丛后面走了出来，一直走到离我的树不三米的地方。"

我在木屋周围共发现了10个大猩猩群，成员数量从8只到27只不等，总计有169只大猩猩。每个群体的首领都是一只成年雄性"银背大猩猩"。这些大猩猩的相貌各有特点，我能认出每一只，叫出它们的名字。大猩猩成了我们的邻居、我们的家人，它们有油亮的蓝黑皮毛，和善的棕色眼睛，看上去很美。凯和我时常闲聊说起它们，"补丁太太跟黑顶太太吵了一架"，"野姑娘简第一次让宝宝骑在它的背上"，"疤眼先生那只眼睛的伤势好像恶化了"……

近距离接触多日后，有些大猩猩群对我非常宽容，我可以白天黑夜一直跟它们待在一起。一天晚上，我决定睡在大块头老爹那一家子附近。临近黄昏时，我静静地在老爹旁边安顿下来，看着它拉过一棵灌木的枝条，塞到自己脚下。接着它慢慢地原地转着圈，把伸手能够到的枝子都拉过来，围着自己搭了一个窝。它随即躺下，四肢缩在身下，银色的后背朝着天空。5点半，大块头老爹睡着了，这一群中另外23只大猩猩也都睡了。我轻手轻脚地在地上铺了一块防水布，在上面打开我的睡袋。沉入梦乡时，我听到大猩猩的肚子在咕噜咕噜叫，离这些猿类这么近，我一点也不担心。我以前也曾在大猩猩身边过夜，一向被它们当作是群体外围一只无害的生物。一觉睡到早上7点，太阳已从远处的山背后升上来，才有两只雌性大猩猩起来，慢悠悠地闲逛，而大块头老爹又睡了一阵才起床。

此前从未有人像我现在这样，深入探究人类的近亲大猩猩的私密生活。我对它们的一切都很感兴趣，包括它们的日常活动，觅食习惯，群体中的交流互动，它们的活动范围——我想从方方面面了解它们在这片云雾山林里的生活。当然，我很好奇它们的社会与人类社会有什么相似之处。但除此之外，我知道我们必须去了解这种稀有而美丽的类人猿，只有了解了大猩猩的需求，才能保护它们和它们的家园。与大猩猩共度的几个月恬静安逸，同时也为科学和保护工作贡献了一点新知。

然而好景不长，我们的田园生活被彻底打破。比利时宣布，刚果将于1960年6月30日独立，重获自由。我担心局势动荡，便带着凯去了乌干达。不久，刚果军队发动叛乱，比利时人逃走，国家陷入混乱。我曾回去探望我的大猩猩朋友们，帮助公园的比利时生物学家雅克·韦尔舒伦（Jacques Verschuren）安抚刚果工作人员。但我知道，这个研究项目结束了。

我和凯在沙捞越短暂停留，观赏红毛猩猩，之后便回到了麦迪逊。我写了一本介绍的书：《山地大猩猩》（1963年）。有些科学家指责我给大猩猩取名字，把它们比拟作人，但今天这种做法已经很普遍。我的研究显示，这种备受非议的类人猿其实是温柔的大块头。另外，我在这次工作中发现，博物学家若是去研究一种具有象征意义的大型动物，一种能够触动强烈情感、具备某种魅力（"charismatic"这个美丽的词语在希腊语中的原意为"优雅的礼物"）的动物，就有可能引起科学界和广大公众的关注。这不仅能赋予研究项目更重要的意义，还能将一种动物的生活真实呈现在世人面前，由此促进保护工作。我还认识到自己很喜欢在偏远地区研究神秘的大型动物，我希望能努力发现新知，能去了解鲜为人知的动物，破解有关它们生活习性的谜团。每一个人都有两种未来：内心愿望决定的未来以及命运决定的未来。在研究大猩猩的过程中，我的两种未来合而为一，让我确定了内心所愿，同时也决定了我的未来。关于我如何走上博物学研究的道路，至此应该算是讲完了。不过，作为一名博物学研究者，我的故事还没有完结。每一个项目都会带来新的挑战，督促我去研究一种动物，去想办法保护它。我一直在努力适应并改变自我。

大猩猩项目结束后，我一心只想到野外去研究动物，别的什么也不想做——不想教书，不想搞行政，不想做实验室工作。最初的一种消遣和爱好，变成了我生命中不可分割的一部分。几十年里，我无比幸运，不断遇上激动人心的研究项目，以至于根本无暇拓展领域，去尝试其他工作。我满足于一路上取得小小的成就，例如对某种动物有了新的认识，帮忙促成了保护区的建立，以及激励年轻的生物学研究者全心投入生态保护。何况，我并不擅长创造性思考。

我在刚果陷入混乱时抛下了山地大猩猩，对它们总有一份愧疚。但在那之后不久，其他研究者，包括戴安·福茜（Dian Fossey），开始潜心研究这些类人猿，持续至今已有半个多世纪，为我们带来了无法计量的新知识，并且在地方暴动、战争及其他骚乱中，仍旧为这片栖息地提供了保护。一种动物一旦进驻我的心里，我很难不去牵挂它。我会关注它的最新消息，有机会的时候，还会回去看看它是否安好。我知道近年来，观赏大猩猩的旅游项目正在维龙加山中兴旺发展，这要感谢国际野生生物保护学会的埃米·维德和比尔·韦伯（Amy Vedder and Bill Weber）的努力，这是他们发起的项目。凯和我在 1991 年重返卢旺达，再度沿着泥泞的小路登上了那片山地；后来我又回去过两次，分别是 2001 年及 2009 年，后者即我们的研究项目 50 周年纪念时。卢旺达对大猩猩的关爱给我留下了深刻的印象。尽管民生负担异常沉重，这个国家仍是建立了堪称典范的大猩猩保护及监控项目。他们对游客实行严格管理，并用旅游业的收益为当地社区提供教育和医疗服务。这里的导游很了不起，能叫出每一只大猩猩的名字，而反盗猎队伍更是在冒着生命危险保护大猩猩。当年我们离开后，大猩猩数量一度因盗猎而减少了一半，但现在，种群规模已恢复到过去的水平，约有 450 只到 500 只。这是一个模范项目，野生虎、藏羚羊及其他动物的保护工作都应以此为借鉴。

凯和我决定先要小孩，然后再开始下一个海外研究项目。

埃里克在1961年7月出生,马克生于1962年11月。1963年9月,我们举家迁往印度。以巴尔的摩及加尔各答为据点的约翰·霍普金斯医学研究及培训中心,邀请我加入他们的生态研究团队,专门研究可能成为宿主的有蹄类动物,炭疽病、布氏杆菌病和蜱媒传染病都有可能通过它们传播,危及野生动物、牲畜和人类。我四处寻找合适的研究地点,最后选定了位于印度中部偏僻地带的坎哈国家公园。这里有十种鹿、印度羚和印度野牛——此外,还有野生虎。

老虎有着恐怖的尖牙利爪,实在令人畏惧,所以当时做研究必定要有猎枪在手护卫。萧伯纳曾说:"人要杀老虎时,称之为娱乐;老虎要杀人时,则被归为凶残。"我想要了解老虎的真实面目,它在自己的丛林王国里,捕食哪里的有蹄类动物,而哪些动物又影响着它们啃食的植物。我计划做一项广泛的生态研究,将放养在公园里的牲畜以及居住在公园里的村民造成的影响全部纳入考虑。这种研究方法超越了此前相对狭隘的大猩猩研究,作为博物学研究者,我将能够更好地辨识自然界的运转模式。老虎拥有耀眼的美丽外表、轻盈的优雅姿态以及强悍的力量,是地球上最为神奇的生命形态之一。后来我认识到,虎需要宽敞的空间和充足的猎物——平均一周一只中等个头的鹿。如果能为这种大型食肉动物提供它所需要的空间,那么,这一区域内的数千种植物及其他动物都将随之得到保护。

我们搬进一幢小平房,离城近80公里,这里有一个拜加人聚居的村庄。离我们最近的邻居是国家公园的一名管理员,带着两个年幼的男孩,生活很不轻松。当地食物匮乏,房子里没有电、没有水。4月至6月的炎热季节里,每天的气温都在38

摄氏度以上。但在这个季节，成群的花鹿披着雅致的斑点外衣，还有印度野牛排着队从森林里走出来，到我家旁边一大片草地上的水塘饮水。老虎也会过来。有时我们一起坐上一头大象去观赏动物，但更多的时候是开着我们的路虎车，沿着小土路搜寻老虎的踪迹。和研究大猩猩时一样，我希望能一一认识这些老虎。我很快发现，它们脸上、特别是眼睛上方的斑纹各不相同。不久我就认识了常住在附近的老虎们，包括一只成年公虎，一只带着四个幼仔的母虎，另外两只母虎，还有大约六七只老虎会偶尔从这里经过。

来这里才一周，本地的一个拜加人就告诉我，有一只老虎咬死了一头牛，把尸体拖到灌木丛里去了。我小心翼翼地循着落叶上的拖拽痕迹找过去，一阵深沉绵长的低吼表明它不欢迎闯入者。于是我在旁边的一个水塘边等了几个小时，直到孔雀的沙哑叫声宣告黄昏的降临。突然，一只母虎出现在 30 米开外，到水边俯身喝水。它瞪了我一眼，龇牙表示警告，接着喝水，之后悠闲地迈着步子回去找它的猎物了。19 世纪的日本诗人正冈子规曾写道：

虫之鸣
人之语
闻者皆不同

我意识到，虽然我们能听懂的语言不同，但我可以解读老虎的肢体信号，而且就像在大猩猩身边那样，我可以有很多时间慢慢研究这种大猫。

夜晚是属于老虎的时间。"破耳"是一只母虎，有一只耳朵被扯裂了，它在一道山沟里杀死了一头印度野牛。它是一只漂亮的老虎——我真应该给它取名叫桑达丽，那是印地语中"美丽"的意思——带着四只个子挺大的虎仔。我爬到附近一棵树较低的树杈上。几只兀鹫栖在我周围，抖搂着羽毛，也在野牛旁边守着，只不过目的与我不同。母虎和虎仔们已经吃得很饱，一直睡到天黑下来，才起身在细细的弯月下开始用餐。"破耳"吼了一声，很柔和的一声啊呜，从很远的地方传来了回应：啊呜，啊呜——"我在这里。"我很不舒服地在树上坐了一整夜。早上8点，公虎出现了，安详地与家人重聚，几只小老虎在它身边蹭着，向它问好。公虎只待了一小会儿，没有吃饭就去巡视它的领地了，孤身行动，但并不孤僻。这一带的老虎彼此都认识，而且相互保持着联系，这对我来说是很难忘的一项认知。若不是逐个认识了这些老虎，在它们身边过夜，我恐怕永远不会发现这一点。

　　当然，我同时也在搜集科研项目通常所需的各种琐碎信息。为了完成医学方面的研究，我检查了老虎的猎物，寻找体表及体内的寄生虫，采集了血液样本留到以后分析。我仔细查看了335堆粪便，从中了解老虎的捕食习惯——52%的花鹿，10%的水鹿，还有印度野牛、叶猴等其他动物。在坎哈生活了14个月，起码我在一定程度上了解了野生虎以及它们对猎物种群的影响，在虎的生态研究领域开创先河。

　　回到美国后，我不停地忙于其他项目，从巴西的美洲豹到青藏高原的野生动物，但我的心里一直牵挂着印度的老虎。正如山地大猩猩，野生虎的研究也是后继有人。1991年重访坎哈时，陪同我的是乌拉斯·卡兰斯（Ullas Karanth），他的印度虎研究超越了前人，堪称新的典范。2009 年我再度回到坎哈，约瑟夫·瓦塔卡文（Joseph Vattakaven）刚在那里完成一项为期四年的深入研究。坎哈的老虎们过得还算不错，公园扩大了，部分村民被迁到中央区域以外重新安置。但是，整体上的管理问题依然存在。现在的坎哈包括一片 938 平方公里的核心区，还有面积相当的缓冲地带，其间分布着 168 个村庄，约有 10 万居民和 8 万头牛和水牛。坎哈等野生虎保护区吸引了大批印度及其他国家的游客。2007 年至 2008 年的旅游季节里，坎哈大约接待了 132000 名访客，而 60 年代初我们在这里的时候，极少碰到前来游玩的人。如今公园外围挤满了私营旅游公司，这一切发展给当地居民带来的益处却是少得可怜。

我刚刚完成项目报告，以《鹿与虎》为题发表，坦桑尼亚国家公园的负责人约翰·欧文（John Owen）就找到我，请我去塞伦盖蒂解决一个问题："狮子猎食对猎物种群有什么影响？"凯和我曾在 1960 年匆匆拜访塞伦盖蒂国家公园，这次欣然接受了邀请。国际野生生物保护学会在 1966 年给了我一个研究生物学家的职位，这对我来说是理想的方案，我由此可以继续以热爱的方式生活下去。

1966 年 6 月，我们来到公园总部所在的塞隆奈拉，在这里一住就是三年半，度过了最快乐的一段时光。我们住在一幢木屋里，有树冠平铺的金合欢树为我们遮阴，长颈鹿会跑来吃树叶，偶尔有狮子在树下懒洋洋地待上几个小时。日常食物要从 322

公里外的阿鲁沙运来。我们结识了很多有趣的人，比如公园管理员迈尔斯·特纳（Myles Turner）、研究主任休·兰普瑞（Hugh Lamprey）、研究鬣狗的生物学家汉斯·克鲁克（Hans Kruuk）、野牛专家托尼·辛克莱（Tony Sinclair）以及他们的夫人。来到这里的时候，我们的儿子埃里克五岁，马克三岁半，已经可以饶有兴致地欣赏角马的迁徙，大象站在树皮泛黄的金鸡纳树下乘凉，猎豹享用自己捕杀的羚羊。凯给男孩们上课，多年以后，这些孩子都成了大学教授（埃里克在达特茅斯教分子生物学，马克是不列颠哥伦比亚大学的社会心理学家）。我觉得我们应该有宠物，于是家里先后养过一条沙蟒，一只非洲獴，一只疣猪宝宝，还有一只饿得奄奄一息、被抛弃的小狮子。

塞伦盖蒂国家公园是一片25900平方公里的美丽荒野，栖息着世界上最庞大的野生动物群，在当时有超过50万头迁徙的角马和斑马、数不清的托氏羚以及其他很多动物。这是一条生命的大河，喧闹的动物们汇成洪流，从不停下脚步，11月和12月间随着雨水的到来涌入广阔平原，啃食刚刚长出的鲜嫩绿草，到了5月又朝着北面和西面退去，返回丛林地带。在塞伦盖蒂，还栖息着大群其他动物——非洲水牛，旋角大羚羊，黑斑羚，南非大羚羊等等。不过，我的主要观察目标是狮子和它们的竞争对手，包括斑鬣狗、猎豹、花豹和非洲猎狗。每一种食肉动物都会对它们的猎物造成影响，我的任务就是调查这种影响综合而言究竟是有益（例如剔除了病弱的动物），还是有害（例如导致动物数量过多减少）。

这次的狮子项目中，我的研究方法与野生虎项目类似，只是在这里，动物的数量让我有一种被淹没的感觉，甚至有点胆怯。

因此我划定了一个研究区域，把精力集中在塞隆奈拉及周边平原上。以它们的群居生活来说，狮子在猫科动物当中可谓异类。我渐渐认识了塞隆奈拉周围的 3 个狮群，共计 38 只狮子。我在观察中发现，雌性是狮群的稳定核心，雄性只能在群中生活几年，之后，新来的雄性便会将其驱逐，占据狮群领地。有些狮子过着流浪的生活。为了尽可能了解这些流浪者，我麻醉了其中一部分，把带有编号的彩色标牌戴在它们耳朵上。雄性 57 号，活动范围至少有 4662 平方公里，后来在公园外面被猎人射杀。我曾连续九天日夜追踪另外两只流浪的狮子，雄性 134 号和它的伴侣雌性 60 号。在此期间，它们在一片石头小山周围游荡了109 公里。这两只狮子没有自己猎食，只是留心倾听鬣狗兴奋的叫声，然后循着声音过去把它们的猎物占为己有。

在《金色的身影与飞奔的蹄子》（1973 年）一书中，我试着讲述了自己在那些日子里的感受：

> 独自观察动物，没有人打搅，一连几个小时就这么看着，你会觉得自己的感官功能上升到新的层次——变得更加敏锐，能分辨出行为举止中的细微差别。要增进对动物的了解，这样的近距离观察能起到不可估量的作用。这些动物都是独立的个体，有了这种认知，研究工作将达到最愉快、也最感性的境界。熟识之后，动物们会化为心底的一段段记忆，即便我离开去做其他工作，多年以后仍可以时时回味。孤独促人思考，研究因而变成了探索存在意义的旅程，不只是就动物而言，更是我自己的一段内心探索。

我同时也在密切观察塞隆奈拉周围的狮群，尤其是它们捕到猎物的时候。狮群成员张牙舞爪地争抢食物，最终的结果可能是成年雄狮吞掉大半战利品，而幼仔几乎吃不到东西。马萨伊狮群的雄狮"黑发"，曾经一顿就吃了33公斤肉。在我观察的狮群中，共有79只幼仔降生，67%都夭折了，其中15只是饿死的，11只被其他狮子杀死，1只被花豹杀死，1只被鬣狗杀死，其余的都莫名其妙地消失了——统计结果令人难过，但这类数据能够帮助我们了解一种动物的生活。从我的计算结果来看，所有食肉动物一年捕获的猎物总计约1020万公斤，仅占猎物总量的7%—10%，远不足以对种群数量造成长期影响。经过多月的紧张工作，这些是我得到的数据资料。但观察狮子时，我大部分时间都是坐在车里，始终没有很亲近的感觉。我们之间没有沟通，也没有对话。不过，哲学家路德维希·维特根斯坦说过："即使狮子能说话，我们也无法理解它。"

　　理论上讲，一项研究持续的时间至少应该与动物的寿命相当，以狮子来说，大约是15到20年。在这里工作近4年后，我开始不安起来。这时已有很多生物学家来到塞伦盖蒂研究野生动物，包括狮子。关于我要解答的问题，我已有了初步的答案，现在我想去开拓新疆域。凯非常不想走，我们两人都知道，往后再也不可能找到这样一个有着特殊魅力的家。但我们仍是离开了，塞伦盖蒂的棕黄色狮子将永远留存在我们的记忆中。那时我当然不可能知道，在广阔的塞伦盖蒂所做的研究，以后将帮助我适应青藏高原的无垠天地。

　　针对塞伦盖蒂食肉动物、猎物种群以及栖息地展开的研究，从20世纪60年代一直持续至今，以全世界现有的生态系统来说，这里收集积累的资料是最为详尽的。由于感染了村中的狗传播的犬瘟热，国家公园里的狮子曾在 90 年代急剧减少，但后来数量逐渐恢复。最近几十年里，公园西部边界一带的居民人数已增至原先的三倍，于是草原变成了农田，树木变成了木炭，野生动物遭到非法猎杀，有的供本地食用，有的卖到市场，而迁徙的兽群若是走到公园边界以外，会发现原有的栖息地多半都已不见了。

2010 年，坦桑尼亚总统贾卡亚·基奎特提议修建一条交通干道，横穿公园北部区域。这样一条公路将阻碍甚至可能彻底摧毁角马的大迁徙——非洲最宏大的野生动物奇观。政府预测公路建成后，每天将有数千车辆往来。捐助资金的机构建议把路修在南边，绕过国家公园。虽然有这种建议，虽然国际社会强烈抗议玷污这处世界遗产地，基奎特在 2011 年 2 月 9 日坦桑尼亚《每日新闻报》的采访中，仍是确认了他的生态破坏计划，宣称将继续推进公路项目，并说"不建这条重要公路是没有理由，也没法解释的"。面对世界各国的谴责，坦桑尼亚政府试图安抚批评者，一次次发表误导民众、前后矛盾的声明。是的，公路要修，但不铺柏油；不，公路不修了；是的，公路还是要建，但方案还在"修改"。我不禁怒火中烧。正如另一处自然瑰宝北极国家野生动物保护区，塞伦盖蒂也将面对一条公路的威胁。2011 年 12 月 23 日，坦桑尼亚交通部部长奥马尔·农杜宣布，关于坦桑尼亚城市阿鲁沙向西延伸至乌干达的铁路线，一家土木工程公司将展开可行性研究。这条铁路的最短路线将沿着规划中的公路横穿塞伦盖蒂国家公园。2012 年 1 月初，农杜先生表示铁路不会穿过塞伦盖蒂，对此我们拭目以待。在保护区以外，狮子命运难料，主要问题是非法狩猎。在整个非洲，狮子总数恐怕已不足 3 万只，其中有近一半栖息在坦桑尼亚。

我在 60 年代做的大猩猩、野生虎和狮子研究，都是在国家公园里完成的，虽然也会遇到各种问题，毕竟还是有一定的保障。然而对于生态保护，对于保护奥劳斯·穆里在阿拉斯加考察中所说的"宝贵的无形价值"，我觉得这些项目并没有起到多大作用。此后 10 年里，我决心要超越自我，在挑选项目时选择新的物种、新的地区，选择先前一直被忽视或遗忘的研究对象，让一些从不曾有人帮它们说话的动物也能发出自己的声音。例如我在巴西西部的潘塔纳尔大沼泽发起了一个项目，研究美洲豹和它们的猎物，在理念和执行方式上都与印度虎项目类似。现在 35 年过去了，我仍与巴西同事彼得·克劳肖（Peter Crawshaw）保持着合作关系，为保护美洲豹出力。但是，没有哪个地方像喜马拉雅那样吸引着我，我在印度北部第一次远远望见那道耀眼的雪山屏障，我知道在山的后面，就是神秘的青藏高原。我对喜马拉雅的几种野生绵羊和山羊很感兴趣，比如有一对螺旋形长角的捻角山羊，长着巨大弯角的盘羊，特别是岩羊，从外表和行为来看，说不清该把它们归为绵羊还是山羊。

1970 年 12 月，我来到巴基斯坦北部的兴都库什山脉研究捻角山羊。一天，我爬上一片偶有巨岩突起的碎石陡坡，四周没有一丝动静，寂静无声，仿佛没有生命存在。我在《寂静的石头》（1980 年）中记述了接下来发生的一幕：

就在这时，我看到了雪豹，相隔 150 英尺（约 46 米），它站在突出的岩石上盯着我，身体融入了岩石的轮廓线，仿佛原本就是一体。它有一身烟灰色皮毛，点缀着黑色的玫瑰形斑纹，与岩石和积雪的荒野完美相衬。它的浅色眼眸中，映出无边的孤寂景色。我们就这样看着对方，云又一次压下来，淹没了我们，带来了雪……雪越下越密，像是做梦一般，那只大猫悄然离去，恍若从来不曾出现。

那是超越现实的一个瞬间。一次次再见雪域幽灵的渴望变成了长久的追寻，持续至今，正如我将在第十四章中讲述的。

1972 年至 1974 年，我们住在巴基斯坦的拉合尔，埃里克和马克已是少年，在当地上学。凯陪在他们身边，我在山中漫游，研究各种野羊。我横穿阿富汗边境附近的部落领地（今天为塔利班控制区），在卡拉巴格行政长官的私人领地观察稀有的维氏盘羊，在雄伟的喀喇昆仑山寻找北山羊和帕米尔盘羊。陆军少校阿马努拉·汗（Amanullah Khan）和热爱徒步旅行的佩尔韦兹·汗（Pervez Khan）时常陪我同行。我认为喀喇昆仑山中有一个区域非常适合建为国家公园。那里有一条新建的公路穿过红其拉甫达坂，连接巴基斯坦与中国。我向巴基斯坦政府提交了有关公园边界的建议。1975 年 4 月，佐勒菲卡尔·阿里·布托总理下令建立红其拉甫国家公园，以保护雪豹、盘羊及其他动物。

为了解岩羊，我两次穿越尼泊尔北部的喜马拉雅山区，一直走到了中国西藏的边界。其中一次旅行中，我与作家彼得·马蒂森（Peter Matthiessen）以及蒲·次仁（Phu Tsering）等夏尔巴人一同前往多波，考察的大本营设在神山水晶山脚下的舍伊寺。彼得在他的杰作《雪豹》一书讲述了我们的经历。我发现，岩羊属于山羊，但在行为上有一些绵羊的特点，后来的 DNA 分析也证实了这一点。我在当地搜集到的资料帮助尼泊尔政府做出决定，将这一地区划定为舍伊 - 波克松多国家公园（Shey-Phoksumdo National Park），面积达 3548 平方公里。

在喜马拉雅，还有太多动物值得研究，有太多山岭、河谷和高原有待探索，我很不想结束 1975 年的这次考察。我研究了此前鲜为人知的几种动物，搜集了有关其分布、状态、行为的宝贵信息，并促成了两个保护区的建立。每当一个项目结束时，我总会觉得不舍，我在开始时就明白，这只是人生的一个片段，终究会过去，这是我在野外与家庭之间的双重生活。我渴望继续拥有这两种生活，在内心的满足与渴念之间找到一种平衡。不论在美国的家里，还是在坦桑尼亚、印度或其他地方，我总是暂时停留，无法全心融入。我没有根，没有归属感，我的心时时刻刻都在路上，就像一个永远无法完全填满的无底洞。

然后，我在中国的日子开始了。

1979 年末，世界自然基金会与中国签订了一项协议，联合展开大熊猫研究，基金会问我是否愿意参与这次的野外工作。我多年与地球上最迷人的动物打交道，现在要去探索一种极具代表性的动物，我觉得这是理所当然，甚至是命中注定的事，它是珍贵而稀有的中国国宝，也是世界自然基金会的标志。起初我有点儿惊讶于自己的决定。但这是一项特殊的挑战，我满怀期待地接受了任务。1980 年 5 月 15 日，世界自然基金会主席彼得·斯科特爵士（Sir Peter Scott），他的太太菲利帕·斯科特夫人（Lady Philippa Scott），发起并促成此事的记者南希·纳什（Nancy Nash），还有我，与一个人数众多的中国代表团一同进入四川卧龙自然保护区的熊猫栖息地。这个地方位于青藏高原的东部边缘，熊猫分布在六道山脉的限定区域里。我们是第一批受中国邀请、进入大熊猫世界的西方人。基金会为此付出的费用是：投资 100 万美元修建熊猫繁育中心及研究实验室。那天，我们大家虔诚地围着两堆满是碎竹屑的熊猫粪便，那是我第一次亲眼见证熊猫的存在。

同年 12 月，我们在卧龙的五一棚野外观察站开始了野外研究工作。我们的营地位于海拔 2499 米高处，三顶帐篷和一间小屋隐藏在大雪围困的森林里，丝毫谈不上舒适。我有两位优秀的中国同事，1978 年创建这处营地的胡锦矗以及北京大学的教授潘文石。另外，保护区及别处来的 8 名工作人员各自承担着不同任务。两个月后凯也来了，一同抵达的霍华德·奎格利（Howard Quigley）将帮助我们捕捉大熊猫，给它们戴上无线电追踪项圈。熊猫很擅长在浓密的竹林里躲藏，两个月前在这里的时候，我看到过一只，确切地说是两只，正在吵架。3 月初，我们给一只名叫龙龙的年轻公熊猫，还有一只叫珍珍的母熊猫戴上了项圈。通过它们及其他熊猫——研究区域内大约住着 15只——我们发现，熊猫白天黑夜约有 14 个小时保持着断断续续的活动，它们的领地相互交叠，面积很小，平均约有五六平方公里。熊猫一天能吃掉十三四公斤竹子，在鲜嫩新芽萌发的季节里能达到约 36 公斤。觅食习惯，日常活动，零星观察到的交流互动——研究本身与其他项目没有什么不同。唯一不同的是政治。

资助研究的部分中国机构对这个项目并不热心，而世界自然基金会工作不力，不时引发混乱和误解。我们有时甚至不知道项目能否继续下去。多亏有当时林业部的王梦虎，这个有着形象名字的官员从中调停，平息了许多争执。他曾有一次对我说："你现在会跟我们在中国继续合作四十年。"我当时觉得这只是一句客套话。可现在，已经是三十多年了……

正如当年与大猩猩和野生虎的接触，我与熊猫最美好的相遇，我认为是那些悄无声息的片段，可惜在密林里，这样的机会实在太少。有时，我听到树丛里传出熊猫嚼竹子的声音，就会坐下，静静等待，期盼，盼着熊猫走到我这边来。有一次，我发现了戴着项圈的母熊猫珍珍。我一动不动，但它仍是感觉到了我的存在，扬起鼻子像在嗅着空气中的味道。在《最后的熊猫》（1993 年；中译本 2015 年，上海译文出版社）一书中，我讲述了那次邂逅：

> 它翻了个身，站了起来，从竹子后面走进一片树阴，一条小路从那里通向我所在的林间空地。它迈步往前走，有点害羞，却又透着勇敢。它的黑色四肢融入了阴影中，恍惚间犹如一个白亮的灯笼朝着我缓缓飘来。它走到相距不足 35 英尺（约 11 米）的地方，停住了脚步，充满戒备地喷着气，脑袋随之上下晃动，这一刻它和我同样不安……我想由它的神情猜猜它的下一步打算，可是它的脸上一片空白……作为

一种不喜表达的动物，珍珍从不透露自己的内心感受。我有点好奇，不知它会怎么做。结果它的举动完全出乎我的意料……它弓着身子静下来，前爪放在圆滚滚的肚子上，仿佛在打坐冥想，气质如佛……它的身体缓慢而规律地一起一伏，竟是安然入睡了……那个宽大坚硬的头颅里面，有着怎样的直觉，怎样的思考？熊猫有它看到的世界，我有我的……珍珍和我在一起，我们中间却隔着无法逾越的鸿沟……熊猫是答案。可是，问题究竟是什么？

我们的研究基地位于珍珍的领地上，过了几个月，在食物香气的诱惑下，它开始闯进我们的小屋和帐篷。一天下午，搜寻熊猫无果，我浑身湿冷地回到营地，赫然发现珍珍正从我的帐篷窗口向外张望，看着我。

当时的熊猫种群只有大约 25 个，部分种群栖息在小而孤立的区域内，生存岌岌可危。我们展开调查，评估熊猫面临的威胁。森林被毁是其中一个主要问题，就连陡峭的山坡也被开辟成了农田。1983 年，几种竹子突然大面积开花死去，这种事每隔几十年就会发生一次。虽然大部分地区余下的竹子足以确保熊猫生存，但它们可能要挨饿的消息仍是引起了全世界的关注。当时的确有个别熊猫死去，结果在栖息地各处，许多熊猫毫无必要地"被救助"，接受人工喂养。在卧龙，有两只戴项圈的熊猫被盗猎者杀害。其中一只是我发现的，一只可爱的母熊猫，名叫憨憨，它被绳圈勒死了，无言诉说着熊猫在栖息地上可能遭遇的命运。显然，即使在保护区里面，保护力度仍是不够。

1984 年，我们在四川北部的唐家河自然保护区建立了第二个研究基地，研究对象除了熊猫，还有黑熊和山中一种长着大鼻子的有蹄类动物——羚牛。我们尤其希望了解熊猫与黑熊这两种体型极其相似的动物，在生活习性上有什么不同。我们发现，熊主要吃草本植物、坚果和水果，由于食物来源分散，它们的分布范围非常广。

到了 1985 年初，与熊猫相处四年之后，我认为我们已收集到大量实用信息，了解了熊猫的自然习性，并确定了政府需要采取哪些保护措施。打击盗猎是当务之急。破坏森林的行为必须加以约束或遏制，此外还要建立森林走廊，连接起孤立的熊猫种群。有了这样的生态走廊，不同种群的熊猫就可以相互往来，防止近亲交配。另外，必须让当地社区参与行动，协助实现这些目标。我离开后，卧龙的熊猫研究工作在胡锦矗的指导下继续进行。除此之外，潘文石还在陕西省的秦岭建立了一个新的熊猫研究基地，此后 13 年间主持展开了迄今最出色的熊猫研究，同时培养了大批优秀的学生，包括吕植、王大军和王昊，而这批学生如今正引导新一代野外生物研究者继续前行。

80 年代中期以后，我全身心地投入青藏高原的野生动物调查，不再直接参与有关熊猫的工作。曾有几年时间，世界各国的动物园及其他机构争相展出熊猫，中国于是忙着以天价租金出租这种动物。但是，如果不能将一部分收益投入野外熊猫保护工作，这种出租业务对熊猫并无益处。总体而言，自 90 年代以来，尤其是严厉打击盗猎之后，熊猫的处境有了大幅度的改善。已经建立的大约 60 个保护区覆盖了熊猫分布区的一半。1998 年开始实施的禁伐令保护了水源地和动物栖息地。"退耕还林"项目为农民发放补贴，鼓励人们由种庄稼改为种树。1998 年至

2001 年进行的一次普查显示，熊猫数量约为 1600 只，如果再加上幼仔，总数应在 2000 只上下。2008 年 5 月 12 日发生了一场大地震，震中就在卧龙附近，数万人不幸丧生，熊猫繁育中心被摧毁。但仅有一只人工喂养的熊猫死亡，野生种群似乎并未受到太大影响。

近年来，中国显然在加大投入力度，为熊猫创造无忧的未来。2004 年唐纳德·林德伯格与卡伦·巴拉戈纳（Donald Lindberg and Karen Baragona）编辑出版了一本有关熊猫的书，我在序言中写道：

> 20 世纪 80 年代，我渐渐陷入绝望情绪，因为灭绝的阴影眼看正一步步逼近熊猫。然而现在，新千年里，《大熊猫：生物学与保护研究》为人们呈现了希望、机会和乐观展望。熊猫无法在自己的生存所需上做出让步，而人类可以以自己所掌握的知识，以自我约束和怜悯之心，为这种动物提供一个安全的野外家园……（如果我们能做到这一点，）熊猫必将作为生态保护的恒久象征、自然进化的闪耀奇迹，继续繁衍生息。

王梦虎建议我下一步开展一个覆盖全中国的雪豹野外调查。这是一个让人难以抗拒的提议。我意识到，由此我将能走遍中国西部的所有山岭，包括青藏高原，去看看我这些年来在书里读过的野牦牛、藏羚羊以及其他各种动物。只是当时的我完全没有想到，我将为这个项目投入四分之一个世纪。

一年又一年，中国的高原诱惑着我，一次次回到这里。我无法停下脚步。其他人关注藏羚羊时，我把注意力更多地转向雪豹、棕熊和盘羊。我并非所有时间都在中国度过。1989 年至 2007 年间，我曾多次前往蒙古，研究野生双峰驼，追踪戈壁棕熊，建立雪豹研究项目，跟着大群迁徙的黄羊穿越东部草原。2000 年我去了伊朗，与政府合作拯救最后的亚洲猎豹。我还在不丹、俄罗斯、缅甸等国参与了短期野外项目，但是，我总会回到中国，就好像王梦虎不知用什么办法，把我头脑中的 GPS、把我的全球定位卫星，固定指向了这个国家。机会和命运让我来到中国，而双方共同经历的岁月已化为不变的契约，让我们继续为这里的自然遗产携手努力。

第九章

两座山与一条河

　　每次从四川成都搭飞机西行前往拉萨，我都要选一个靠左侧的座位。下方是一眼望不到头的山谷，森林覆盖的山坡，被峭壁切断的险峻山岭。忽然间，一座冰雪覆盖的雄峰映入眼帘，如耀眼的哨兵一般屹立在喜马拉雅的东部边缘。有时候，南迦巴瓦仅在厚实的云层上方露出一个尖顶；也有些时候，云团像翻滚的巨浪似的包围着这座山峰，我只能透过云间缝隙看到一片交错的峡谷。再往西一点，另一座高峰——加拉白垒峰昂然指向天空，由这里再过去大约400公里便是拉萨。雅鲁藏布江从两山中间流过，由于峡谷太深，从飞机上无法看到江水。

　　在西藏由西向东流过喜马拉雅山麓之后，在拉萨的南面，雅鲁藏布江进入一道峡谷，围着南迦巴瓦绕了一个大弯，然后向南流入印度，在那里改名为底杭河（或称香江），成为布拉马普特拉河的一条支流。雅鲁藏布江上游地区与外界相通，但是，当它切入喜马拉雅山区之后，便进入地球上最蛮荒的一个角落。1924 年，四处搜集植物的弗兰克·金登 – 沃德（Frank Kingdon–Ward）历尽艰险探索了这里的部分区域。我读过他在 1926 年出版的《雅鲁藏布大峡谷之谜》（*The Riddle of the Tsangpo Gorges*），他在书中描述的神秘瀑布和陡峭山地让我产生了好奇。在那里，在西藏东部的其他地方，隐藏着怎样的野生动物？在那些高山上，想必栖息着岩羊和雪豹，就像羌塘那样，而针叶林和温带森林里应该有一些名字听起来很奇特的动物，比如羚牛、鬣羚及喜马拉雅斑羚、黄鹿及赤鹿。但在雪山背后，在低地雨林里，很可能还有新的或被遗忘的物种等待人们去发现。南迦巴瓦地区充满了诱惑，我决定去那里一探究竟，于是在 1995 年至 2000 年间数次深入西藏东部。这就是我在这两章里要讲的故事。

罗布林卡位于拉萨城郊，原是历任达赖喇嘛的夏季行宫。这里有一个惨淡经营的小动物园，90 年代初，园内有关在笼里的西藏棕熊、狼、猞猁等，还有各种岩羊，以及家养山羊。另有四只很大的鹿养在局促的露天围栏里，都是公鹿，角被锯掉了，拿去做传统药材的原料。这些公鹿肩高约有一米，毛色棕灰，比我熟悉的四川马鹿颜色浅得多。我估计这是马鹿的西藏亚种，也有人叫它"锡金鹿"，曾是西藏南部及不丹部分地区独有的一种动物。1973 年，我在靠近西藏边境的尼泊尔多波地区，在寺院里见过这种鹿的独特鹿角，当时听人说，那是从雅鲁藏布峡谷弄来的。在濒危野生动物记录中，当地人称作"夏瓦"的这种鹿曾被列为"或已灭绝"。现在我眼前的四只公鹿推翻了这一结论。如果野外还有这种鹿，那么重新找到它们，应该是一次有益而且很有趣的探索。我喜欢这样的传统探险，目标明确，要么成功，要么失败。而且，我可以借此前往南迦巴瓦一带，深入那片荒无人迹的峡谷。

我曾参与寻找一种消失的动物，体验过那种兴奋的感觉。那是 1989 年在越南寻找爪哇犀。这种犀牛一度遍布东南亚各地，但据那时了解，只剩下最后一群栖息在爪哇岛西端的一小片保护区里。我和阮春堂（音）等越南同事在胡志明市（西贡）西北的山林里展开搜索。这个国家与美国的惨烈战争结束不久，我们的队伍有武装警卫一路保护。在一处河堤旁的泥地里，我们发现了这种犀牛独有的大脚印。根据这些脚印、向当地居民了解到的情况以及不久前被杀死的一头爪哇犀，我们推测，这个残存的种群仅剩下十到十五头犀牛，未来前景很不乐观。不过，起码现在可以着手推进保护工作了。（这项工作以失败告终：越南最后的野生爪哇犀大约在 2010 年灭绝。）

约翰与凯瑟琳·麦克阿瑟基金会为我们提供了一笔资金，促成了此次南迦巴瓦及西藏东部其他地区的野生动物考察行动。这时是 1995 年 10 月，我们计划中的第一目标就是西藏马鹿。考察队成员包括西藏林业局的刘务林、上海华东师范大学的王小明，他和我在熊猫项目中有过合作。王小明是一位精力充沛、十分敬业的野生动物学家，曾赴法国攻读学位，结果讲英语也带着法国腔。我们计划进行为期一个月的考察，沿雅鲁藏布江往南迦巴瓦方向走，寻找西藏马鹿，同时调查其他野生动物的状况，但我们将大峡谷列入以后的计划，不在此次考察之列。

在拉萨的东南方，靠近争议中的中印边境一带，是多条河流的发源地，旧时记述中的西藏马鹿就出现在这一地区。举例来讲，英国军官弗雷德里克·贝利（Frederick Bailey）在1914年的《地理杂志》上发表过一篇文章，讲述他在扎日小镇附近射杀了一只公鹿，那个地方"是一处圣地，不准种庄稼，不准猎杀动物"。当地几个聚居区的人都告诉我们，直到六七十年代，鹿还很常见，但后来几乎被杀光了。如今鹿已难得一见，但它们钟爱的森林和杜鹃花丛一如往昔。经过长时间的搜索，我们在林木线附近发现了两只鹿新近留下的脚印和粪便。

在雅鲁藏布江上的小镇泽当，当地林业局工作人员给我们看了一张西藏马鹿的皮，颜色与拉萨的那些鹿一样。他们说，往北走到增期，就能看到鹿了。在那里，绵延的山岭上覆盖着一片片草甸、丛生的柳树及矮桦。在山坡高处，我们第一次发现了目标。十来只母鹿聚成一群，带着它们的孩子，正悠闲地在坡上吃草。我们在山间搜索，又找到了几群，个别鹿群有雄性相伴，公鹿长着巨大的角，尖端向内弯出独特的弧度。我们估计这一种群有100只至150只，但村民说，等到冬天，还会有更多的鹿从高处的草甸下来。离营地不远的地方传来一声枪响。旁边桑日县城来的警察正开着吉普车巡逻，刚打死了一只野兔。我问陪同我们的县政府干部达瓦，这些警察会不会打马鹿。"有可能。"达瓦说。我问他为什么不能阻止这种事，达瓦回答说，他没这个权力。我又问谁有权力，达瓦只是说："这很难讲。"

这群鹿能够存活至今，多亏了增期村民的宽容和善心。我们与村民开会讨论，他们也认为建立保护区是一个好办法，唯一的前提是不要扰乱他们一贯的生活方式，比如到了季节要让牲畜上山吃草。负责守卫的人将会尽力阻止外来者打猎。与我们同行的政府官员向上级领导提出了建立地方保护区的建议。（保护区于 1993 年成立，2005 年升级为国家级保护区。）这次考察的收获让我非常高兴，但是，南迦巴瓦依然在向我招手，在那里或许能发现有趣的新物种，推进保护工作。

　　1812 年，法国博物学家乔治·居维叶指出，"要想发现新的大型四足动物，几乎已是无望"。然而 20 世纪，人们在非洲发现了霍加狓（okapi）和大林猪（giant forest hog），在印度支那新发现了一种柬埔寨野牛，并且重新找到了一些原以为已经灭绝的动物或动物亚种，例如西藏马鹿。我想要找到消失的大型哺乳动物，甚至发现科学界未知的新物种，为此去了老挝和越南的安南山脉（Annamite Range）。就在寻找西藏马鹿的行动开始前几个月，有一天，我正在横跨老挝和越南边境的安南山脉中。一个赫蒙族 [①] 家庭邀请我们到家里去吃饭。火塘上的一口大锅里咕嘟咕嘟地炖着猪肉，余下的肉挂在一根熏黑了的椽子上。他们告诉我这叫作"bote lin"，是一种黄色的猪，鼻子很长，一眼就能看出它与脸部圆胖的黑色猪"bote lud"不同。这是两种不同的野猪吗？我只知道常见的黑色野猪。我从猪头

---

① 赫蒙族（Hmong），苗族的一个分支。——译者注

上撕下小块炖肉当作晚饭后，还幸运地拿到了部分头骨和一小块鲜肉。

现在在纽约美国自然历史博物馆工作的乔治·阿马托（George Amato）做了 DNA 分析，发现这种动物与老挝的野生及家养黑猪有着明显的区别。我们不禁好奇：这种黄猪会是一个新种吗？澳大利亚国立大学的有蹄类动物分类专家科林·格罗夫斯（Colin Groves）将我们从老挝带回的猪头骨与各种猪头骨进行了对比，包括印度尼西亚疣猪的。我们的这只猪的确是一种疣猪，但并非独一无二。进一步的调查显示，1892 年，曾有一位法国耶稣会神父皮埃尔 - 马里·厄德（Pierre-Marie Heude）在西贡附近的镇上买了两个猪头骨，认为它们与已知的任何品种都不一样，并给它们取了一个学名：大嘴野猪（*Sus bucculentus*）。厄德将两个头骨送到了上海的一家博物馆。在那之后，这种动物就从人们视线中消失了，直到一个世纪过后，它出现在我的晚餐餐桌上。科林·格罗夫斯细心追查两个失踪的头骨，最终在北京的动物研究所找到了它们。就这样，我们重新发现了大嘴野猪。我提醒自己，在探索藏东林区的过程中，若是晚餐再吃到什么不寻常的野味，一定要把骨头留下来。

我在安南山脉中走访老挝村庄，有时同事艾伦·拉比诺维茨（Alan Rabinowitz）和威廉·罗比肖（William Robichaud），与我同行。我偶尔会在村民家里看到异常巨大的赤麂（barking deer）的角，长度可达 25 厘米。后来我在动物园里见到了这样一只雄性动物，从它的大个子、宽尾巴以及其他特征来看，这完全是不同于赤麂的一种动物。同年，越南生物学家在他们国家中也发现了这种动物，现在它被命名为越南大麂，学名

Muntiacus vuquangensis。又一个实例摆在眼前，居维叶真不该那么轻易放弃希望。

从 1995 年我们发现西藏马鹿的地方，沿着雅鲁藏布江再往下游走约 160 公里，就能到达南迦巴瓦。然而直到三年之后，我才终于有机会探索那里的壮美峡谷和森林。但在这段时间里，我一直在尽我所能了解这个地区，与去过的人聊天，阅读旅行家的记述。

雅鲁藏布江从两座高峰之间的峡谷奔腾而过，这就是我从飞机上看到的两座山：7782 米的南迦巴瓦和 7294 米的加拉白垒，两峰相距仅 21 公里。南迦巴瓦以东是大片森林覆盖的山岭，北面有高耸的岗日嘎布山脉守卫，南面则是争议中的边境区和中国实际控制区。这片区域里有海拔约 900 米的亚热带雨林，而相隔几英里，就是海拔近 4300 米高处常年不融的冰雪。

亚洲历史上有过一个非常有趣的片段，即 20 世纪上半叶，以英国人为主展开的各种探险活动。20 世纪初，人们知道雅鲁藏布江在西藏由西向东流淌大约 1130 公里。可是，它接下来去了哪里？有些地理学家猜测，这条河继续向东延伸，与湄公河或另一条大河汇合，另一些人则认为它可能转向南下，进入藏南地区（印度所谓的"东北边境特区"），在那里变成底杭河，而后在平原上汇入布拉马普特拉河。但如果雅鲁藏布江即是底杭河，那么它必须在仅仅 240 公里的距离内，从海拔 3000 多米高处下降到海拔不足 300 米的地方。如此急速下降的途中必然会形成大瀑布，而当时确有传闻提到巨大的瀑布和一座无比壮观的峡谷。

1911 年，英国派一支探险队由底杭河逆流而上，打算经藏南地区进入西藏纵深。在密林覆盖的山间，探险队员被凶悍的阿博尔部落（Arbor tribe）、即今天的阿迪人（Adi）尽数杀死。再往北去，据说那时的珞巴族和门巴族同样不喜欢外人闯入。由于西藏是禁区，英国殖民政府训练了会讲藏语的印度人，派他们去勘察地形，打探情况。这些间谍伪装成朝圣者或商人，一路步行丈量距离，绘制路线，并将原本一百零八颗一串的佛珠改为一百颗，以方便计算步数。

金沙普（Kinthup）本是来自锡金的不识字的裁缝，后来成了著名的间谍，他奉英国人之命，两次进入神秘的雅鲁藏布大峡谷。1878 年，他顺流而下到达加拉村，这是进入大峡谷之前的最后一个村庄，也是峡谷的门户。两年后，三十二岁的金沙普再度启程，这次有一位蒙古僧人同行。他们在大峡谷中穿行四天，到达一座小小的寺院，名为白马狗熊（Pema-kochung）。后来蒙古僧人赌钱输光了旅费，把金沙普卖给当地人为奴。英国人曾让金沙普将 500 根带有标记的原木放入江中。如果原木漂流到与底杭河相连的布拉马普特拉河，即可证明这条河与雅鲁藏布江的联系。金沙普对待自己的任务极其认真，重获自由之后，他遵照命令将原木投入江中。1884 年，他完成了四年的漫长旅行，不过，这时已没有人在等着接收带有标记的原木。

大峡谷中仍有一大块空白区域有待探索，依然有人怀疑那里有一道巨大的瀑布。1913 年，弗雷德里克·贝利上校和亨利·莫斯黑德上尉（Captain Henry Morshead）离开军方探险队，向雅鲁藏布峡谷下游进发，走得比金沙普更远，直到被断崖拦住去路。他们见到了汹涌的激流，但是没有大瀑布。

1924年，金登-沃德启程探索余下的80公里空白地带，考德伯爵（Earl of Cawdor）与他同行——其实多数时候，金登-沃德更乐意独自带着当地人上路。他在《雅鲁藏布大峡谷之谜》中提出疑问："在这座未知的峡谷中，有没有可能隐藏着一道瀑布？"他突破了贝利的极限，继续深入峡谷，两岸的山崖愈发挤向中间。"每一天，景色都变得更加原始，山峦更高、更险峻，江水更加湍急狂暴。"金登-沃德写道。一行人在蚂蟥遍布、脚下到处是烂泥的树丛中奋力前行，跨过覆盖着苔藓和蕨类植物的险恶山崖。群山隐没在云里，溪谷中雾气弥漫。终于，他们见到了大团飞溅的水雾，那是一道中型瀑布，估计有9米至12米高，他们将其命名为"虹霞瀑布"。前方似乎再也没有路了。探险队跨过一道山脊，到达雅鲁藏布大拐弯对面的八玉村。在八玉上游不远处，帕龙藏布汇入雅鲁藏布江。贝利和莫斯黑德曾在几年前沿帕龙藏布向下走到汇合处。金登-沃德也到过两河交汇的地方，并沿着雅鲁藏布江继续往上游走了几公里，然而不论走到哪里，都只看到"奔腾咆哮的滔滔江水"，并没有壮观的瀑布。至此，未探索的区域只剩下大约8公里到16公里。大瀑布似乎只是一个神话，是人们的幻想。在这之后的几十年里，雅鲁藏布谜样的瀑布、宏伟的峡谷以及与之相关的一个个地名，在西方世界渐渐被人们淡忘。

20世纪90年代，我沉浸在羌塘及其他研究项目中，没有意识到进入西藏偏远地区忽然变得比过去容易了，一时间出现了许多勇夺"第一"的行动：例如攀登南迦巴瓦峰，当时世界上尚无人登顶的第一高峰；寻找神秘的大瀑布；以及在这条最危险的大河上完成全程漂流。

1990 年，一支中日联合登山队对南迦巴瓦峰进行了全面侦测。第二年，登山行动失败，但 1992 年，他们终于成功登顶。1913 年，贝利曾提及雅鲁藏布大峡谷的深邃，在文中写道：江水由南迦巴瓦下方 16000 英尺（约 4877 米）处流过。事实上，据中国科学院勘测，峡谷最深处有 6009 米，是美国大峡谷深度的三倍。自 1990 年起，理查德·费希尔（Richard Fisher）四次深入雅鲁藏布大峡谷，有时带付费客户一同探险，让很多人知道了这是世界上最深的峡谷。

寻找大瀑布引发了更加激烈的竞争。1993 年，戴维·布里希尔斯与《国家地理》杂志摄影师戈登·威尔齐（Gordon Wiltsie）艰难穿越了峡谷大部分区域。他们在途中的一个地方看到，下方的峡谷深处有两道瀑布在水雾中若隐若现，雅鲁藏布江从两侧相距不足 15 米的山崖中间挤了过去。两人拍下了瀑布照片，但当时并未多想。其中一座瀑布是金登－沃德在几十年前发现的虹霞瀑布，而另一座，正是众人寻找未果的大瀑布。"我完全没想过这就是传说中的瀑布。我给它取名叫金沙普瀑布。"布里希尔斯告诉《最后的大河》（*The Last River*，2000 年）的作者托德·巴尔夫（Todd Balf）。门巴人和珞巴人在这一带打猎，对这道瀑布自然不陌生，但是被外来的探险家发现，意味着在更广阔的世界里为人所知，广为传播。从这个意义上讲，这的确一直是"传说中的"瀑布。

当年锡金人金沙普将五百根原木投入雅鲁藏布江，探索水道走向，一百年后，布里希尔斯为此添上了一段精彩的后续。

1993 年 4 月末，他写了下面一段话，塞进一个一升的户外塑料水壶，抛进帕龙藏布江："谨以此纪念金沙普（K.P.）。在探索雅鲁藏布江的过程中，他的勇敢和不懈努力的工作态度，充分体现了印度勘测局当年雇用的勘测者及'本土'探险家的精神与传统。第 501 号。敬请拾到者将此信邮寄至：美国马萨诸塞州牛顿市灰崖路 65 号，戴维·布里希尔斯，邮编 MA02159。本人将以 200 印度卢比酬谢。"1998 年 10 月 22 日，这张纸回到了布里希尔斯手中，寄信人地址是"南印度加纳塔克邦藏族聚居区 581411，顿珠泽仁"。水壶是怎么跑到那里去的？欣喜之余，布里希尔斯立即致信顿珠，希望能了解水壶于何时、在哪里被发现。他没有得到回音。接到布里希尔斯的消息后，我也曾尝试写信给顿珠，并在信里放了 300 卢比的酬金，但我也没有收到回信。

1997 年 8 月，另一队探险的人来到大峡谷：伊恩·贝克（Ian Baker）和他的朋友哈米德·萨达尔（Hamid Sardar），来自亚利桑那的地产开发商吉尔及特洛伊·吉伦沃特尔兄弟（Gil and Troy Gillenwater），还有明尼苏达的书商肯尼思·斯托姆（Kenneth Storm）。几个人都不是第一次来。到达峡谷地区后，一行人兵分两路，贝克和萨达尔要在南迦巴瓦周围探索，其他人则是进入大峡谷往下游走，由一个名叫吉昂的门巴族人做向导，顺着隐秘的小径进入峡谷最深处。"虹霞瀑布就在我们脚下，从左岸伸到水面上的树木被包裹在团团水雾中，"斯托姆在肯尼思·考克斯（Kenneth Cox）编辑的《弗兰克·金登－沃德的雅鲁藏布大峡谷之谜》（2001 年）一书中写道，"再往下一点，在一个急转弯后面，江水汇聚成潭，之后猛地冲向左侧，在又一个河床陡降之处轰然跌落——一道'新'瀑布。"迈克尔·麦克雷（Michael McRae）在《包围香格里拉》（*The Siege of Shangri-La*，2002年）中描述的斯托姆却显得亢奋得多："找到它们了！"斯托姆大喊。"我们找到了雅鲁藏布江的瀑布！""我激动得浑身颤抖，"斯托姆说，"西方想象世界失去了一股至关重要的力量，探险家们对这些瀑布失去了信心，他们失去了想象的力量。"吉尔·吉伦沃特尔则说得更简洁，他在日记中写道："太神奇了！遗失的一环！"

吉伦沃特尔兄弟和斯托姆的发现本该为他们赢得赞扬，结果却是在 1998 年引发了一场激烈的争执，部分相关个人以及美国国家地理学会和中国科学院都被卷入。我就是在这一年里第一次去了那个地方。

1998 年 4 月，我们的队伍抵达南迦巴瓦，当时我对雅鲁藏布江的瀑布并不是很感兴趣，用哈米德·萨达尔的话说，那只是"大自然的水力展示"，我更关心野生动物和生态保护。陪着中外探险队进入峡谷的门巴族猎人，一般都要沿途打些野味，包括体型与家牛相当的羚牛，还有小个子的红斑羚，尽管这些都是受法律保护的动物。这两种动物在当地尚不属于濒危物种，但进一步了解它们生存状态的信息，对它们的未来都将有所助益。由此往东的山中，是西藏最后的野生虎栖息地。邱明江曾在昆明动物研究所工作，80 年代初我们一同参与了熊猫项目，1995 年，他在西藏做了几个月的研究，记录老虎捕食家畜的情况。从地图上看，我们所在的地方只有三个孤立的小型保护区。但这里的动植物多样性在整个西藏首屈一指。中国科学院迄今已发现、记录了 3768 种维管植物，其中兰科 218 种，杜鹃 154种，报春 52 种。现已分类记录的昆虫约有 2300 种，鸟类 232 种。这里会不会有西藏马鹿或大麂之类的哺乳动物，等待我们去发现？不过，我的主要考察目的还是推进更广泛的保护。

　　我的第一步计划是做一次野外勘察，熟悉这一地区，之后再确定我们的重点工作区域。我于 4 月 16 日抵达拉萨，同行的吕植前一年曾和我一起在羌塘做研究。她将负责这次的入户调查，拜访当地的门巴族、珞巴族及藏族居民，了解他们的生活以及他们对野生动物的影响。西藏林业局的刘务林负责在我们抵达前协调工作，然后和我们一同出发。但结果，该办的事情一项也没有落实——没有我的通行证，没有车辆，没有补给，没有装备。麦克阿瑟基金会为我们的项目向林业局捐助了一辆车。"车子没了，"刘务林说，"重新安排工作的时候被调配到其他部门去了。"一连几天，我们冷静地讨论资金、野外考察时间等等问题。最后，一行七人，包括体格壮实的政府工作人员徐斌荣、两名司机和一名厨师，开着两辆车出发了。

　　从拉萨沿一条建设中的公路行驶两天，翻过一个山口，穿过尼洋曲河谷，就来到了八一镇（林芝）。我们找到林业和公安部门，询问我的通行证办理情况，并联系当地的生态研究所，按计划他们要派一位植物学家与我们同行。所有单位都被我们的出现吓了一跳；没人听说过我们要来，也没接到过有关这个项目的通知。好吧，我想，佛教朝圣者的目标是获得启示，而不是到达目的地。我既然是来做先期调研的博物学研究者，就应该专心感受这片土地，不必执着于达成某个目标。

在雅鲁藏布江与尼洋曲交汇的地方，我们跨过江上的一座桥往下游走。这段江面很宽，水流平缓，风从沙洲上刮起一阵阵尘土。柳叶新绿，桃树花开正盛，田野里的冬小麦绿油油的。小群褐顶噪鹛急匆匆穿行在路边的灌木丛里。南迦巴瓦偶尔从翻滚的云间露出头来。驶过派乡，我们在一个小兵站停下，被安排在几间空荡荡的屋子里过夜。

前面不远就是大峡谷的入口，江面在这里变窄，聚成一连串激流。第二天早上，我们绕过一个山嘴，南迦巴瓦峰赫然屹立在天际。岩石和冰雪叠起一排越来越高的尖峰，最终会聚成金字塔形状的主峰。我们走进当地住家，询问野生动物的情况。每户人家都给我们送上了颜色浑浊、微微发酸的青稞酒。这里的男人大都穿着红斑羚皮子制成的坎肩。有人拿出了多节的羚牛角、向两侧舒展的岩羊角，我们还见到了熊猴、黑熊、黄喉貂的皮张，以及蓝马鸡的羽毛和一只秃鹫的尸体。

公路尽头是直白村，海拔3002米，一座山谷由此伸向南迦巴瓦峰。我们准备在这里租马驮行李，继续向大峡谷入口进发。搭好帐篷之后，吕植和我在村子周围走了走，给我们的动物名录添加了几种鸟：斑鸠、北红尾鸲、西藏伯劳、灰眉岩鹀、绿背山雀、红嘴山鸦。虽然都是常见的鸟，但我很高兴能这样辨认它们，让我感觉与这片土地相连。我还听到了大鹰鹃急促的叫声，在印度，人们把这种鸟称作"脑热鸟"，这声音让我想起了老虎出没的丛林。

小路很窄，江上的风穿梭在高处的小片橡树和松树林中。我们不得不把马上的行李卸下来，牵着它们走上颤巍巍的木头栈道，小心翼翼地贴着绝壁往前走。前方，在江对面，伟岸的加拉白垒峰连接起了天与地。下午5点，我们到达峡谷中最后一个村庄加拉，这是一片木瓦盖顶的石屋，周围环绕着核桃树。村长普索高大瘦削。前一个村子来的向导舍朗为我们做翻译。我们了解到，村里共有7户人家，总计42位居民。普索有五个孩子，其中一个在派乡上学；他希望孩子们都能出去，因为在这里没有未来可言。我们照惯例问起野生动物。当地有两种麝，林子里有一种黑色的，还有一种体色较浅的栖息在山上高处。他说这里有可数的几只雪豹，还有小群深棕色的野狗偶尔由此经过。

我们想去看看进入大峡谷的另一条路，从东面来的帕龙藏布江在那里转道向南，与雅鲁藏布江汇合。为此，第二天我们沿着小路向北，穿过云杉和落叶松混杂的森林，沿途有些区域砍伐很严重，在海拔近4200米高处，我们跨过一片高山平原，接着下山到达排龙，这一地区的行政中心。路边密集的水泥建筑周围，野生动物产品的非法交易十分兴旺，显然是当地管理部门纵容的行为。一个村民极力向我们兜售一张刚刚剥制的铁锈色赤麂皮，另一个人拿着几张晾干的鬣羚皮。一位老人从兜里掏出几颗麝香，这是昂贵的传统药材。一名妇女提着一个篮子，里面放着几张长毛的猕猴皮。我们跟当地林业部门的人谈了谈。提到动物交易时，他显得满不在乎：今天过节，村民们只是趁这个机会赚点钱。我们还了解到，公路两侧200米以内以及山脊上的树林是不准砍伐的。然而一般情况下，总会有超出官方指标三分之一的树木被非法砍伐，卖给木材公司。

为了逃离拥挤的聚居区，吕植和我沿着公路走到横跨帕龙藏布江的一座桥边。我们明天的计划是由一条河边小路到雅鲁藏布江去，需要徒步走上两天。一个漂流队在桥边扎营，斯科特·林格伦（Scott Lindgren）和查尔斯·芒西（Charles Munsey）是其中两位队员，他们打算挑战这条白浪翻滚的大河。不远处还有三顶帐篷，也是外国人的。我怎么听说，这个地方的通行证极难申请？

我们跟帐篷里的人打招呼。其中一个一头卷发的高个子美国人伊恩·贝克（Ian Baker）说他知道我："我还想呢，不知你什么时候会在这儿冒出来。"他倒不是有什么特殊的通灵能力，只不过知道我常在这一带游荡，而我也听说过他在南迦巴瓦周围的活动。贝克还有一位旅行伙伴哈米德·萨达尔（Hamid Sardar）。萨达尔的家人1979年革命爆发时离开伊朗，在法国定居，当时萨达尔正在哈佛大学攻读藏语及梵文研究的博士学位。研读古代文献中的艰涩字句无法满足他的活跃头脑，于是他搬到尼泊尔生活，并在那里结识了贝克，一个同样对藏传佛教的历史和现状深感兴趣的人。两人在这一地区完成了几次长途穿越，在探索峡谷的同时，了解朝圣者和常住居民如何塑造了这片土地——如何塑造了人们头脑中的精神世界，而不仅仅是眼睛能够看到的外在世界。这支队伍里的第三个成员是内德·约翰斯顿（Ned Johnston），一位摄影师。对我来说，这是极其幸运的一次邂逅。贝克和萨达尔相当详细地从文化层面为我介绍了这里的隐秘圣地，对我的认知有很大影响。

他们告诉我，印度圣人莲花生大士，亦称古鲁仁波切（师尊宝），在18世纪将佛教传入西藏，降服强悍好战的神魔，使其成为佛教的守护神。在喜马拉雅游历期间，他创建了八处隐秘的修行地，或称"博隅"，每一处都给人以内心的平静和外在的安宁，有如人间天堂，美丽而充满能量，让人再也不舍离去。这些地方是动荡时代的避风港。莲花生大士在预言书卷中写下有关"博隅"的指引，藏在秘密的洞中。在危急关头，只有虔诚的人才能找到它们，解读其中含义。南迦巴瓦所在的整个地区，包括山峰以东的墨脱，直至跨过中印边境实际控制线，是一片鲜为人知的秘境，17世纪蒙古人入侵西藏时第一次认识到了这一点。

贝克和萨达尔强调说，这片土地有着现实以外的深层内涵。我看到了肉眼可见的部分，那些山、那些杉树和巨型蝴蝶般飞舞的戴胜鸟。我眼里的大自然可能带有几分神话色彩，这甚至可能是我展开研究的部分原因。尽管如此，我或许仍觉察不到当地人所能感知的那些微妙力量，他们用不一样的眼睛观察这片土地，用不一样的耳朵聆听它的声音。作家赫尔曼·梅尔维尔（Herman Melville）曾在书中表达这样的观点："在任何地图上都找不到它，实实在在的地方无不如此。"我的心和头脑已被唤醒，我将不再单纯地沿着小路探索帕龙藏布江，我将进入这一地区的"博隅"白马岗，意即"隐秘的莲花圣地"。

相传女神多吉帕姆（金刚亥母）躺卧的圣体幻化成了这片隐秘的土地。女神头戴小小的猪头装饰，寓示由猪所代表的无知进入觉悟境界。加拉白垒峰是多吉帕姆的头，南迦巴瓦和贡拉嘎布是她的胸乳，墨脱附近的一小片湿地仁钦崩是她的脐，即福佑的中心，雅鲁藏布江是能量流动的主动脉。她的下半身位于中印边境实际控制线以南，需要仔细分辨。

我们的队伍里多了一个林芝林业局派来的人——桑西岭。

他刻板而严厉，穿着军用迷彩服，腰上挂着一把手枪，肩上还背着一杆自动步枪，不停地摆弄着。他这样一副咄咄逼人的样子让我非常恼火，这一路旅行的祥和气氛一下子被打破了。而且，我对不必要出现的武器深恶痛绝。在一些局势不稳的国家，如缅甸、阿富汗、越南和巴基斯坦，我在考察中有时也会有武装护卫陪同。这是有理由的。可是，在中国的偏远地区旅行比在任何国家都安全。过去一些不愉快的经历更增加了我对武器的反感——1960年我曾被一群喝醉了的刚果士兵绑架，1975年被阿根廷军人误当作恐怖分子逮捕，扔上一辆卡车脸朝下趴着，枪口抵着我的后背，在黑夜里被他们带走。

一条很好的步道沿帕龙藏布江向前伸展，路边长着洁白的荚莲、飞燕草和一片片有毒的荨麻。沿途经过的地方要么是峡谷岩壁，要么是灌木覆盖的陡峭山坡，过去轮垦的田地。我们旁边的河水狂躁喧腾，没有任何安静角落或平缓的水湾。我们雇用了6位要从排龙返家的村民搬运行李装备。临近傍晚时，我们来到一片有树阴的河滩，温泉溢出的热水形成了一条小溪。从堆积的垃圾来看，这是一处重要的宿营地。这里海拔只有1800多米，蝉鸣阵阵，硕大的牛虻四处寻找吸血的目标。贝克一行带着15名背工，比我们稍晚些抵达。漂流队也来了，同样是徒步抵达，他们在尝试之后放弃了这一段帕龙藏布江的漂流。"我们想活着回去。"其中一人说。宿营地拥挤嘈杂，做饭的火烧得热热闹闹，丝毫体验不到宁静的荒野感觉。

早饭吃过糌粑粥，我们跨过一道摇摇晃晃的索桥，河水在桥下翻腾着泡沫。野生白草莓生长在路旁，我们一路边走边吃。一只蓝黄两色、身长,30厘米的鬣蜥正趴在石头上晒太阳，一只黄嘴蓝鹊一晃而过。前方的路边站着一头体型庞大的雄性大额牛，身体乌黑，腿上像是穿了白色袜子。大额牛是驯养的白肢野牛，后者栖息在印度到马来西亚的森林里。我不清楚它的脾性，所以等了一阵，直到它自己退进了树丛中。路忽然陡了起来，攀向山上一片平地，到达扎曲村。这里有十几幢房子，周围是小块的农田，种着大麦、土豆、洋葱、油菜。家牛产奶，耕地为生，大额牛主要是身份地位的象征，还有不少黑猪则是用来吃的。在我们下方，帕龙藏布江转弯绕过一座山峰，之后与雅鲁藏布江汇合。雄伟的峡谷中，森林黑沉沉的，一条云带直压下来，河道两头都消失在迷宫般的峻峭山脊中，这个地方似乎散发出不甚友善的气息，我不禁有些胆怯。

我们拜访了村长索朗尼玛。他说全村共有 73 人，其中 4 人有智力障碍。（加拉村的比例是 42 人中有 5 个。）村里很少见到孩子，他们大都去排龙或八一镇读书了。当地人希望孩子能受教育，以求将来逃离这里"没用的生活"。村长告诉我们，如今羚牛、红斑羚和黑熊越来越少。他们以前可以在村子周围打猎，现在却要走上好几天到远处去。我们在其他地方也听到过类似的话，我对这一带野生动物的未来越来越忧心。

我们接着去喇嘛道吉家中拜访。他属于宁玛派，西藏最古老的教派，由莲花生大士创立。这个教派的喇嘛可以结婚，道吉有一位爽朗健谈的妻子。他说，这个地区最初的居民是珞巴族，他们在这里建了一个村子，但是在 1950 年的一场地震中毁掉了。现在这个村里有珞巴族，也有门巴族。门巴族在 16 世纪的政治骚乱中逃离不丹，来到了这里。据道吉说，藏族人是后来的。他的太太拿出一张晾干的麂皮，颜色竟是深褐色，出乎我的意料。

我无法确定这只动物的种类，为了日后做 DNA 分析，我剪下了一小块皮子，这份样本后来引发了一段很有意思的故事。

刘务林召集村里人开会，交流有关野生动物保护的看法，听听当地人担忧的问题。吕植主持会议，桑西岭做翻译。他带着武器、态度生硬的样子，让在场的村民们感到害怕，结果，这次与我们在加拉村的讨论会不同，大家都没有什么反应。我们提出的问题显然在翻译过程中遭到了篡改。问起村里的生活是否有改善时，据说人们回答的是 1949 年，也就是共产党执政以来一直过得非常好。吕植合上了她的笔记本。会议结束。我们没有了解到任何有价值的信息。依照桑西岭的性格，他将会向八一镇的领导汇报，我们问了不合宜的问题。

雨下了大半夜，正是蚂蟥钟爱的天气。我们踏上返程，沿小路向排龙进发，数以千计的蚂蟥，有黑色的，也有长达 5 厘米的棕黄色的，守候在离地大约 30 厘米的叶子上。它们用大吸盘固定住身体，小吸盘则像木棍似的直挺挺地伸向小路，敏锐地搜寻温热的血。蚂蟥进化之完美，让我不由惊叹。它在猎物皮肤上刮出一个伤口，同时注入一种麻醉剂，防止自己被发现。接着，它又用抗凝剂确保血液不断流出。蚂蟥在自己的栖息地上，必定发挥着某种重要的作用，但我实在无法对它们产生好感。我神经紧绷，不停地查看自己身上有没有入侵者，几乎无心顾及其他，顶多看两眼这几天才开始绽放的大朵白色杜鹃花。

我们在扎曲与贝克·萨达尔和约翰斯顿分手，他们打算到雅鲁藏布江对岸去拍摄门巴族人猎捕神圣的羚牛。依据佛教教义，一切生命都是神圣的，在圣地白马岗更是如此。不过，门巴族人为宗教名言找到了一个合理的解释，宣称羚牛是上天专为他们创造的食物。羚牛的体型类似于一头矮壮的驼鹿，它长了一个古怪隆起的大鼻子，身上有很多肉。门巴族人相信，杀死一头羚牛不会带来恶果，只要照规矩完成仪式、释放它的生命之力就可以。后来我们得知，这一次羚牛还没有做好牺牲自己的准备，躲到高山上不见了，仅在身后留下一堆粪便。一行人随后继续深入峡谷，看到了大瀑布的壮丽景色，吉伦沃特尔和斯托姆在上一年找到了这道瀑布，可以说这是他们两个西方人的发现。

贝克、萨达尔和斯托姆在 1998 年秋天再度回到这里，这一次由美国国家地理学会资助，并有摄影师布赖恩·哈维（Bryan Harvey）同行。当萨达尔发现这部纪录片将集中塑造"了不起的白人探险家"贝克时，便与贝克分道扬镳了。萨达尔带着四名背工继续往峡谷深处走，去探索外国人尚未到过的最后一段空白地带。与此同时，贝克、斯托姆和哈维由一位名叫布勒的门巴族向导带路，于 11 月 8 日来到了"传说中的"瀑布上方。在那里，摄影师"让贝克和斯托姆停下来讲述发现瀑布这一刻的感受"。麦克雷在《包围香格里拉》一书中写道。"我们也不知道会有什么发现。"贝克不太自然地说。"走吧，"斯托姆插话说，"咱们还有一道瀑布要找呢。"斯托姆和贝克分别用绳索下到瀑布上方，将绳子拴在一棵松树上，丈量瀑布高度。两人计算得出瀑布高度约为 32 米到 35 米，并将其命名为"多吉帕姆的隐秘瀑布"，向白马岗的女神表达敬意。

1999 年 1 月 7 日，国家地理学会发布了一篇两页的新闻稿，题为《在西藏偏远峡谷发现传说中的瀑布》。"'发现神话一样的瀑布真实存在，太让人激动了。'贝克说……他此前曾七次带队进入雅鲁藏布流域……第五次来到这一地区的探险队成员肯·斯托姆此前一直持怀疑态度。'我不相信有这样一道瀑布；我认为过去的报道是对的——瀑布或许根本不存在。'斯托姆说。"全篇新闻稿丝毫没有提到贝克、萨达尔和约翰斯顿曾在同年早些时候看到瀑布，也没提到吉伦沃特尔兄弟和斯托姆在1997 年就找到了瀑布，并拍了照片。贝克和斯托姆此次测量、记录了瀑布高度——并非发现瀑布。

当中国科学院意识到外国探险队可能在雅鲁藏布江上"发现"新瀑布，或许还有其他有价值的发现，立即组建了一支规模庞大的考察队进入这一地区。前一年的 4 月，科学院的一个前期勘察队在去往派乡的路上从我们旁边经过，开着六辆丰田陆地巡洋舰匆匆疾驰。同年秋天，科学院的三支大部队来到这里，一支进入墨脱地区，一支考察帕龙藏布江，还有一支深入雅鲁藏布大峡谷。贝克和斯托姆测量了"传说中的"瀑布，完成任务之后便离开了，而中方队伍这时还在白马狗熊纠缠于补给问题。

美国国家地理学会兴高采烈地发布消息，中国科学院自然很生气，宣传称中方行动是"本世纪最重要的考察项目之一"。为对抗全球发行的《国家地理》报道，1999 年 1 月 29 日的《中国日报》打出大标题："中国探险家率先发现瀑布"。文章指出早在 1986 年底，解放军摄影师车夫就已搭乘直升机拍到了虹霞瀑布及"传说中的"瀑布，后来这片瀑布被命名为藏布巴东一号及二号。

我只愿多吉帕姆能够原谅世人为她的神圣瀑布这般争吵不休。

有传言说，中国科学院的兴趣不仅仅在于了解地理地貌和自然生态。1998 年的考察过程中，科学院或许还进行了勘测，为雅鲁藏布江上的一个大型水利项目做调研。2010 年 7 月 9 日的《南华早报》指出，有消息来源称，修建大坝将"彻底改变该地区的地貌、经济及生态，并对下游沿途直至三角洲产生深远影响，危害农业生产，淹没人们的家园，破坏地貌及地方文化"。政府官员宣称这项工程"将造福世界"。有关大坝的提案仍在积极研讨中。果真实施的话，届时将要在南迦巴瓦的片麻岩及其他变质岩中炸出一条隧道。这一地区位于南亚板块和亚欧板块的碰撞带，地震频繁，灾难性的强震时有发生。在南迦巴瓦山体中打出一条通道？ 1950 年 8 月 15 日，金登－沃德和他的妻子在南迦巴瓦以东大约 241 公里的地方扎营，"突然，一种极不寻常的低沉声音隆隆响起，大地剧烈地震动起来"。在 1952 年《国家地理》杂志的一篇文章中，沃德讲述了那场里氏 8.6 级的地震："随着大地的颤抖，石头如雪崩般顺着山坡滚落下来……我们后来看到，一些高达 15000 英尺的山峰也被震得七零八落，把数百万吨的石块抛进了狭窄的山谷。"即使不考虑地质构造问题，中国若是在雅鲁藏布江上建造大坝，仍将摧毁一座瑰丽的自然宝藏，美国在 60 年代就做过类似的事，只是规模较小：格伦峡谷大坝建成后，将科罗拉多河的壮美峡谷淹没在了水下。在雅鲁藏布江上游，更多水坝正在规划中或已经开建，而印度也正在国境线另一边筑坝拦河。

雅鲁藏布江还成了最后一条尚无漂流记录的大河。就像寻找瀑布一样，1998 年，一场争夺"首漂"的竞赛在中国人、德国人和美国人之间展开。美国国家地理学会在资助贝克一行"寻找""传说中的"瀑布的同时，也为一支美国漂流队提供了资金。但是那一年的雨季大雨倾盆，江中水位异常高涨。一支德国探险队看过雅鲁藏布江之后，认为根本没有漂流的可能。美国队或许是因为满怀雄心，并且因为受人资助而有一种责任感，决定挑战令人望而生畏的滔滔江水。漂流队的主力队员道格拉斯·戈登（Douglas Gordon），4 月 21 日（尚未见到雅鲁藏布江时）在国家地理频道的《探索者》节目中说："并不算是特别危险。"这一年的秋天，行动开始，江中怒涛翻滚，掀起巨浪，漂流队只能顺着江边漂一小段，之后就要扛着船和装备上岸，绕过激流猛力拍打绝壁的水域。这不是漂流，这是带着划艇登山。10 月 16 日，在加拉村下游一点的地方，戈登的船被水流拽着横向跌下一道落差约为 2.4 米的瀑布，掉进翻腾着白沫的水下。他无力翻过划艇重新坐直，被激流卷走了；他的遗体再也没有找到。在那之后不久，一支中国漂流队成功到达派乡，做出明智的决定，不再继续前行。

我们沿着帕龙藏布江徒步返回，先期考察的任务已经完成，我认为大峡谷里面及周边的地势过于险峻，野生动物稀少，目前而言没有必要进一步研究。但是我非常希望去考察东边的森林，西藏最后的野生虎栖息地。

1998 年下半年，国家地理学会问我，来年是否有兴趣和伊恩·贝克及哈米德·萨达尔一起去南迦巴瓦以东地区，我做野生动物调查，他们两人去了解风土人情。这是一次简单的考察行动，由拉萨的一家户外旅行公司负责协调安排，第二年 1 月启程。我天真地答应了。与贝克和萨达尔同行听起来很不错，从个人角度讲，我喜欢这两个人，也很欣赏他们对当地精神生活的尊重。正如金登-沃德、斯文·赫定等探险家，我更希望旅行伙伴全部是当地人，但和他们一样，我有时也会破例。我通知了西藏林业局，告知我们的计划，请他们派一位工作人员同行。这时，事情变得复杂起来。国家地理学会指派戴维·布里希尔斯担任探险队领队，还有一个月就要出发时，他却退出了，说他"没时间"。之后，队伍中增添了两名新成员，摄影师玛丽亚·斯滕泽尔（Maria Stenzel）和登山家迈克尔·韦斯（Michael Weis），韦斯将负责"安全防护"。五个外国人组队出行很不方便，与当地人的交流将因而减少，并且会引来不必要的关注。

我们于 1999 年 2 月 9 日抵达拉萨。就在这一天，旅游局宣布，禁止所有中国及外国探险队进入南迦巴瓦地区。我们的通行证作废了，几个河流探险队的许可也都被取消。这一年是中国的生态旅游年。我和旅行公司的两名代表去见阿布，他是西藏林业局局长，一直非常支持我们的合作项目。阿布看上去有些局促，不时地笑笑往椅子里一靠，举起手：他也没办法，我们不能去。他问为什么我跟另外那两个外国人搅合在一起，贝克和萨达尔？在瀑布的事情上，他们让中国很尴尬。北京方面下了命令，整个地区都封闭了。阿布接着对两个藏族人说："不要再争了，不然你们会被关了的。"

旅行公司的一个人告诉我，公安局已经到他们办公室去过几次了，打听贝克、萨达尔和我的情况。我被指控在去年新发现了一种野生动物，并将其走私出境。我一时间完全愣住了，过了一阵才答道："这纯属胡说。我发现了一种黑麂，先前在西藏没有相关记录。但这并不是一个新物种，在中国几个省都有分布。去年考察时，林业局的刘务林一直和我在一起。他允许我带走一小块皮子，大约有两平方厘米，去做 DNA 分析。研究结果表明这种黑麂在西藏也有分布。这些都写在我交给林业局的报告里了。"究竟是谁想让公安局找我的麻烦？

　　后来我才了解到，美国国家地理学会那一场作秀，或者按中国人的说法，"那番敲锣打鼓的表演"，彻底激怒了中国科学院，结果在科学院的鼓动下，南迦巴瓦地区不再对外开放。我完全低估了科学院对上一年的失败可能会有怎样的反应。大峡谷是中国的自然宝藏，国家理应选择最好的方式去维护它。眼前的问题是我们这支队伍下一步该怎么办，对此大家都愁眉不展。

　　不过，林业局传来的消息让我的心情一下子好起来，他们告诉我，整个白马岗地区，包括南迦巴瓦，都将如我们建议的那样，在今年下半年划归为雅鲁藏布大峡谷自然保护区。

　　哈米德·萨达尔提议我们两人搭机前往加德满都。他知道尼泊尔的另一处秘境，莲花生大士在深山里建立的另一处"博隅"。为了进一步诱惑我，他说那里的寺院周围有很多性情温顺的喜马拉雅塔尔羊，即尼泊尔、印度和中国的喜马拉雅山区特有的一种野山羊。20多年前，我在尼泊尔的一个地区研究过塔尔羊，当时见到的那些都很怕人。我当即被说服，决定跟哈米德一起走，去进一步了解这种动物的种群生态和行为习性。

在尼泊尔中部，十余名搬运工背着足够支撑一个月的食物和设备，我们跟在后面，在海拔 8169 米的道拉吉里峰脚下顺着一道峡谷上山。我们的一侧是大片绝壁，另一侧是奔腾的激流。在相对平缓的坡上，零零散散地有一些棚屋和农田，再往高处去，则是成片的森林。眼下是 3 月，尚未入春。空气白蒙蒙的，火烧掉了野草，被风推着，冲进了针叶林；当地的藏族村民毫不在意地一点点毁掉最后的森林，毁掉他们仰赖的木材和燃料来源。哈米德会讲藏语，问一个男人为什么要烧火，那人冷冷地说："我们一向这么烧。"我们向一位印度官员提出了同样的问题，他是从平原地区来的，很不情愿地被调派到这里。他摆摆手，答道："能怎么办呢？"

我们转入侧面的一个山谷，由这里进去便是隐秘的圣地乔摩隆，意即"福佑的山谷"。哈米德和我是朝圣途中的伙伴，行走在各自的探索道路上。哈米德沉默而专注，既是现实主义者，也是努力探寻精神世界的人。他在野外健步如飞，时常走在我前面，仿佛急切地奔向某个抚慰心灵的港湾。在这片世界尽头的圣地，希望我也能有新的感悟。走了两天，狭窄的山谷豁然开朗，前方是大片的村庄和农田。道路沿途是玛尼石墙，一堆堆石块上刻着经文，还有大大小小的各式佛塔，象征着唯一的佛。我们走进一座寺院，一个很小的静修之所。一位僧人为我们诵经，击鼓，点燃柏树枝，祝福旅途平安。我们听说，当地村民猎捕麝，获取珍贵的香囊，另外还捕杀喜马拉雅塔尔羊和岩羊吃肉。这里有一种与白马岗类似的矛盾：人们信奉怜悯生命的佛法教义，却又缺乏生态关怀，对栖息在森林和高山草甸的动物漠不关心。

　　再走不远，我们便将到达乔摩隆隐秘中心的小寺院，一切烦忧都将烟消云散。这座寺院由喇嘛家族世代守护，迄今已有十代，哈米德告诉我，现在这一任大喇嘛不希望外界知道寺院的位置，免得外来的人打破那里的安宁。为此我给寺院取了一个名字叫"瑟唐"——藏语的"金色曼陀罗"。我们沿着峭壁艰难行进，小路时而穿过森林，风在冷杉间低声吟唱。终于，瑟唐寺出现在前方，背靠着一道积雪残存的绝壁。风拖着云，缓缓抚过旁边的高耸山峰。年轻的僧尼在新翻的土豆田里劳作。我们渐渐走近三层高的寺院，看到一些僧人在前院里跳舞。一群银色的雪鸽协调如一体，从飘扬的风马旗上方飞过。

　　在这里，人可以与神交流，可以吸收乔摩隆散发出的能量。然而，眼前忽然出现了让我们震惊的一幕，哈米德更是惊得目瞪口呆。一片新建的丑陋木板房包围了古旧的庙宇，另一座大殿正在建设中，附近的老林子被砍伐了大半，木材都用来造房子。我们在一片草地上搭起帐篷。僧人过来查看，跟我们闲聊。我们了解到，这里已有 50 位僧人和 36 位僧尼，往后还会更多。一个安详的静修之所正被打造成一个社区，无论从精神还是生态来讲，寺院与环境的和谐都已被摧毁。

　　我们见到了大喇嘛，一个热情而动作轻盈的人，也许年近五十，我们问起眼下这些乱糟糟的拓展工程。他说，多亏有了海外施主捐赠的资金，他们才能搞建设。他的目标是弘扬佛法，传播救赎灵魂的真理，为此要大批培养男女僧众，并让更多的孩子受教育。他的期望是发展壮大。我们指出，如果这片土地被毁，佛法也将岌岌可危，瑟唐太小了，容不下那么庞大的聚居区。已有很多生长了两百年的铁杉和冷杉遭砍伐，一小部分木料做成木瓦铺屋顶，剩下的大部分都扔在那里烂掉。为什么塔尔羊受到保护，古树却没有？喇嘛回答说：“因为树不会思考。”树木不像动物，它们没有神经系统，所以是没有知觉的生物。我说，现在已有研究证实，植物彼此之间也有交流。这不正说明了它们也有感知力吗？我发现在僧人和信众有关生物、有关大自然的宗教信念中，很少包含生态意识及相关知识。我们认识到，瑟唐是当今世界的一个缩影，反映了发展与生态保护价值观之间的矛盾冲突。

幸好，喜马拉雅塔尔羊每天都能给人带来一点好心情。它们大约 10 只到 20 只一群，来到寺院周围啃食春草的新芽，其中大部分都是雌性和幼仔；成年雄性此时还在高处的山坡上。塔尔羊长着短而弯曲的角，一身凌乱的棕色毛皮，很容易与家养的山羊混淆，它们静静地吃草，无视周围来来去去的僧人和那些挥着榔头、锯子的建筑工人。我跟在塔尔羊身边，熟悉了它们的作息——它们早晨和下午活动，中午休息。到了夜里，它们和我不一样，要躲进安全的险峻山崖间。正如同羌塘偏远地带的狼，塔尔羊也在告诉世人，只要我们允许，野生动物就能生活在我们身边，友好相处。

一位僧人看着热火朝天的工地对我们说：“‘博隅’完了。”哈米德的宁静避风港无疑已不复存在。尽管如此，这片隐秘的世外桃源并未完全消失。它还可以恢复生机，不单是仰仗信徒行善的功德，还要依靠生态知识和众人的承诺，共同来保护这片美丽的土地和栖息于此的一切自然生灵。也许我有点过于乐观。但是离开瑟唐这天，我们看到了一只豹子的脚印，它朝着乔摩隆的中心去了，显然是去捕塔尔羊。这正是大自然的印记，豹子的存在表明，这处隐秘天地基本保持着完好，福佑的山谷仍旧壮美而安详。

第十章

进入秘境圣地

　　2000 年 5 月，我们终于拿到通行许可，在八一镇（林芝）集合之后，进入秘境白马岗。这次的考察队共有五个人：参与过 1998 年考察的吕植再度加入；其他队员包括张恩迪，时任国际野生生物保护学会中国项目主任，一位优秀的生物学家，上一年曾和我一起在西藏东部做野生动物调查；西藏林业局的张宏，一个健壮友善的年轻人，1997 年参加我们的羌塘考察时，充分展现了他的吃苦耐劳；还有林芝西藏农牧学院指派的多琼，作为植物学研究者与我们同行。队里有三位我尊敬且喜爱的老朋友，这想必会是一次愉快融洽的旅行。我们计划从雅鲁藏布江徒步向东，翻过群山，沿地势较低的白马岗地区外围行进，然后向北跨过岗日嘎布的一个山口，最终到达波密。

　　1999 年，西藏自治区将雅鲁藏布大峡谷划归为省级保护区，我们考察的当年升级为国家级保护区，面积达 9583 平方公里。保护区涵盖位于白马岗中心的整个墨脱县以及米林、林芝和波密的部分区域。莲花生大士构想的人间天堂，隐秘的圣地白马岗，如今似乎得到了新的怜惜与关爱，受到政府的保护。白马岗是墨脱的旧称，意为"莲花"，在佛教中象征着觉醒的心灵——对环境的关爱正体现了这一点。

不过，有两件事让我心里有点不安，一件还有时间，另一件则是眼前的事。1999 年 10 月，西藏林业勘察设计院提交了一份有关新保护区的总体规划。方案关注的重点是经济，特别是旅游业的发展。依照规划设想，到 2003 年，八一镇将建设完成新的管理局、管理站；一条进入保护区的公路、四个游客接待中心和"总计 200 张床位的家庭旅馆"；各县图书馆及教育中心；"由国家领导人题写"的四块石碑；同时列入规划的还有人工繁育中心—— 一个植物的，一个动物的，一座植物园；一个手工艺中心。管理人员和从事旅游业的本地居民都将接受培训。预计到 2005 年，保护区将成为"一个著名的生态旅游区"，接待 5000 名中外游客，到 2010 年，预计这一数字将达到 10 万。旅游业确实有着巨大的潜力，尤其是交通干道沿线以及进入峡谷的主要徒步路线上，如果新公路建成，墨脱本身也是潜力无穷。但是，这项规划似乎有点过于宏大。2000 年的这次考察中，我们的任务之一就是为西藏林业局做一份评估，实地考察旅游开发的可能性以及外来影响可能导致的后果。

我担心的另一件事则是近在眼前，八一镇的一位官员告诉我们，4 月 9 日以来，两场大规模山体滑坡形成了一道异常高大的天然水坝，阻断了易贡藏布江。易贡藏布江在地区行政中心排龙乡的上游与帕龙藏布交汇。我在1998年曾驱车沿着这条河往上游走，寻找迁徙途中在开阔河滩上落脚的黑颈鹤。山体滑坡阻断河道并不是新鲜事。那一年我在日记里写过："很多地方有新近滑坡的痕迹。这一带的山体极不稳定，植被一直在不断重生。"1913年，贝利和莫斯黑德穿过这片河谷时，听人说起1901年曾有一场山崩阻断了河道，堰塞湖崩溃后的汹涌洪水在山坡上留下了伤疤，12年后依然清晰可见。现在八一镇的政府工作人员提醒我们，离开白马岗时不要走帕龙藏布河谷，以防大坝突然崩塌。

5月7日晚，队伍到达派乡。我们要在这里雇背工帮忙背行李，准备翻越进入白马岗的重要山口，海拔约4200多米的多雄拉。一辆租来的卡车载着我们和背工，沿一条运送木材的路上山，来到一面陡坡底下。工人说我们的东西太多了，他们背不动。每一位背工的背篓里都装着不少糌粑和其他个人物品，准备到白马岗去卖掉，买辣椒和米，的确没地方放我们的食物和装备了。双方的协商没有任何结果。在蛮横的村长怂恿下，工人抛下我们调头往回走。我们把行李重新装回车上，背工们又回来了，索要一天的工钱，并且要求卡车把他们送回村里去。这是不可能的。我们一分钱没给，让他们自己走路回去了。我们在1998年考察时认识到，地方官员没有采取任何措施规范管理这一地区的背工，导致有些人完全不讲规矩，时常中途停下要求加钱，故意放慢行进速度，拖延行程多赚钱，甚至从行李中偷东西藏在路边，等返回时取走。

第二天，我们兵分两路，一部分人去前面的村子重新雇背工，其余的人整理行李，按20公斤一包准确分配。完成工作后，我去村边的田野和小树林散步，南迦巴瓦的峭壁如水晶般熠熠生辉，遮蔽了天际，我边走边记录沿途发现的鸟：高原山鹑、红眉朱雀、大山雀、棕背伯劳，还有戈氏岩鹀——第一次在这个地区看到。第二天一早，背工来了，二话不说背上行李排成一队开始缓步上山，一个个被重负压弯了腰。在海拔三千六七百米的高处，我们经过最后一片冷杉林，然后，杜鹃花丛也渐渐不见了，再往前走，只剩下硬实的积雪。中午过后不久，走过一块突出的峭壁，我们到达了山口。大家停下等着背工上来。站在这个白雪与天空交融的地方，我仰头面向群山，仿佛飘浮在宇宙间。我的脚边有几只蜻蜓，嵌在雪里，半透明的翅膀伸展着，仍是飞翔的样子。

下山后进入一片朝南的山谷，两侧山崖高耸，积雪被太阳晒得发软。我们每迈出一步都深陷下去，有时雪直没到大腿。两天前曾有村民从墨脱镇过来，雪崩已经抹去一些地方的脚印。我紧张地扫视山坡；我的考察队里还从来没有人出过事。安全第一，我催促所有人加快脚步通过危险区。在高海拔地区的山谷中，下山十分缓慢，我们不时跨过积雪冻得坚硬的沟壑，但最终，总算看到了紫色的报春花。两只棕尾虹雉鸣叫着向山下滑翔。小路前方有一个山洞和一块干燥的草地，我们停下在这里过夜。顶着太阳在雪地里走了一天，我有点儿脱水，同伴们开始煮晚饭，我向背工讨了一杯热茶。夜里，望着莹亮的银色山峰，我心中感伤，在这个地方，我们只是过客而已，如候鸟的粪便一般无足轻重。

我们不久便来到了完全没有积雪的地方，沿途看到了大朵绽放的红色杜鹃花，还有成堆的垃圾标示出的宿营地，喝起来有一股脏袜子味道的劣质白酒似乎是这一带流行的饮品。不知出于什么古怪想法，有人在雪崩路径上建了一幢铁皮小屋，结果可想而知。到了海拔两千四五百米的地方，针叶林渐渐被橡树、枫树、木兰及其他阔叶树取代，树干上蒙着一层苔藓。桫椤给这里增添了一份远古气息。继续向前，我们走到了一个兵站，有两幢被垃圾包围的小屋。一位笑眯眯的藏民在旁边开了一间旅舍：一个棚子，顶上盖着一块塑料布。他给我们端上了茶和米饭，还有军用肉罐头。我注意到隔壁士兵吃的是新鲜的羚牛肉。

天黑下来，背工们还没出现。研究植物的多琼这时才告诉我们，那些人明天才能到，在行程中成功地额外添加了一天。多琼能够辨认的植物很有限，而且只知道它们的中文名称。作为队里的翻译，他的情况大致也是如此：他不会讲本地的任何方言，甚至不懂这里的藏语。我们跟背工打交道的时候，他一直低着头一言不发。大家半开玩笑地说，这样一个没必要来的人，肯定是被派来监视我们的。

我们从清凉的山区下来，进入遍布野蕉和蚂蟥的湿热地带，顺着紧贴崖壁的一条狭窄小路穿过山谷，河水在下方怒吼奔腾。山谷突兀地到了尽头，坡上是光秃秃的田地，山田烧垦已毁掉了植被。我不小心被一块石头绊了一下，一个膝盖狠狠撞在路面上。在野外工作几十年，包括最轻微的伤在内，这是我第三次挂彩。我们到达了雅鲁藏布江边，在大峡谷下游很远的地方，棕黄的江水由此继续向前，不久便会穿过中印边境实际控制线。我们由摇摇晃晃的解放桥过河，来到一个军队哨站。路的前方，在一小块海拔仅900多米的台地上，坐落着背崩乡。我挂着一根木棍，忍着痛慢慢往前走。背崩乡有出租的房屋。佛教信仰提醒世人去感悟每一天的珍贵之处，对于此时负伤的我，这恐怕很难做到．不过，至少明天我们可以在这里原地休息。

雨下了大半夜，第二天仍没有停，为后面将要发生的事情拉开了序幕。乡长告诉我们，政府非常担心上游的易贡藏布堰塞湖突然崩溃，河流附近的学校都已经关闭了，5月25日之前，解放桥以及其他桥上的板条必须全部拆下来。幸好岗日嘎布山脉有两个通向北方的山口，我们可以由其中一个离开白马岗。

从背崩乡能够看到的所有山坡谷地都已没有森林。据乡长说，步行两个小时可以到达离这里最近的一片林子。门巴族和珞巴族人都采取烧垦的农耕方式。砍伐一片森林并焚烧之后，只能耕种一两年，之后必须休耕至少五年，让土地重新补充消耗掉的养分。开垦新田时，人们比较偏爱古老的森林，因为那里的土壤更加肥沃。当地轮耕种植的主要作物是玉米——而玉米主要用来酿酒。藏民在山谷里有固定的耕地，多半都用来种稻子。虽然收获的大米吃不完，但要拿到外面去卖的话，成本又太高。这里需要一条公路——我一次又一次听到这句话。三年前有一只老虎在背崩乡附近被猎杀，去年又有一只；不知现在这一带还有没有野生虎。

我们顺着雅鲁藏布江往上游方向走，前往35公里外的墨脱镇，天下起雨来。我的膝盖肿了，无法弯曲。大家找来一匹马让我骑，鞍子是木头的，没有马镫：在这里，马的作用是驮行李，而非驮人。一个门巴族人牵着马，我一路忙着缩头躲避伸到小路上方来的枝杈藤蔓。蚂蟥纷纷扑向伤腿的脚踝。我没法弯下身把它们揪掉，没一会儿便感觉到黏糊糊的血流进了靴子里。在闷热潮湿的天气里长时间行走，我们感觉异常疲惫。快到墨脱镇时，林业局的两个人前来迎接我们，用一个保温箱带来了冰镇的可口可乐和雪碧。真是贴心之举！徒步跋涉（以我来说是骑马）12 小时后，我们抵达白马岗中心的墨脱镇。这里有一片铁皮屋顶的政府机关、店铺、一家饭馆、两幢新建的三层楼房，还有一个兵站，周围的菜园里种着青椒、南瓜和豆角。我们几个人跟茶果合住一个房间，茶果是藏族人，八一镇疾病防控站的副主任，计划走遍墨脱县的 61 个村庄，为人们注射小儿麻痹症疫苗。他告诉我们，疟疾和肺结核在这一带很流行。

散碎的云停滞在大大小小的山谷中，像是下了一夜雨之后累坏了。林业局的一位工作人员带我们来到附近的一个门巴族村落，这里正在办丧事。我们走进一间被烟火熏黑了的房子，墙边摆着成排的瓦罐和长勺。一位 77 岁的老人盘腿坐在火塘边。他的太太昨天过世了。他醉意朦胧地自己嘟哝着，只有一句话清晰可辨："我要感谢毛主席。"我们跟贝迦聊了聊。贝迦做过村长，现在 78 岁了，留着白胡子。他说，这里如今没有多少野生动物了，只是偶尔能见到野猪和麂。"我日子过得很好。"他说着，催我们把酒喝掉。我们有两个选择，一是玉米和荞麦酿的一种浑浊的低度酒，另一个是大米酿的混入了酥油和鸡蛋的烈酒。当地劝酒时往往先说一句"不用担心"，这是因为传说在过去，门巴族人会给不受欢迎的访客下毒。

墨脱县的副县长洛吉请我们吃晚饭。眼下各方官员都在忙着关注易贡藏布的堰塞湖。住在河流附近的村民已全部被转移到地势更高的地方。席间我一直在跟韩原聊天，他是一位行政助理，健谈开朗，非常熟悉当地情况，在一个关于藏羚羊的电视节目里见过我。他告诉我，今年有一只老虎在墨脱镇附近被猎杀，另外，不时会有小群的野狗攻击牛和马。我问起墨脱的公路，有一条路出白马岗，通向 140 公里外的波密。韩原说，公路是 1994 年建成的，但大部分路段都已被山体滑坡破坏，被雨水冲垮。冬季里，大雪会封住进出白马岗的嘎瓦龙山口。有的年份部分路段会重修，至少让卡车能在夏季的一小段时间里通过山口。新建的保护区里大约住着 2400 户人家，15000 人，其中 50% 为门巴族，10% 珞巴族，其余为藏族，军队、政府工作人员、工程人员等等不包括在内。汉人来这里需要经过特别审批。我们喝着酒，海阔天空地聊了近三个小时。村民常采集食用菌和草药，我问起这些东西会不会卖到市场上去，增加村民收入，同时激励他们保护森林。不会，韩原答道，只有少量藤条能卖出去。这个地区有很好的野生柠檬、核桃，还有种植的橘子，可是这些产品没办法送到市场上去。

我起初没意识到因为我的出现，官方人员有多么紧张。他们派人去村里打听我问了哪些问题。后来我才知道，张宏也曾被他们仔细盘问，我发现他不再像以前那么活跃，尤其是有官员在场的时候。我甚至不知道张恩迪和吕植有没有把真实情况全都告诉我。墨脱似乎还停留在过去，笼罩在"文化大革命"的氛围中。我不再用望远镜观察鸟类，免得被当作间谍。

仁钦崩，女神多吉帕姆圣洁的脐，位于由此向东南徒步 4 小时的地方，在海拔 900 多米的山上。我很想去看看精神地图上的这一区域。伊恩·贝克在《世界的中心》(*Heart of the World*，2004 年) 一书中提到，白马岗和其他隐秘圣地一样，包含三个部分。第一部分是我眼里看到的风景。我欣赏过巍峨的雪峰、咆哮的江河、覆满兰花的树木和丰富多样的鸟类。我也真切体验了无休无止的大雨、湿滑的小路、极不稳固的滑坡地段以及蚊虫跳蚤和蚂蟥之类不断骚扰的小动物。伊恩·贝克曾引述一位喇嘛的话："当蚂蟥爬满你的腿，就当作它们是在吸走所有的业力污物。"第二部分是内在的神祇、恶魔的象征世界，这是朝圣者和本地居民熟悉的领域，而我无法看到。不过，我至少可以尝试探索这个内在世界，增强对心灵和精神的关注。最后，还有第三部分，即通向天堂、觉悟的大门，那是要经受磨难、行善积德才能到达的地方。

一条小路径直伸向仁钦崩，攀上一个山尖，然后向下进入盆地，山坡上森林覆盖，低洼处是一片湿地。仁钦崩寺矗立在一个小山丘上，三层的建筑，周围环绕着系在立柱上的风马旗。盆地边缘一带住着7户人家，种植大麦和小米。一个相貌粗犷的藏族人邀请我们进屋喝米酒和茶。1959年，他16岁那年搬到白马岗，现在在这片人间天堂里等待死亡来临。我们的队伍里添了一个人，一位壮实的中年门巴族汉子，名叫达瓦，他在我们下一个要去的地方——格当做过11年党委书记。我们已经认识到他是多么宝贵的伙伴。有他在场，别人就对我们多了一份信任，而且不论走到哪里，大家都热情地跟他打招呼。他很喜欢交流时事新闻和小道消息，帮我们厘清了各种问题。离开了镇子，队伍里的气氛一下子轻松起来。

仁钦崩寺的管理员诺布在寺院门口迎接我们，他70岁，精瘦，身高不足一米六，缺了左手。诺布告诉我们，他曾经出家，在"文化大革命"期间转入"红色"队伍，现在又是僧人了。1950年的大地震震塌了墨脱的大部分建筑，这座寺院也被彻底摧毁。寺院重建之后，在60年代末的"大革命"中再度被毁，后来在 1985 年由政府重新修建。大殿里，用布包裹的经书占据了一面墙。另外几面墙的架子上摆放着小神像、成排的鬼面具，还有一张已故班禅喇嘛的照片。一张桌子上杂乱堆放着在地震及后来风波中损坏的佛像。在几排点亮的酥油灯上方，莲花生大士威严的四臂金像熠熠生辉，他身披哈达，怒目圆睁，露出雪白的牙齿。虔诚的朝圣者不畏艰难从周边或远方来到这里，净化自己的心灵。寺院虽新，却处处显露出疏于维护的痕迹，我不认为天上的神明会在这里起舞。

寺院后方有一幢简陋的房子，有几个空荡荡的房间，其中一间里有一个朝圣的人，我们听到他在吟诵六字真言"唵嘛呢叭咪吽"，意为"珍宝在莲花中"。据说在仁钦崩寺静修一夜，抵得上在别处修行一年。我们另找了一个房间借宿。柔和的火光中，大家聚在一起聊蚂蟥，聊老虎，聊些安全的话题。仁钦崩的最后一只老虎在 1968 年被射杀。

我向达瓦和队里其他人讲起，同年早些时候，我在由此往南实际控制线另一边的中印争议地区待了一个月，即印度所谓"阿鲁纳恰尔邦"（中国称"藏南地区"）。分界线两边的自然环境极其相似，我在 2 月底开始考察，比较老虎、羚牛及其他野生动物的生存状态。

1963 年，我带着凯和两个年幼的儿子第一次到印度，开始做一项有关野生虎及其猎物的研究。那时中印冲突仍是所有人关注的问题。直到 2000 年，时隔 37 年，我终于再次得到机会，到这个仍被列为禁区的地方展开野生动物调查。

2000年2月27日，我到达阿萨姆邦首府古瓦哈蒂。第二天，当地报纸《前哨报》头版登出大标题："纳根·萨尔马遇袭身亡"。萨尔马是林业部部长，他的车连同车上的5个人被反政府组织的炸弹炸飞，当地政治局势的动荡由此可见一斑。全身上下被仔细搜查之后，我搭乘一架用于商业飞行的军用直升机前往藏南地区（目前在印度控制之下）。在首府伊塔那噶附近的一个简易机场，我见到了钟·米赛乐。个子高瘦的钟经营一家户外旅行公司，但他也喜欢探索没去过的地方。他还带来了他的本地搭档康卡·里巴（Komkar Riba），一位阿迪人。我们将一同走进藏南的偏远山林，大致了解这片鲜为人知的自然栖息地。过去听说阿迪人憎恨一切闯入他们森林的外来者，但康卡是新一代阿迪人。康卡有一张温和可亲的圆脸，习惯了城市生活。发现我们打算徒步穿越没有人烟的森林时，他看上去有点不知所措。不过，作为翻译以及与地方官员交涉的人，康卡发挥了不可估量的作用。

我们沿着布拉马普特拉河平原边缘驱车向东。现在队伍中有5个人，加上了司机哈金和年轻的尼泊尔厨师夏尔马。公路很不平整，到处是坑，塔塔卡车拥堵在路上，喷着有毒的黑烟尾气。稻田里，白色的牛背鹭一动不动地站在田埂上。7个小时后，我们来到建在河畔的城市巴昔卡，与布拉马普特拉河汇合前，雅鲁藏布江下游的这一段被称为底杭河（又称香江）。

伸向北面中印边境印度实际控制区的公路是柏油路，曲曲折折地绕过俯视河流的每一座小山。路两旁生长着蕨类植物、露兜、芭蕉，偶尔有一小片森林。阿迪人沿着路边悠闲地走着，穿着土布做的缠腰布和短上衣，露出两条细瘦的腿。有些人带着短刀，装在猴皮做的刀鞘里，斜跨在胸前。几乎所有人都带着步枪。有一个人摩托车后面的筐里，放着一只死去的帚尾豪猪。捕杀贩卖野生动物的现象在这里很普遍，这是很多家庭唯一的现金来源。大额牛——驯化的印度野牛，懒洋洋地待在路旁；康卡说它们大都是用来充当彩礼的。

第二天早上，我们继续往北走，浓重的雾聚在山谷中，空气死一样凝滞。以烧垦方式开辟的田地主要用于种植旱稻，山林变成了一片片灌木或伤疤似的裸露土地。我们应村长的邀请走进阿迪人的村庄坚波，这是一片竹子搭建的吊脚楼，茅草覆顶。屋里的墙上挂着篮子和衣物。有一面墙上挂着大约 100 个头骨，最老的可以追溯到屋主祖父那一代，其中多数是野猪的头骨，另外还有羚牛、鬣羚、麂和猴子的。这家主人告诉我们，现在要往西北边走 4 天才能见到羚牛，老虎已不再来这里了。我们坐在火塘边，晚餐是米饭和小扁豆，很多邻居挤进来，围观我们吃饭聊天。

第二天一早，我们继续前行到达墨金，这是印度的一个哨站，也是周边地区的行政中心，一条林间小路由此向西伸展，返程途中可以过去走走。在附近的一个村子里，我们看到一个阿迪人胸前斜挎着一条布带，上面装饰着一只云豹的上颌骨，龇着尖牙。我们还见过这样一条饰带，上面有 6 个大型猫科动物的颌骨，以彰显猎人屠杀危险猛兽时的英勇。阿迪人以及东边的米什米人，有时会越过中印边界到白马岗去打猎，因为这一带已很少能见到老虎之类的大型猫科动物，而且翻过那些低矮的山丘并不难。

钟、康卡和我的下一站是公路尽头的都登，距离中印实际控制线仅24公里。政府办公建筑四散分布在一连串小山上，河滩上是一片密集的阿迪人、门巴人及藏族聚居区。我们的出现让印度军方很紧张，于是我们原路返回墨金，雇了几名搬运工，准备徒步穿越那边的森林。两名猎人回到村里，拿着枪和弓箭，还有一个鼓鼓囊囊的编织袋。我们问起袋子里是什么，猎人拽出了一只叶猴，背部是凌乱的灰色毛发，腹部发白，头顶为深灰色。它的黑色面孔写满哀伤，很像人，眼睛半合着。这是一只灰叶猴，栖息在边界那边的白马岗，雅鲁藏布江大拐弯环抱的地区。另一位村民拿出一张云豹皮给我们看，这是上周的猎物，此外还有一张金猫皮。我的野生动物观察记录中，有太多曾经鲜活的生命留下的悲伤遗骸。

我们带着6名搬运工启程，沿着一道原始森林覆盖的山岭划定了考察路线。一种娇小的白色兰花开得正盛。小路旁布满了设计精巧的捕鼠陷阱，田鼠是当地人喜爱的一种野味：一根竹竿横在小路上方，离地大约两米，为田鼠搭起一条通道，竿子上绑着一个带有触发机关的绳圈。田鼠碰到机关时，另一根弯曲的竹竿便会突然绷直。我们在简陋的营地过了一夜，第二天黎明，我比其他人先行一步，希望能在静谧的晨光里遇见一些动物。我仔细查看了一处动物打滚的泥塘和一堆粪便，有可能是云豹留下的，里面有麂的毛发。当晚我们在一条小溪边宿营。大雨下了一整夜，直到次日中午才停。路上的每一块石头、每一根树枝都变得异常湿滑，仿佛蒙了一层冰。一小群灰叶猴在树冠层上横冲直撞地跑了过去。我总算是见到活着的动物了。这天下午，我们跨过河上一座由几条绳子和几根竹竿搭成的桥，森林渐渐被大片的玉米和旱稻取代，嘎钦村出现在前方。我们浑身湿漉漉的，疲惫不堪，在当地学校借宿。我的裤子染上了斑斑点点的血迹，都是蚂蟥在黑暗中安享大餐留下的。

我们再度上路继续向南，一位银发飘飘的没牙老人举起手臂打招呼，高声喊道："哈利路亚，赞美主。"我们在路上遇见一位身穿锐步 T 恤衫、大获丰收的猎人。他抓了 15 只蛤蟆，用一根削尖了的木棍穿透它们的肚子，一只叠一只地穿成一串。蛤蟆们还活着，挣扎着抽搐着。雄性是鲜艳的硫黄色，雌性棕灰色，个头更大。

车子在莫尔等候，从我们过夜的地方走过去要 3 个小时。一行人抵达阿隆，当地的一个重镇，很高兴能住进一家旅社，经历了连续多日的大雨，我们终于能把湿透了的行李晾干了。地区专员是一个矮胖冷漠的官僚，看到我们非常紧张，这几个人到底来这里做什么？我们想去看看西边的一片山，可是因为天气的缘故，却基本上只看到了云雾。3 月 16 日，我们离开阿隆，几小时后，便又置身温暖、晴朗、空气污浊的布拉马普特拉河平原。晚上，我们回到了康卡的家。

我了解到，印度建立了一个迪邦 – 底杭生物圈保护区，但并没有得到国际上的认可。保护区占地约 5180 平方公里，东西宽约 200 公里，我们这次在林中徒步时，实际上经过了其中部分区域。这座保护区建于一年前，目的是连接西边的莫陵国家公园和东边的迪邦野生动物保护区。对于中印边境实际控制线以北的雅鲁藏布大峡谷保护区，这一系列受保护的区域可以成为生态圈的重要延展——只是当地政府并没有采取什么实际举措遏制狩猎活动。这一地区其实属于同一片圣地，拥有同样的自然栖息地和野生物种，无论从信仰还是生态角度来说，均具备理想的条件，中国和印度可以在这里携手合作，完整保护这片土地。我见到了新保护区的负责人佩乔姆·林戈（Pekyom Ringo）。他是保护区的唯一员工，住在伊塔那噶，离保护区很远，而他对那里的了解十分有限。我问起阿迪人和米什米人大量捕杀野生动物的问题，他不以为意地回答说："他们一向打猎。这是当地的文化。"我原本希望藏南的广阔森林能够发挥储备库的作用，为白马岗残存的野生虎种群注入新生力量。可是目前为止，在我们走过的森林里，几乎见不到野生动物，而且我们没有遇到任何一个人能够肯定地说这里有老虎。所有人都说老虎在远处某个地方。

我们还想去看看西端的山区。途中经过提斯普尔（Tezpur）时，我们向当地总司令 D. 沙卡萨提出了申请。钟·米赛乐跟他讨论了发展旅游业的好处。将军一语中的："神创造了这一切。人们何不享受呢？"北上途中，在山麓附近，我们在规模不大的纳默里国家公园（Nameri National Park）稍作停留。这里在 1978 年被划归为受保护的林区，今天仍栖息着老虎、大象，或许还有罕见的白翅栖鸭。保护区的旁边是一片绚丽迷人的雨林——位于山麓的帕奎野生动物保护区。若是给予全面保护，不出几十年，野生虎便能由这里散布到森林各处。

我们由一条平坦的柏油路继续向北，跨过了索拉山口，这里海拔 4023 米，两侧是参差的山峰。再往前，我们终于来到中印控制线附近的达旺，往西不远是不丹边境。一座小山顶上矗立着一座宏伟的寺院，旁边即是六世达赖喇嘛仓央嘉措出生的地方，山坡高处一幢粉刷成白色的房子。仓央嘉措生于 1683 年，

1706 年神秘死去。作为达赖喇嘛，他的行为有些离经叛道。他的诗歌赞美美酒与爱情，至今仍广为流传，下面便是一首歌中的一节：

　　　　住在布达拉宫
　　　　我是持明仓央嘉措
　　　　住在山下拉萨
　　　　我是浪子宕桑旺波

　　在达旺，警察局局长很亲切，听说我们要去东边的山里调查野生动物，他觉得挺有意思，派诺布陪我们进山，另外，我们还找来了塔卡帮忙安排搬运工。我们从达旺走上一条小路，曲折穿过竹林和草地，经过成片的橡树和盛开的木兰花。在一个村子里，我们看到了摊开晾晒的一张斑羚皮。这是一只喜马拉雅斑羚，不同于栖息在南迦巴瓦一带的红斑羚。我如此徒步而行，总需要有些价值；了解稀有物种的分布情况，至少让我觉得这是有意义的科学研究。辛布村有一片密集的石头房子，这里海拔超过了 3000 米，仍残留着一些积雪。四处搜集植物的金登－沃德曾在几十年前经过这个地方，当时这里的样子恐怕与今天没有什么两样。有些人家的门外挂着生殖崇拜的物件，一个木刻的男性生殖器，或只是简单地挂一小截木棒。

　　钟喜欢走在前面探路，比我们提早许多到达玛戈村。我和搬运工们抵达时，他说他遇见了一群诵经的人，抬着一只捆在竿子上的雪豹。吟诵结束后，他们依照仪式举起了短刀。此刻二十来个男人正坐在院子里喝青稞酒。竹竿上搭着雪豹的皮，一只雄性雪豹。它的头骨尚未取出，大张着嘴，伸着血淋淋的舌头——从牙齿来看，它刚成年。男人们看上去面色阴沉。

幽暗的冷杉林上方，雪峰耀眼，有种了无生气的壮美。我们顺着一道山谷攀登至林木线一带，看到一群聒噪的血雉，还在峭壁高处发现了两群岩羊，夜里我们睡在突出的岩石下面，感觉远没有熊窝舒适。之后考察队一行徒步返回达旺，在藏南地区的短期考察至此结束。这个地区拥有印度最美的森林，野生动物却十分稀少，少得令人失望，而原因就是无节制的狩猎。

在仁钦崩，夜晚大家围坐在火边，我细细讲述了二三月间在印度的这次旅行。我对身边的伙伴心怀歉意，因为关于分界线那边的野生动物，我讲不出让人高兴的故事。他们也含蓄地表达了担忧，这边的情况同样不容乐观。不过，达瓦说，格当一带依然有老虎，后天我们就去那里。

我们离开墨脱向北前往格当，阳光已感觉很晒，空气让人提不起精神。队里有9名背工，还有达瓦和唐，唐是一位和善且勤劳的建筑工人，想在队里做厨师，跟着我们翻过岗日嘎布山，一直走到波密。按照计划，那边应该会有一辆车等着我们。幸好，我受伤的膝盖又能活动了。现在这段老路仅容人和骡子通行，到处散落着石块，不时被沟壑切断。我们一路穿过杂草丛生或刚刚烧过的田地。雅鲁藏布江对岸是森林，那是1975年建立的一小块保护区，现在已纳入整个受保护的地区。沉闷的巨响传来，有人在河里用炸药捕鱼。我们来到一个村子，感觉很疲劳，这里有六间废弃的小房子，大家进了其中一间。居民和牲畜都已经被转移到别处了，据估计易贡藏布的堰塞湖随时可能崩溃，引发洪水。但我们没意识到，住在这里的跳蚤并没有搬走，而且正饿得发慌。这些小东西格外喜欢张恩迪——隔天早上，我在他的一条小臂上数出了 63 个跳蚤咬的包。

第二天又下起雨来，大多数日子都在下雨。季风向北扫过大地，直到撞上岗日嘎布和南迦巴瓦筑起的高山屏障，墨脱镇每年的降雨量大约能超过 3 万毫米。第二天下午，我们到达雅鲁藏布江与金珠曲交汇处的达木村。雄伟的峡谷在这里渐渐舒展，江水经过最后一串险滩之后平静下来。这座珞巴族村庄是一个野生动物交易中心。虽然自 1989 年国家就已全面禁猎，珞巴族人仍是欣然拿出皮货来给我们看，他们知道没人管这种事。一个猎人有赤麂皮和黑麂皮，他说黑麂都住在海拔更高的地方，我对这条信息很感兴趣。另一个猎人拿出了小熊猫和云豹的皮。一张喜马拉雅斑羚皮的价格约合人民币 40 元，一头黑熊的各个部分——皮、胆囊、熊掌——总计能卖到一千二三百元，而麝香囊的价格可达到约 2500 元。这个地方的人均年收入约为 800 至 2000 元，狩猎能够大幅度改善生计。在这里及其他地方看到的各种皮张为我提供了有用的信息，帮助我了解动物的分布情况——但是在白马岗，我没发现任何新的或是消失已久的大型哺乳动物。

5 匹马驮着行李，我们爬上俯瞰金珠曲的高山，钻进云里，脚下踩着一层透湿的落叶，悄无声息。这条路穿过蚂蟥山——一个名符其实的地方，之后向下进入一片河谷，田里的大麦已开始成熟。到了那巴村，所有人都向达瓦问好，我们来到他的一个朋友家，在门廊坐下休息。这里的房屋是用木板搭建的，屋顶铺着木瓦。村里曾经有 20 户人家，但现在只剩下 7 户，其他人都离开了白马岗，因为这里没有好学校。据说，还有一个原因，老虎咬死了太多牲口。达瓦请来三四个人一起聊聊天，帮助我们搜集有关老虎捕食牲畜的信息——例如村民养了多少牛和马，最近 12 个月里有多少牲畜被咬死。

中午，我们到达格当，这片聚居区有政府机关、一座小寺院以及 29 户人家。我们借住在乡政府，四人一间，吕植自己一间，唐住在炊事间。乡长张秋生是来自四川的汉人，见面时，我们解释了此行的目的。他极为热情，对这件事很感兴趣，而且非常帮忙。他统计过格当乡老虎捕食牲畜的信息，慷慨提供给我们：

西藏东南地区格当乡大型牲畜总数和
野生虎捕食家畜数量统计表

年份	牲畜存栏数		牲畜被捕杀数	
	牛	马 / 骡	牛	马 / 骡
1993	954	354	83	15
1994	899	307	113	29
1995	884	317	140	27
1996	829	341	49	5
1997	817	413	55	4
1998	843	424	60	4
1999— 2000.5	879	437	67	8

我们注意到，1994年和1995年的损失格外惨重。张秋生解释说，有一只老虎是捕食牲畜的惯犯，在1996年被射杀；我不禁想到，不知还有多少老虎偷偷被捕杀。这些年里，马和骡子的数量相比之下有所增加，而牛的数量基本维持着稳定。是的，这是因为当地人从别处购买了更多牲口，带回了白马岗。用驮畜从波密翻越岗日嘎布山运送物资，特别是为军队服务，在这里是最稳定的赚钱方式。

下了一夜的雨停了，柔和的金色霞光把这片土地变成了一首田园诗。雪峰闪耀，河流化为银练，核桃树和桃树叶子上露水晶莹，家家户户屋顶上升起袅袅轻烟。我们去寺院拜访了喇嘛白玛塔芒，然后到三户人家了解老虎捕食的问题。大家坐在门廊里喝酥油茶，由达瓦负责提问。一位66岁的妇人给我们讲起1950年的大地震，所有人家，还有寺院都被震毁了，就连金珠曲也决堤冲毁了她的田地。

当天晚上，张秋生为我们办了一场聚会。一头三岁的母牛被射杀（用了两颗子弹）。参加聚会的有十几个人。牛肉是菜单上唯一的一道菜，此外还有大量青稞酒和白酒。张宏喝得脸上红彤彤的，睡着了。张恩迪的跳蚤包在酒精刺激下刺痒难忍，他一个劲儿地抓挠。达瓦滔滔不绝地讲着各种趣闻轶事。这是一个其乐融融的夜晚。

我们需要进一步详细了解老虎捕食牲畜的情况，看看有没有办法缓解这个问题。格当乡有11个村，126户人家，共计675人，分散居住在近300平方公里的地域内。我们显然不可能在几天时间里一一走访所有住户，只能从几个村子里选出20

个家庭。张恩迪、吕植和我后来就调查结果写了一份总结，发表在2000年的一期生态保护期刊《猫科动物快讯》（*Cat News*）上。我们调查发现，每户人家

平均拥有 6.2 头牛，4.4 匹马，3.1 头猪。其中，平均每户人家在过去 12 个月里损失了 0.9 头牛和 0.2 匹马；9 户人家没有任何损失。一头牛的售价约合 370 美元，一匹马的价格是其两倍，以此计算，失去一头大型家畜是相当可观的经济损失。当地人均年收入为 117 美元，以平均每户 6.9 人计算，总收入为 809 美元。即便只是失去一头牲畜，也意味着家庭年收入减少三分之一或一半，且牲畜未来产仔、运货收入减少等等各项损失尚未计算在内。

以近期较典型的 1998 年为例，全乡共计损失了大约 7% 的牛和 1% 的骡马。另外，乡里的 571 头猪也有部分遭老虎及野狗捕食。野生动物捕食牲畜的原因之一，无疑是野猪、羚牛、麂等自然界的猎物数量稀少。我们有充分的证据表明，在这片隐秘圣地，非法狩猎的现象十分严重。大部分狩猎活动是以买卖为目的，兽皮及其他动物产品在排龙、达木等地公开出售。除此之外，老虎很少有机会享用自己捕到的猎物，因为村民会把肉拿走。在这种环境条件下，老虎能有多少机会在白马岗求得生存？

我们沿着泥泞的小路，到各个村庄采访村民，观察放牧方式，寻找老虎的爪印（未果）。据估计，只有四五只野生虎，包括一只母虎带着幼虎，经常在格当一带活动。我们在背崩、墨脱和

这里了解到，至今仍有人在猎杀老虎。我们推测，在整个白马岗地区，或许只剩下大约 15 只野生虎。

张秋生召集村民开会讨论老虎捕食牲畜的问题，约有 15 人前来参加。会上的讨论与我们入户调查的结果基本相同。当我们问起怎样能减少老虎捕食，得到的回答总是"什么办法也没有"或"我想不出法子"之类。不过也有一条建议："应该把老虎杀死；可以的话，用炸药。"我们观察得知，牛和马都被随意放养在林子里，无人看管。为什么不看着它们？其实这里的老虎很怕人——多数村民从来没看到过——而且我们发现，它们没有攻击人类的记录。当地人告诉我们，大部分家庭都没有多余的人手去放牧。那么，为什么不制订一项社区联合放牧计划，让各家轮流承担看管的责任呢？另外老虎之所以能接近村庄，原因在于荒弃的田里长满了又高又密的蕨类植物，为老虎提供了掩护。为什么不清除蕨类，把那些地方变成草场呢？那样要干的活儿太多了。在夜里老虎最活跃的时候，为什么不把牲口关进栏里呢？那样太麻烦了。换言之，让政府想个办法吧。面对当地人这样的态度，我感觉很泄气。

这时达瓦站起身讲了一番话，与我们的讨论并没有多少关系，但是让整个团队的心情好起来。他就要回墨脱去了。有他陪同，我们收集到了很多有用的信息；他有一肚子的故事，用他的沙哑嗓音讲起来，每次都能活跃会场的气氛。"今天我可以跟你们讲实话。我以前也是打猎的。我杀死过 300 多只动物。这些天来，我们一起工作，我也时刻都在思考。你们是对的：老虎需要野生动物，不然它就会捕杀牲口。我保证往后再也不打猎了。"

1995 年，格当乡曾向墨脱县政府提交报告："居民强烈要求经济补偿及猎杀老虎。"世界上已有一些地方尝试直接用现金补偿那些牲畜被野兽咬死的家庭，但结果证明，除了极个别案例，这并不是有效的生态保护策略。我们回到拉萨时，向林业部提起了牲畜遭捕食的问题。林业部想出的解决方法是在白马岗养猪喂老虎。后来确实有一笔资金划拨过去，建一个国营养猪场，但最终资金不知所终，项目也不了了之。正如我稍后将在第十四章中讲述的，要解决野兽捕食牲畜的问题，没有什么简单的短期速效法。但当地社区起码可以积极行动起来，将我们在会上提出的一些建议付诸实践，同时政府应切实执行野生动物法规，让羚牛、野猪等野生虎的猎物的数量逐步增加。

我们估计白马岗大约还有 15 只野生虎，一般情况下，这个数字会让人觉得不值一提。然而，这有可能是中国当时的最大的野生虎种群。古代狩猎记录显示，至少从 3000 多年前的商代开始，中国一直满不在乎地看着自己的老虎种群渐渐缩减。那时候，这种猫科动物遍布东部各地。今天，极少数野生虎从俄罗斯游荡到中国的东北，主要以捕食家畜为生，自然界的猎物因为人类盗猎的关系，已所剩无几。在中国东南部以及云南省，偶尔会出现一只流浪的老虎，此外就是白马岗仍残存着十几只。20 世纪 90 年代末，在拉萨几家店铺里出售的虎皮，比全中国野外剩余的老虎还要多。

随着生活渐渐富裕起来，越来越多的藏族人开始用豹皮或虎皮装饰他们的传统藏袍,过去这是上层权贵的专利。如今只要有钱,任何人都能拥有这种时尚和身份象征。从 90 年代直到近几年,印度的野生动物保护工作格外懈怠,因而成为多数猫科动物皮张的来源。尽管 2006 年的普查结果显示,全印度只剩下不足 1400 只野生虎,政府官员却仍是对这一问题视而不见;2010 年的统计数字为 1700 只,大约占到全球野生虎总数的一半。与此同时,西藏的黑市交易蓬勃发展。2003 年 10 月,中国西藏边境线上的一个海关检查站查获了一批货物,有 31 张虎皮、581 张豹皮和 778 张水獭皮。犯罪分子已结成有组织的网络,从盗猎者到交易商,还有走私贩,通常经由尼泊尔将皮张运进中国。2006 年,德里的经销商桑萨尔·昌德(Sansar Chand)承认,仅他一人就出售了 470 张虎皮和 2130 张豹皮。

在印度一些条件最好的保护区,例如萨里斯卡和潘纳(Sariska and Panna),野生虎被盗猎分子捕杀殆尽,庞大的管理员队伍毫无斗志,袖手旁观,保护区负责人则宣称一切运转良好。(后来萨里斯卡和潘纳从其他保护区重新引进了老虎。)盗猎者可以放心大胆地胡作非为,即使落网也很少被起诉。为了将盗猎分子和交易商绳之以法,印度野生动物保护协会的贝琳达·赖特(Belinda Wright)比任何人都努力。但是她告诉我,2001 年至 2010 年间,共有 882 人因野生虎交易而被起诉,最终却只有 18 人被定罪。(虽然存在诸多问题,但印度仍保有广袤的森林及可延续的野生虎种群;现在只差政府投入行动,拯救这个国家最具代表性的动物。)

从 90 年代直至 2005 年,即考察白马岗那段时间前后,看到拉萨的店铺里公然摆着非法的虎皮和豹皮,我无比震惊。夏季的乡村节庆活动中，大家赛马、跳舞，场上场下的人大都穿戴着这类兽皮服饰。甚至僧人有时也在腰间围一块虎皮，忘了佛法教义。拉萨的森林警察告诉我，他们不敢大张旗鼓地采取什么举措，因为那样有可能引发骚乱。露丝·帕德尔（Ruth Padel）在《红色天空下的虎》（*Tigers in Red Weather*，2006年）中写道："世界的屋脊，水之源头，亚洲大片土地的精神和文化之源，现在投下了不同以往的阴影。"

2006年1月，一位大喇嘛主持时轮金刚法会，一场以和平与慈悲为主题、传扬时轮金刚法的传统集会，在印度南部吸引了数千人参加。大喇嘛为野生动物发出呼声，他说他为那些身穿兽皮服饰的藏人"感到羞愧"。他恳请朝圣的人们："当你们回到各自家中，请记住我说过的话，永远不要使用、贩卖或购买野生动物或动物产品及衍生品。"拉萨店铺中的兽皮很快便都消失了，2006年我在城里没看到一张摆在外面的。藏族人谨遵其宗教领袖教诲，在各个城镇举行集会，将自家的兽皮堆在一起公开烧毁。如今兽皮市场已向东部的汉人居住区转移，在这里，有钱人为彰显身份，不惜花费48000元至80000元——甚至更多的钱，买一张虎皮放在家中炫耀。

老虎的身体各部位长久以来一直被用作传统药材，尤其是在中国。据说吃老虎的眼睛能够治疗癫痫，吃老虎的心脏能给人以勇气，老虎的血能强健体格，胆汁能止痉挛，胡须能治牙疼。虎骨磨成粉，售价大约为两千六七百元一公斤，据说对头痛、溃疡、伤寒、风湿均有疗效。将虎尸浸泡在大缸米酒中，就能制成补酒——售价为6000元一瓶。

在仍有野生虎栖息的十几个亚洲国家，这种动物的数量正急剧减少，甚至已接近灭绝，于是中国建立了养殖场，繁育老虎。据估计，这些地方目前约饲养着 5000 只至 7000 只老虎。2009年的一项调查显示，43% 的汉族人承认自己使用过某种老虎制品。养殖场老虎提供的虎骨显然会有很大的市场，但是 1993年以来，中国政府已明令禁止贩卖虎骨。中国有意修订这条法律，开放养殖虎骨的贸易，但国际动物保护组织表示强烈反对。在印度、尼泊尔、老挝、泰国或其他国家非法猎杀的老虎，与养殖场里人工繁育的老虎，二者的骨头是无法区分的。盗猎活动无疑将会更加猖獗，以供应无底洞般的市场，从而进一步将野生虎推向绝路。（柬埔寨的老虎已在不久前灭绝，越南恐怕也是同样情况。）不过，虽然虎骨难求，人们还可以去桂林附近的一个老虎养殖场游玩，在那里的餐厅品尝用姜和蔬菜爆炒的虎肉。

　　孤立的小型保护区无法拯救野生虎，因为种群中虎的数量太少就会出现近亲交配及其他问题，种群很难长久存续。一个野生虎种群需要一片完整的土地，一片可健康存续的土地，其中包括一个没有人类的核心保护区，让老虎可以不受干扰地繁殖后代，在核心区周围确立严格管理下的人类用地，包括受保护的林地及其他类型的栖息地，老虎可以经由这些区域往来各处。我曾以这种理念为基础提出建议，中国和印度应合作建立一个跨越边界的野生虎保护区，覆盖白马岗、藏南及印控区的一部分。创作于2300 年至 1700 年前的印度史诗《摩诃婆罗多》说：

　　　　没有了森林，老虎将灭亡
　　　　没有了老虎，森林也将灭亡

所以虎要守卫森林

而森林应庇护所有的虎

　　即将告别格当时，白玛塔芒喇嘛邀请我们去寺里。大家坐在
垫子上，听六位喇嘛诵经，用法号、钹和鼓奏出浑厚的乐曲，为
我们的旅途祝福。岗日嘎布山脉拦在前方，阻挡我们北上前往波
密及其附近的公路，只有两个山口有可能通行。过去两周的雨在
高海拔地带变成了降雪，没人知道山口是否还能通行。我们冒着
大雨出发，一个个缩在雨披下面。临近傍晚时，我们到达康载村，
这里有如一片沼泽，地面上全是混杂着垃圾、牲畜粪便的深及脚
踝的污泥。张村长是达瓦的朋友，我们在他家里喝了无数杯温吞
吞的酥油茶。村长有 50 头牛放养在金珠拉山口附近，但他也不
清楚那边积雪的情况。我们不想在这幢房子里喂跳蚤，跟村里的
老师商量之后，借住在学校仅有的一间校舍里。

　　第二天早上天气晴朗，我们恢复了精神，开始朝山口攀登。
在海拔近 2600 米高处，蚂蟥消失了，这是值得记录的一件事。
前方，我们的左侧是一个巨大的花岗岩拱顶，让人联想起美国
约瑟米蒂（Yosemite）国家公园的景色，在我们的右手边，灰
色的绝壁上挂着一道瀑布，一位背工说，那是 1950 年的大地震
形成的。一片湿软的草地上有一座废弃的放牧营地，我们就在
这里扎营。峭壁上站着一只毛色红似狐狸的喜马拉雅斑羚，小
而弯曲的角看上去很像它的近亲北美的石山羊。这是我们启程

以来，第一次在野外看到活的野生动物。

天又下起雨来。多琼答应了一个有怨言的背工减轻负重，结果一下子所有人都表示行李太重背不动。经过一个小时的争论，大家继续前进，穿过一大片苔藓覆盖的杜鹃花丛，来到海拔 3400 多米的高寒草甸。一间棚屋里有两个男人，看管着一群牛与牦牛杂交的犏牛。据他们说，偶尔会有一只老虎上山来这里捕食牲畜——上一次是 1998 年——有时虎甚至会翻过山口，到波密的林子里去。

6 月 1 日，康载村长上山来为我们带路过山口。看到高处厚实的积雪，他明智地决定先去探探路，必要的话为背工凿出踏脚点。他带着几个人出发，我们原地等候。一间棚屋旁边有一块血迹和麝的毛，两位牧民很无辜地说，这里没有人打猎，看到我眼里的质疑，他们随即承认杀了一只母麝（雌性没有香腺），吃掉了。大约下午 3 点，探路的人筋疲力尽地回来了。积雪深及腰部，而且很有可能发生雪崩。我们走了两天原路返回格当，准备从达木去嘎瓦龙山口。

到了达木，我们听说这里已接到无线电通知，帕龙藏布的桥将从明天开始封闭，因为易贡堰塞湖可能决堤引发洪水。我们离开达木，沿着老路缓缓上山，路面上布满了碎石和倒下的树。黄昏时分，行进大约 30 公里后，我们来到一个叫作"80K"的地方——这儿距离波密 80 公里。这是一处施工营地兼补给站，每年夏天修路都要修到这里。第二天早上，我们继续前进，感觉像在水下行走，头上是瓢泼大雨，脚下是被水淹没的小路。夜里我们别无选择，只能在一小段路面上扎营。背工们支起一块防水布，生了一堆火。第二天我们踩着半融的积雪艰难前行，终于，临近中午时，我们到达了嘎瓦龙山口。山口的北面有一段积雪的危险陡坡，但过去之后就好了，我们从怒放的红色杜鹃丛中穿过，下山到一座小寺院中暂避。林业局派来了一辆吉普车，我们很快驶过余下的 24 公里路程，到达波密。我们在这里租了一辆卡车，去寺院接等在那里的张宏和背工们。我们拿到了帕龙藏布大桥的通行许可——但必须在当晚 8 点之前通过。卡车直到下午才回来，而开到大桥需要 3 个小时。我们剩下的唯一选择就是驱车约 320 公里前往西藏东部的邦达机场，从那里可以搭乘每周一班的飞机去拉萨，不过，当天的那班飞机已飞走了。或者，我们可以搭机向东飞到成都，再从成都返回拉萨汇报考察结果。大家最终选择了这条路。

易贡堰塞湖开渠引流的尝试失败了。军队挖建的导流渠因土质松软而迅速变宽，6 月 10 日午夜前后，坝体崩塌了。汹涌的洪水从易贡藏布江冲进帕龙藏布江，之后又汇入雅鲁藏布江。溃坝过后 4 个月，加里·麦丘（Gary Mcue）带领一个徒步旅行队沿着帕龙藏布江到达扎曲。他写信告诉我，洪水冲上山坡，至少高过河面 183 米，而且据目击者说，当时起码持续了 12 小时。奔腾的怒涛震撼大地，引发了多处滑坡。山间的小路消失了大半。中国政府提前撤出了村民，拆掉桥梁，因此白马岗地区的损失不大。

但是藏南地区就不一样了。春季和我一起做考察的康卡·里巴给我寄来了伊塔那噶的报纸。6 月 11 日清晨 4 点，都登的河水超出正常水位 40 米。"所有的低洼地区，机场、手工艺中心和警察总署都被淹没。"洪水咆哮着冲向下游，冲垮了桥梁，摧毁了 55 个村庄。"三个地区共有超过 25000 人受灾，大约 7000个家庭在救灾营地栖身……据估计有 30 人死亡……"即使到了平原地带，河流水位仍超出警戒线 20 米。在塔邦塔吉，一位村民告诉记者："那情景真的很惨，十几头大额牛和奶牛漂在河上，不知会被冲到哪里去，有些一路哞哞地叫着。"底杭河河谷的大部分农田被巨石和泥沙掩埋。上午 11 点，大约溃坝 12 小时后，洪水到达平原地带及巴昔卡市，到达那年早些时候我去过的地方。"巴昔卡有 5000 多名居民受灾……城中 25% 的区域被泥沙覆盖……"

关于 2000 年 6 月 11 日的水灾，印控的这一地区并没有预先得到消息。早在一个月前，白马岗地区就采取了紧急措施，然而这一地区并未接到警报。事后的一则新闻指出，中国相关媒体没有报道这次山体滑坡，并且藏南地区（"阿鲁纳恰尔邦"）事先没有得到消息。[1] 当时在中印边境实际控制线附近，只有两国军方的每月会谈——我认为这是不可原谅的疏忽，很后悔当时没有想到打电话提醒康卡·里巴或北京的印度大使馆。

2000 年晚些时候，我们就 1999 年及当年的两次考察，向

---

[1] 中印双方在这次不幸事件发生时，尚无水文信息通报渠道。事件发生后，中印双方加强了雅鲁藏布江跨境水文方面的合作，自 2002 年 5 月 28 日起，中方向印度提供这一流域几个报汛站的水文信息。这一做法已经被证明有助于预报和缓解洪灾。——编者注

西藏林业局以及中国林业部递交了一份长 87 页的报告。在这份报告中，我们列出了各项观察记录，从鸟类名录到野生虎捕食牲畜的统计数据。另外，我们就保护区的保护和管理工作提出了建议，包括立即采取措施控制狩猎，以及阻止砍伐陡峭山坡上的森林。我们看到 1999 年的一份政府报告，提出了一项大规模开发旅游的计划。对于其中有关游客数量的乐观预测以及诸多建筑项目的益处，我们持怀疑态度，因此实地查看并听取了人们的看法。

对于游客，正如前面所述，八一镇至波密的公路沿途景色极美，且大峡谷两端均有徒步路径，游客可以一路看鸟，看蝴蝶，观赏野花。但是白马岗中心的墨脱镇情况不同。那里只有季节性通路，而且蚊虫和蚂蟥肆虐。当地寺院很小，大多数居民不穿传统服饰。西藏其他地区有更好的旅游资源，不过，墨脱的偏远和神秘气息对游客很有吸引力。

我们遇到的每一个人都认为，修路是墨脱的当务之急。一条四季通畅的公路无疑能带来一定的好处。商贸条件将得以改善，当地人可以将大米、水果、菌菇等产品卖到别处去。但在墨脱，总归会有一些人禁不住诱惑，想要卖木材赚钱，由此进一步破坏保护区。那些依靠驮畜运货养家的人，卡车的出现将断掉他们的营生。进出通道一旦打开，这里将大批涌入盗猎者、交易商、养路工，以及外来者经营的店铺、餐馆等各种生意。简而言之，一条公路将改变当地经济，但并不一定能让多数珞巴族、门巴族及藏族居民受益，而且这个国家级保护区的管理将更加困难。

人们往往以为，旅游业带来的收入自然能够改善当地人的生活。然而事实并非如此——除非政府能够严格制定相关政策。

外来的旅游业者带来游客，赚走大部分收益，且旅游设施通常为政府或远方某个企业所有。不过，旅游业的发展确实能为当地带来少量就业机会：做向导、背工或旅馆服务人员。

2000 年 4 月，世界自然基金会中国项目出资，邀请 11 位来自八一镇等地的西藏官员，赴尼泊尔的安纳布尔纳保护区（Annapurna Conservation Area）考察。这项活动的组织者是当时在基金会工作的李宁和吕植。我刚与钟·米赛乐和康卡·里巴在藏南地区完成野生动物调查，不久将去西藏展开前面所讲的白马岗项目。我在加德满都与考察团会合，随队同行。这次旅行的目的是向官员介绍尼泊尔如何从方方面面管理一个大型保护区，处理从通行费用到垃圾收集的各项事务。自 1986 年建立以来，安纳布尔纳保护区渐渐声名远扬，成为富有创造力的一个成功典范，通过教育、旅游和社区建设实现了生态保护。

一连 4 天，我们沿着游览路线徒步行进，保护区管理人员一丝不苟地将这里维护得干干净净。我对旅游业的潜力有了新的认识，这无疑影响了我对白马岗的看法。安纳布尔纳保护区与雅鲁藏布大峡谷保护区有共通之处，这里也有一座著名山峰（安纳布尔纳峰，主峰海拔 8091 米），面积大致相当（7615 平方公里），并且因为雨季的关系，旅游观光是季节性项目。1999年，超过 67000 名游客走进这个交通便利的地区。各旅行社带着自己的背工队伍来到这里，而不是在本地雇用。在这种情况下，当地人通过搞旅游获得的收入，仅占游客总花销的 7%。社区发展至今 15 年，只有 10% 的常住人口因旅游业而在某方面多少受益。其他人则是继续放牧种地，多半远远避开游览路线。大批外来者的季节性涌入抬高了食物的价格，影响到每一个本地家庭，这是旅游业带来的一个负面影响。进入安纳布尔纳保护区的费用约合每人180元人民币。门票收入占到年度管理预算的60%左右——这是指政府交给保护区的实际资金——余下的资金空缺则要依靠海外捐助来填补。为游客服务、管理一个大型保护区，同时有效实现社区发展，这一切的成本显然超过了保护区的收益。

保护区的主要作用是保护本土植物及动物种群。从根本上说，成功的长期保护有赖于社区参与，而这正是白马岗尚未实现的。在生态保护方面，政府和社区各自所应扮演的角色、应承担的责任，需要大家一起来讨论、协商、明确划定，特别是在白马岗、羌塘和其他受保护的地区。当地居民需要明白，为什么要建立保护区，为什么有必要实施某项政策，社区怎样才能最有效地为自然资源管理工作出力，他们怎样才能从生态保护举措中获益。

雅鲁藏布大峡谷保护区是全亚洲最重要的保护区之一，拥有无与伦比的美丽景色和生物多样性。在用英汉双语撰写的报告中，我们提议将保护区划分为三类：

第一类是核心保护地区——这是大自然独享的空间，本土动植物的储备库，各种生物可以不受干扰地生活。这里没有狩猎，没有农耕，没有伐木，没有放养的牲畜，也没有人类居住。我们建议五个地区成为这样的核心保护地区，其中最大的两个应包括南迦巴瓦和加拉白垒峰，还有几乎无人居住的大峡谷本身。另外一个大区域2000年时也完全无人居住，位于格当以南、仁钦崩以东，靠近中印边境实际控制线。

第二类保护区域为特别管理区。其中的首要区域就是格当，必须在这里采取措施保护野生虎，同时严格规范土地使用。

第三类为社区发展区。这类区域中的村庄和农田通常位于海拔 2400—2500 米以下的地带，沿河流分布，所有的发展计划都应限定在这一类区域之中。不过，在任何时刻，我们都必须将整个保护区纳入考虑，例如保留剩余的森林，让动植物享有宽阔的空间，让当地居民享有自然资源。

我们将上述意见及在白马岗等地获得的其他启示汇集、整理为厚厚的一份报告，在 2000 年 9 月递交给西藏及北京的各个相关政府部门。在那之后，我们这支队伍——张恩迪、吕植、张宏和我，一直在其他地方各自忙碌，都没有再回到白马岗。

过去十年里，我们的建议有没有得到具体实施？我没有再去过白马岗以及藏南地区，无从详细讲述考察之后发生的事情。我接到过其他人传来的零零散散的消息，也读到了一些造访当地的人讲述的情况。例如 2010 年 5 月，《新闻周刊》的一位记者去了位于雅鲁藏布江大拐弯的扎曲村，在报道中写道："在南迦巴瓦接待站，有介绍大峡谷历史的展览，有为徒步旅行者提供服务的设施——包括一间医务室，可以解救那些为高原反应所苦的人，整个建筑的设计与周边风景和谐相融。"墨脱政府"现在为游客准备了徒步及漂流项目"。

2000 年洪灾过后，当地旅游业显然在迅速发展。为了进一步了解情况，我联系了北京大学的王昊，他与我一同参加过两次羌塘考察。2007 年及 2008 年，他在墨脱进行了生物调查。

他告诉我，如今八一镇建起了许多旅游宾馆。波密到墨脱的公路已经修通，并且向南延伸到了背崩。冬季里，嘎瓦龙山口仍会被大雪封锁，但我听说，当地正在嘎瓦龙的下方开凿一条隧道，直接穿过大山，避开冬季大雪的困扰。另外，那里建了一些供游客借住的简易棚屋。墨脱镇里铺了柏油路，建起一座规模很大的度假酒店以及其他旅游设施。2007 年，那里挤满了内地游客。一些偏远地区的人家被迁到墨脱镇，安置在郊外新兴的住宅开发区，有可能是为了减少陡峭山坡上的烧垦作业，防止山林被毁，水土流失，这是政府担心的问题。

据王昊说，猎杀野生动物的现象并无好转。遏制盗猎是我们提出的一条主要管理建议，但显然无人理会。至于在白马岗划分功能区，限定不同程度的开发利用，也许有关方面采纳了这一理念，但几乎没有实际的进展。至于老虎，据说那里依然还有几只。白马岗的部分区域必将被开发利用，但我希望，珞巴族、门巴族和藏族居民能够以他们所受的启迪，永远敬奉女神多吉帕姆，永远珍爱这片莲花圣地的自然美景。

第十一章

关于藏区野羊的丑闻

　　我们驱车驶上青海中部的一道荒僻山谷，大致一路朝东行进，我在第七章中讲述了 2006 年这次穿越青藏高原的考察。这一天是 12 月 5 日，这里的海拔超过 4700 米，感觉严寒刺骨。在一道山梁的最高处，我们发现了一只西藏盘羊，一只大个子公羊，傲然挺立，扬着头，顶着一双硕大的弯角，仿佛是在那里站岗。它的体型十分魁梧，肩高约有 115 厘米，体重在 135 公斤上下。它一直维持着这个姿势，我们正好得以欣赏它在交配季节里的一身盛装打扮，为了吸引异性目光，这打扮与平日的灰暗外衣截然不同。它的胸颈部位覆盖着蓬松的白毛，与深色的肩部形成鲜明反差。它的后臀也有一大块白色，围绕着小小的尾巴。它的每条腿正面都有一道自上而下的黑线，体侧的一条黑带将棕灰色的背部与汉白玉色的腹部分隔开。在它下方不远的地方，11只母羊和小羊正在休息，在冬季的荒坡映衬下几乎隐没在背景中。公羊缓步走到一只母羊身边，伸出一条僵直的前腿踢了踢母羊体侧，同时低下头扭向一侧。见母羊站起身，它紧跟上去，但母羊一径往前走，不理会公羊在身后不时地踢来一脚，对公羊的求爱举动完全没兴趣。另一只公羊在我们前方穿过山谷，脚步坚定，似乎决心要找到一位乐意接受它的异性。远处，在山谷对面，我们看到另外两小群盘羊，有母羊和小羊，还有一只一个角残缺不全的公羊，这次邂逅我们总共遇见了29只盘羊。我记下 GPS 读数——北纬34° 59′，东经93° 48′。我们驱车继续前行。

我在高原上行走数千英里，时常穿过盘羊喜爱的这种山丘。可是，我却很少见到这种动物，即便遇见，也只是很小的孤立群体。我不明白它们的数量为何这么少。在牧民居住的地区，或是通公路的地方，它们无疑遭到了大批捕杀。当地人告诉我，有一个地方曾经有盘羊，但后来都被杀光了。盘羊四肢纤长，适应开阔地带，时常凭借敏捷的身手躲避危险，逃离狼或猎人的追捕。（相比之下，身形粗壮的岩羊则是在峭壁或其他险峻地带求得安全，在那里很难追上它们。）不过，即使在远离人烟的地方，盘羊仍是很少见。像1985年那样的偶发雪灾有可能让整个种群灭绝；通过家畜传播的疾病也有可能导致盘羊数量减少。

盘羊的英文名字 arghali 来自蒙古语，意为“公羊”。在全球七种羊属动物中，它们是体型最大的一种。盘羊仅栖息在中亚的山区，包括青藏高原，中国和吉尔吉斯斯坦的天山，蒙古的阿尔泰山，塔吉克斯坦、阿富汗和中国的帕米尔高原。在这片广阔的分布区内，各地盘羊的羊角形状、体型大小及皮毛颜色都有一些微小的差别。科学界已达成共识，所有盘羊均属于同一个种，即盘羊种（*Ovis ammon*），因为它们整体而言外形相似，且都有 56 条染色体，而其他种类绵羊的染色体有 52 条、54 条或 58 条。那么以各地盘羊之间的差别而言，是否有必要以此为依据进一步划分出亚种？也就是说，这些差别是否足以成为理由，在这种动物的拉丁学名 *ammon* 后面添加一个正式的亚种名？关于动物之间存在多大的差异才有必要分出新的亚种，分类学者各有各的意见，由此导致的结果异常混乱。盘羊一度分出了至少 16 个亚种，部分亚种的命名草率得简直令人羞愧。栖息在青藏高原的盘羊已正式定名为盘羊西藏亚种（*Ovis ammon hodgsoni*），以纪念其发现者布赖恩·霍奇森（Brian Hodgson），1841 年他在尼泊尔由猎人手中购得一只，首次予以描述和记录。在那之后，这种动物陆续有过至少 15 个名字，但在分类问题上，它似乎已占据稳定的地位。不过，其他亚种的鉴别划分至今仍在变来变去，在盘羊种下面，各方提出的待定亚种有 7 个到 9 个，其中一些很值得怀疑。一个种或亚种的确定关系重大：物种分类的准确性是各国及国际动物保护法仰赖的依据。

科学的基础应该是客观观察、解读、报告的事实。然而每一个人都会将自己的主观倾向带入科学工作中。人们眼中所见，往往是自己潜意识里期望看到的东西。一个人看到的头骨大小或皮毛颜色的细微差别，到了另一个人眼里却可能是一个新种或新亚种的标志性特征，理应得到一个新的学名。另外，一个探险队若是能宣布一项新发现，自然能为其行动增添更多意义和声望，赢得更多关注，这样的诱惑无疑会对认知造成影响。

盘羊新种或新亚种的提出依据，常常是最不堪一击的证据。

有一位博物馆科学家用复杂的公式测算公羊角的角度，以此为依据确定种和亚种，对其他划分标准一概不予考虑。有些研究人员似乎没有认识到，盘羊毛的颜色及长度会随着年龄及季节转换而改变。一些环境因素也会影响到盘羊的外貌。比起那些栖息在贫瘠地区的同类，在食物充裕的草场生活的盘羊个子更大，角更长。既然有这些变数存在，那么表面看到的差异究竟是源自基因、环境，还是个体因素呢？《山间野羊》（*Mountain Sheep*，1971 年）的作者瓦列里乌斯·盖斯特（Valerius Geist）曾提出，确定盘羊亚种的唯一有效标准是成年公羊在发情期的皮毛图案及颜色。

我对这些晦涩深奥的事情没什么兴趣。我做野生动物调查，了解动物的生存状态，保护它们，在这一过程中，我并不关心藏野驴、岩羊或盘羊的某个亚种在科学分类上是否准确有效。动物的分类听起来有点儿枯燥，但我当然清楚，这对保护工作而言非常重要：一种动物的稀有程度直接关系到它能引来多少社会关注，以及能否成功获得资金和法律保护。《濒危野生动植物种国际贸易公约》及《美国濒危物种保护法案》即是与盘羊有关的两项法案。1973 年，上述《公约》提出将盘羊西藏亚种列为濒危动物（不包括其他任何亚种），3 年后，美国也将其列为濒危动物。此举的目的是防止一个稀有的亚种遭到捕杀，运送这种动物的任何部分出境都将触犯法律，进口到美国也属违法行为。

讲了这么多背景，是因为这关系到一个野生动物案件，与我多少有些牵扯，这桩法律丑闻中出现了选择性使用证据、暗中操作、破坏学术诚信等各种不光彩的行为。原本只是有关西藏亚种的很小的学术性问题，结果却引发了持续几年的法律纠纷，耗资数百万美元，给一些个人和机构的名誉染上了污点。不过，这一切倒是让公众对一个基本的动物保护问题有了更多认识。

1988年4月，美国鱼类及野生动物管理局执法办公室接到线报后，在旧金山国际机场拦下四名从中国归来的狩猎爱好者，没收了四只盘羊的头骨和皮张。据执法人员说，这是濒危的盘羊西藏亚种（*Ovis ammon hodgsoni*）。中国的出口许可证上仅认定它们为盘羊种（*Ovis ammon*）。这件事本来可能就这么过去了，但这四人当中有一位是石油大亨克莱顿·威廉斯（Clayton Williams），当时正有志竞选得克萨斯州长（未成功）。与他同行的有他的妻子莫杰斯塔（Modesta）、来自堪萨斯的罗伯特·奇泽姆（Robert Chisholm），还有科罗拉多的马尔科姆·怀特（Malcolm White）。他们的狩猎目的地是祁连山的支脉野马南山，我在1985年去过祁连山，对那里相当熟悉，这条山脉沿青海和甘肃的边界伸展，跨过青藏高原的东北角。四个人去猎捕盘羊，每人向中国交纳25000美元取得了许可证。

与这支狩猎队同行的理查德·米切尔（Richard Mitchell）是一位身材魁梧、留着大胡子的动物学家，他曾在尼泊尔搜集小型哺乳动物，现在转向了搜集更大的动物。事件发生时，他在美国鱼类及野生动物管理局（U. S. Fish and Wildlife Service）的专家办公室工作，负责鉴别需要保护的物种。他同时在史密森学会（Smithsonian Institution）有一个短期职位，他的上级主管罗伯特·霍夫曼（Robert Hoffmann）是国家自然历史博物馆馆长。米切尔之所以参加这次旅行，仅是为了从四位猎手猎杀的动物身上采集组织样本。狩猎爱好者与科研人员的这种合作并无不妥——只是西藏亚种是唯一一种被列为濒危动物的盘羊，而史密森学会禁止其工作人员牵扯上猎捕稀有动物的活动。

现实情况没有上面所说的这么简单。米切尔成立了一个可享受免税优惠的私营机构，将其命名为美国生态联盟（American Ecological Union）。他从国际狩猎俱乐部（Safari Club International，简称SCI）等很多地方募集资金，告诉对方他也许能在巴基斯坦和中国搞到狩猎许可。金·马斯特斯（Kim Masters）在1992年3月31日《华盛顿邮报》的报道中写道，米切尔"带着有钱的狩猎爱好者前往中国偏远地区，为他们创造机会追踪罕见的动物……米切尔的旅行花费——以及1987年和1988年陪同他出行的至少两位史密森学会研究人员的费用——全部由猎人们承担"。举例来讲，据报道，1987年8月，罗伯特·霍夫曼和米切尔陪同狩猎爱好者唐纳德·考克斯（Donald Cox）前往中国。考克斯在那里猎到一只岩羊、一只藏原羚和一只稀有的普氏原羚——最后这种动物仅栖息在青海湖周围，据估计仅存约350只。

1988年7月30日，我正在若羌，新疆塔克拉玛干沙漠南部边缘的一个小镇。我和同队的维吾尔族及汉族伙伴们刚在青藏高原北缘的昆仑山脉完成了一项野生动物调查。同住在一家旅馆的还有中科院新疆研究所的一个人，但好像不太想跟我们多说话。最后，其中一个人告诉我，他们正在等米切尔一行。

我们离开后，米切尔、史密森学会的生物学家克里斯·沃曾克拉夫特（Chris Wozencraft），以及来打猎的两个人——唐纳德·考克斯与詹姆斯·康克林（James Conklin）来到这里。据后来披露，每一位猎手都打了一只藏原羚，而这种动物早在 1979 年已被《濒危野生动植物种国际贸易公约》（附录 I）列为濒危动物，禁止一切相关国际交易。

我当时并不知道米切尔的美国生态联盟与中国科学院已在 4 月 12 日签订了一项协议，内容为"自然资源的合理开发及利用"——换句话说，即运动狩猎。我也没听说同年 4 日的猎杀盘羊事件，这件事后来在国际上引起了强烈震动。

10 月底回到美国，我联系了美国鱼类及野生动物管理局的两位执法人员，约翰·门多萨（John Mendoza）和拉里·基尼（Larry Keeney）询问克莱顿·威廉斯猎杀盘羊的事。他们给我看了照片，画面中是公羊硕大的头，鼻子和耀眼的颈部白毛上沾满了血，猎手和向导站在尸体后方，抓住盘羊角将头拎起。两人后来来到我在纽约动物园的办公室，带来皮张请我看。这是盘羊西藏亚种，正处在发情期，因此几乎是最容易辨认的一个亚种。新墨西哥州立大学的劳尔·瓦尔德斯（Raul Valdez）得出了同样的结论，他在伊朗研究野生羊时我见过他。1989 年 3 月 23 日，瓦列里乌斯·盖斯特写信给国际自然及自然资源保护联盟主席，以他一贯的直率方式指出，"该动物为西藏亚种，绝无其他可能"。

印度在 1973 年提出将西藏亚种列入上述《公约》附录 I。在拉达克等青藏高原的印控区域内，盘羊的确数量稀少。在中国，盘羊被认定为分布在西藏南部的喜马拉雅山区，其实过去的文献曾经提到，青藏高原其他地区也有西藏亚种栖息。似乎没人想到去查一查早已公开发表的资料，这种漫不经心的科研态度实在令人担忧，正因为这样，有关盘羊分布的错误信息被一再复制传播，到最后俨然成了确凿的事实。19 世纪 80 年代末，俄国人彼得·科兹洛夫（Pyotr Kozlov）走遍了青藏高原东北部，甚至到过 1988 年盘羊被射杀的野马南山，他将自己在那里看到的盘羊归为西藏亚种。后来，瑞典探险家斯文·赫定从青藏高原北部边缘带回两只雄性盘羊，其中一只在今天的阿尔金山保护区附近被射杀，1904 年，这两只盘羊被认定为西藏亚种。在 1876 年的考察记述中，普热瓦利斯基（Przewalski）在青海湖南面的布尔汗布达山看到了西藏亚种。恩斯特·谢弗（Ernst Schaefer）是 20 世纪 30 年代的布鲁克·多兰（Brooke Dolan）探险队成员，他在青海的黄河源头附近看到了西藏亚种。诸如此类的记录摆在这里，怎么可能看不见或不予理会？

这时事情变得进一步复杂起来。在 1884—1885 年冬季的第四次考察中，尼古拉·普热瓦利斯基在后来斯文·赫定找到西藏亚种的地方猎杀了一些盘羊。普热瓦利斯基认为自己捕获的是一个新种，并在 1888 年向俄国皇家地理学会提交了相关报告。"这种新发现的盘羊与目前已知的盘羊有一些细微差异，因此有可能是一个新种。我提议借用西藏圣人之名，将其命名为达赖喇嘛羊（*Ovis Dalai-lamae n. sp.*）……这种盘羊的特征为羊角较小。"执法办公室的约翰·门多萨为我找来了这篇文章的英文译本，文中附有一幅素描，标注为"冬季毛色的雄性（5—6 岁）"。这只盘羊的角的确很小，但这是尚未成年大约 3 岁的公羊的角。正如瓦列里乌斯·盖斯特所强调的，从毛皮和羊角可以断定，普热瓦利斯基捕到的是一只年少的盘羊西藏亚种，而不是一个新种或新亚种。

关于"达赖喇嘛羊"能否单独成为一个亚种，一百多年来人们一直表示质疑，然而这个名称仍旧不时地出现在科学文献中。1988 年的猎杀盘羊事件，将这场鲜为人知的科学争论扯到了法庭上。这是科学家没有认真去解决的一个问题，律师或法官又怎能判定一个亚种的有效性？从法律角度讲，这当然关系重大，因为盘羊西藏亚种是濒危动物，而达赖喇嘛羊不是。

有关方面向中国人征询意见。中国科学院的崔贵全（音译）在 1985 年的一篇文章中提到，争议涉及的地区确实栖息着盘羊西藏亚种。林业部对这个结论不满意，于是去找陕西省动物研究所的郭腾洲（音译）。郭认为西藏亚种与达赖喇嘛羊是同一种动物，随即申请去打几只回来证实他的结论，但未能如愿。林业部将目标转向甘肃省的兰州大学，1988 年 7 月 25—26 日，学校的四位教授，包括一名鱼类专家，用两天时间研究断定，达赖喇嘛羊无疑是另一亚种，但他们同时指出，另一个亚种——戈壁亚种（*darwini*），其栖息地与狩猎地点"同在一个地区"。命名亚种的科学标准明确要求，这种动物必须具备某种可辨别的特点，从生态或地理上讲，亚种必须是独立的，不能与其他亚种"同在一个地区"。盘羊戈壁亚种栖息在青藏高原北部、靠近蒙古的地方，在甘肃省内一片广阔而平坦的河谷对面。几位研究者不知是如何快速得出了结论。

关于被猎杀的动物究竟是什么，现在大家有三个亚种可选——西藏亚种、达赖喇嘛羊和戈壁亚种。

这时名称之争中又出现了一个新选项。1990 年，犹他州立大学的托马斯·邦奇（Thomas Bunch）、阿尔玛·马丘利斯

（Alma Maciulis）与理查德·米切尔在《遗传杂志》（*Journal of Heredity*）上联名发表了一篇论文，在文中分析了 1988 年猎杀的一只盘羊的染色体数量，并将其称为甘肃盘羊。他们将这种羊定为一个新亚种，命名为华北亚种（*jubata*）。盘羊华北亚种栖息在青藏高原北部及东北部，被认为是极其稀有的一种动物。达赖喇嘛羊没有出现在文中——杂志编辑显然没有将这篇论文送交给有相关知识的研究者，做合格的审阅。

各位已经被搞糊涂了吗？现在有四个亚种名称可供诉讼案各方选择。该怎么选呢？

面对眼花缭乱的科学名称，猎人们起初决定将他们射杀的盘羊定为戈壁亚种（这样一来猎物就不在濒危之列），但后来换成了达赖喇嘛羊。承接这次旅行的位于西雅图的克兰伯格国际旅行社（Klineburger Worldwide Travel），在公司的《1987—1988 年度狩猎通报》（*Hunt Report of 1987–88*）中做广告称，"1988年首场探索西藏羚羊之旅"。另外，米切尔曾在未收入书中的一个章节中写道："我认为达赖喇嘛羊与盘羊西藏亚种是同一种动物。"

为解决纠纷，美国鱼类及野生动物管理局向濒危野生动植物种国际贸易公约命名委员会（Nomenclature Committee of CITES）求助。委员会以俄罗斯人 V. 索平（V. Sopin）发表于 1982 年的一篇科学论文为评判依据，因为这是当时有关盘羊分类的最新论文。索平确定亚种的标准并不是很明确，文中的相关描述模糊不清，容易使人产生误解。总之，委员会的报告极不严谨，包括我在内的几位科学家都表示反对，委员会随即收回了意见。

史密森学会一直在默默地为米切尔提供支持，在盘羊丑闻曝光后，又参与了 1988 年 7 月猎杀濒危动物藏原羚的活动。接受采访时，罗伯特·霍夫曼闪烁其词，狡猾得让人抓不到他和史密森学会的把柄。"个体差异非常之多，"他对一位记者说，"不可能确定某只动物究竟属于哪个亚种。"在参与这起诉讼案的大多数人身上，看不到什么遵守信誉或坦诚的原则。

对于那些有钱有势的狩猎爱好者，如果敬业的执法人员妨碍了他们，如果有人要求他们在追逐战利品的过程中为自己的行为负责，他们便会火冒三丈。前内政部副部长 G. 雷·阿内特（G. Ray Arnett）曾在 1988 年 7 月 25 日致信克里斯·克兰伯格："我要祝贺你和贵公司运动先锋组成的探险团队……如此良好的开端竟引来了我们自己的鱼类及野生动物管理局傲慢嚣张的骚扰（原文如此），这实在令人遗憾，但是倒也并非完全出人意料（原文如此）。"

从克里斯·克兰伯格写给国际狩猎俱乐部的一封信可以看出，几位猎手没有坐以待毙（信上所署日期为 1988 年 5 月 31 日）："上周四，克莱顿·威廉斯在华盛顿与四位参议员以及鱼类及野生动物管理局的两位官员见面，几人齐聚一堂，据我了解，此次会面将带来一些非常积极的结果。特此告知。"

其中一项所谓的"积极的结果"就是政府放弃了起诉几位猎手，据推测是因为政界有人暗中操纵。1989 年 11 月，猎获的战利品被返还给猎手。另一项"结果"是 1989 年 11 月 24 日，美国鱼类及野生动物管理局正式认定，盘羊西藏亚种的分布范围为整个青藏高原，一举清理了那里的各个亚种。1992 年 6 月 23 日，这个问题引发了更多争论，管理局根据《濒危物种保护法案》，将塔吉克斯坦、吉尔吉斯斯坦及蒙古以外的所有分布区域内的所有盘羊，不论亚种为何，全部划归为濒临灭绝。国际狩猎俱乐部立即将管理局告上法庭，试图推翻这一裁定，但得克萨斯州的一个地方法院站在了盘羊一边。

虽有禁令，仍不断有人将猎获的盘羊带入美国。1996 年，美国公职人员环境责任协会（Public Employees for Environmental Responsibility）发布了一份报告，严厉批评鱼类及野生动物管理局滥用权力。"美国鱼类及野生动物管理局向一些政界关系户非法发放许可，将狩猎战利品带回国内，将其他国家的保护动物推向灭绝……"文中点名提到米切尔，因为他"充当了大型猎物狩猎的向导"。

1992 年，米切尔被联邦大陪审团以九项罪名起诉，包括借公营私，偷税漏税，走私濒危动物。时任史密森学会科学部副部长的罗伯特·霍夫曼为米切尔和他的狩猎伙伴们极力辩护。谈到 1987 年及 1988 年与唐纳德·考克斯一同出游，霍夫曼将这位旅伴描述为"坚定的动物保护主义者"。1991 年 1 月的《奥杜邦》（Audubon）杂志刊登了特德·威廉斯（Ted Williams）的一篇文章。"这是濒危动物狩猎季，"他在文中赞扬了考克斯——只不过句句讥讽，"考克斯的成就着实令人惊叹。他的狩猎足迹遍布 68 个国家，总计猎获 208 种动物，其中单是非洲就有 125 种……哎呀呀！祝贺你，唐纳德·考克斯……他与塞缪尔斯及斯奈德共同荣登国际狩猎俱乐部的世界野羊大满贯金色宝座……哎呀呀！"

五年的调查取证，随后是五天的法庭审讯，史密森学会有六位律师到场，最终陪审团仅裁定米切尔一项罪名成立，即将猎获的一只维氏盘羊（urial sheep）和一只贝氏羚（chinkara gazelle）从巴基斯坦走私到美国。狩猎俱乐部会员保罗·布龙（Paul Broun）作证说，关于这只维氏盘羊，米切尔曾告诉他："审查人员分不清楚这些羊的种类，带回国内完全没问题……"据布龙说，米切尔作为专家办公室成员，"不管怎么样都能让动物顺利进关"。米切尔被判两年缓刑，罚款 1000 美元。他向第四区上诉法院提出上诉，之后又上诉到地区法院，两次均以失败告终。为了替米切尔辩护，史密森学会用联邦基金，也就是纳税人的钱，付了 650000 美元的律师费。国会和政府审计总署反对白白拿出这笔钱，要求史密森学会用纪念品销售所得还给政府 284000 美元。米切尔重回鱼类及野生动物管理局工作，在濒危物种办公室做联络人，负责评估动物生存状态，包括刚刚让他被定罪的那些动物。史密森学会在科学研究与运动狩猎之间编织了一张错综复杂的关系网，更将政治阴谋和经济效益掺杂在其中，学会的信誉、正直、声望都因此受到严重损害。

我以为谬误的传播至此就应该结束了。然而这种事似乎仍在继续。上一篇有关染色体的论文发表十年后，托马斯·邦奇（Thomas Bunch）带着另一篇论文出现在 2000 年的一期法国《哺乳动物》杂志上。这次的合著者有罗伯特·霍夫曼（意料之中）、拉乌尔·瓦尔德斯（他在这个问题上的突然转变让人有些意外）以及四位中国人。文中数据来自无处不在、四海漫游的唐纳德·考克斯在 1996 年及 1997 年猎杀的五只盘羊（哎呀呀！）。这其中有两只盘羊，一只雄性和一只雌性西藏亚种，来自西藏南部地区，被捐赠给拉萨的一家博物馆。除此之外，还有"一只处在发情期的 8 岁雄性达赖喇嘛羊（原文如此），来自青海省西宁市东南方约 300 公里的阿尼玛卿山……"根据美国联邦机构的裁定以及其他各方信息，我以为所谓"达赖喇嘛羊"应该已悄然消失了，几年来西藏亚种一直是青藏高原上唯一公认的亚种。论文的几位作者不仅让一个失效的亚种复活了，而且让这种动物的迁徙范围比以往记录向南推进了许多。这是无知还是歪曲事实？不出所料，他们在论文中得出结论认为，盘羊西藏亚种与达赖喇嘛羊"表型近似"——也就是说，它们看上去很相像。

DNA 技术或许能协助解决亚种问题，但它和传统分类学一样，在一定程度上仰赖于客观阐释研究结果。冯九分析了中国及蒙古各盘羊种群的线粒体 DNA，她在纽约州立大学的博士论文中指出："一个亚种应具备基因及进化上的清晰世系传承，我们认为分子亲缘关系是亚种辨识的基础。"她肯定了盘羊西藏亚种在青藏高原各处均有分布。但在高原东北角，即当初案件涉及的区域，她发现有两个支系的盘羊与北边的戈壁亚种"可能有次级接触"。一个长而宽阔的条形地带在这里将高原与高原以北的山岭分隔开，其间密集分布着人类居住区和农田。这里的长城一路沿着这条走廊伸展，始建于 2000 余年前的汉朝，后在500 多年前的明朝中叶整修、加固。最近几百年里，戈壁盘羊几乎没有可能绕过长城，进入青藏高原，但在过去，这两个支系的盘羊的确可能与西藏盘羊混杂，保留了戈壁盘羊的部分基因，但在外表上没有显现出来。

关于这段复杂而漫长的插曲，我只讲述了其中一部分，但我希望，这足以表明科学研究并不一定都是高尚之举。我对那些猎手也不再抱有任何幻想，他们不支持他人为捍卫野生动物法规所做的努力，不积极配合工作解决争议，只顾自己想办法逃避责任，并且不惜一切代价维护自己的嗜好，随心所欲地猎杀各种动物——正如16世纪一位作家所说："一种野蛮的娱乐。"

几十年来，从阿拉斯加到乌干达、巴西，从巴基斯坦、塔吉克斯坦到蒙古，我时常遇到追逐所谓"大型猎物"的狩猎爱好者，其中不乏有责任感的人，但其他人只能说是拿着武器的破坏分子。这让我开始审视自己对猎杀野生动物的态度。我所说的狩猎并非是指牧民为生计而杀了一只藏原羚，农人为填饱肚子而打死一只白尾鹿，或博物学家为某个博物馆搜集几件标本。比如说，多年前，我就曾为阿拉斯加大学博物馆设陷阱捕捉野鼠等小型哺乳动物，还打过各种鸟——毫不犹豫地开枪。不过，正经的狩猎活动我只参加过一次，猎杀了一只大型哺乳动物。那是50年代，我跟着表兄埃德·巴恩斯（Ed Barnes）和他的太太在阿拉斯加猎驯鹿。当时是秋天，树叶已变得黄灿灿，红彤彤。我静静地穿过云杉林，来到一片林间空地。两头公驯鹿站在那里睡着了，做着梦，在乌黑的鹿角重压下低垂着头，颈部白得耀眼。它们离我只有30米，很容易打中，但我有点儿犹豫，不愿打破这幅宁静的画面。我慢慢地走进空地，它们仍没有发现我。终于，我开了枪。一头驯鹿应声倒下，躺在地上，腿压在身下，呼出的气在冰冷的空气中清晰可见。另一头驯鹿没有逃走，而是站在奄奄一息的伙伴身边。虽然后来我觉得驯鹿肉排很美味，但心里还是感到愧疚，因为这次杀戮更像是处决，而不是狩猎。

世上只有很少一部分人纯粹为消遣而打猎，更少有人有足够的财力去猎捕异国战利品，收藏在自家的停尸房。有些猎手觉得猎杀动物是一种享受，其他人或许把这看作是很有男子气概的事，为此越发自负，也可能只是觉得这很刺激，有异国情调，能让他们暂时摆脱平凡单调的生活。当狩猎俱乐部大肆赞颂某人猎到的公羊羊角比先前所有的公羊长了半英寸，或是授予某人位列名人堂的荣耀，这位兄弟会成员无疑将因此而享有某种特殊地位。（打猎的女性极少。）很多人打猎都是出于这样的社会原因，追求血腥快感，喝喝啤酒、吹吹牛。这些是比较单纯直白的欲望，我可以理解，虽说这给动物带来了无法言说的痛苦，且用表面的兄弟情谊掩盖了暴力的行为。但是，有些猎手找来一些语意模糊的理由为杀戮辩护，比如"与大自然保持联系"，听起来似乎是在粉饰内心深处的黑暗。狩猎不是一项体育运动；动物们不只是输掉比赛，它们会输掉性命。为什么不能选择摄影？在四五百米开外为一只盘羊拍照远比射杀它更困难。猎枪的出现预示着真正的狩猎技艺将淡出舞台。我在野外遇见的那些狩猎爱好者无心体验融入大自然的感受：他们只想尽可能迅速轻松地捕获战利品，然后回家。这些猎手如此急切又语无伦次地为自己辩解，也许是因为他们知道如今越来越多的人开始质疑娱乐性杀戮的道德基础。

尽管如此，我相信狩猎活动也可以发挥积极的作用，为动物保护做贡献——容许这种杀戮存在的前提是切实遵守相关原则。首先，猎杀对象未在该国或国际协议中被列为濒危动物，并且数量充足，少量猎杀不会对种群造成影响。其次，这些动物应有管理员或守卫看护，有称职的工作人员细心监测其数量，以妥善的管理确保种群延续。最后，发放狩猎许可或出租狩猎场的收益，应有相当一部分回馈给生活艰难的当地社区，除了改善人们的生计和福祉，更重要的是让当地人直接参与动物及栖息地的保护和管理工作。目前很少有哪个国家能做到第二和第三条，但情况正在慢慢改善，例如中国和尼泊尔允许申请猎杀岩羊，并且当地社区能够由此受益。我认为美国、法国、德国、俄罗斯等国的狩猎组织都负有一份道德责任，应积极与推出狩猎项目的国家合作，督促这些国家贯彻实施上述原则——否则将面临禁猎处罚和收入损失。此外，狩猎俱乐部等组织应要求其会员遵守行为规则，确保他们以正当手段获取猎物——不能因为打猎太辛苦就干脆在村子里购买动物，或让导游射杀动物，或从车上扔炸药，这里仅举出以上三种恶劣行为。科学家、狩猎爱好者和狩猎组织应就未来准则达成共识，防止西藏盘羊丑闻这样的事件重演。

与帕米尔盘羊等亚种不同，至今尚未有人在青藏高原的栖息地上对西藏盘羊展开全面的调查与统计。这一亚种目前仍分布很广，只是分散在各地的种群都很小，可能总计还有几千只。对于这种器宇不凡的盘羊，我们在进一步了解其生存状态之前，必须继续给予它们严格的法律保护，保护西藏高原动物群中这个稀有而独特的成员。

第十二章

帕米尔的野性象征

2006 年 9 月 28 日，40 余人参加了在乌鲁木齐举行的一场研讨会，就帕米尔山区野生动物及地方文化的保护展开讨论。"帕米尔"意为"世界屋脊"，四个国家——巴基斯坦、阿富汗、塔吉克斯坦和中国——共享这片高原，世上最高的几条山带由这里向外辐射：包括喜马拉雅、兴都库什、喀喇昆仑以及昆仑山脉。帕米尔盘羊是帕米尔高原的象征，在 1273 年被马可·波罗描述为"体型巨大的野羊"，今天依然栖息在这四个国家。帕米尔盘羊、雪豹、狼和北山羊等其他动物时常跨越政治边界，往来于各国。要想保护这片山区，保护这里的野生动物、草场和地方文化，那么，这几个国家的合作至关重要。我们来到乌鲁木齐，正是为了商讨四国联合建立一个帕米尔国际和平公园，或帕米尔跨国界保护区。在全球各地，已有许多国家参与建立了 100

多个这样的和平公园，以事实证明了这种模式的价值，各国自行制定策略，合作管理共有资源，互利互惠。一个实例是美国的冰川国家公园与国境线另一边的加拿大班夫国家公园；还有一例是位于珠峰北侧的中国珠穆朗玛峰自然保护区与位于南侧的尼泊尔萨加玛塔国家公园（Sagarmatha National Park）。这些公园推进了邻国之间的友好关系，促使两国分享信息，合作展开研究，协商解决共同面临的问题。

经过两天的讨论，来自四个国家的代表达成总体协议，就和平公园的建立制订了行动计划，包括法律及政策目标、社区发展、合作管理等各项事宜。各方另就公园边界的划分达成一致意见。阿富汗国家环保局局长穆斯塔法·查希尔（Mostapha Zaher）总结说："环境没有边界可言。阿富汗的环境退化也将威胁到所有邻国的安全。唯一的解决办法就是商议协调一个整体地区方案。这个项目不仅仅是为保护动物而建的一座和平公园，更代表了一个伟大的机遇，科学与环境保护能够为未来的合作开辟出一条新的道路。"

我高兴极了，在这个地区为推进生态保护努力多年，此时终于有了一点成就感。1974年以来，我走遍了帕米尔边缘地带，先是在巴基斯坦搞研究，之后来到中国。近些年来，为这次研讨会做先期准备，我深入考察了塔吉克斯坦和阿富汗境内的帕米尔高原。1987年我曾提出"建立一个大保护区"，覆盖四个国家所涉及的区域，以保护往来于各国的野生动物。在那么多次长途跋涉及与官方反复磋商之后，我梦想中的帕米尔国际和平公园，面积超过51800平方公里的保护区，终将有望成为现实。

或许有人觉得这样看来，我的关注焦点从青藏高原向西转向了帕米尔，但实际上，这两个地区有共同的山系相连，例如昆仑山和喀喇昆仑山，只是这些山脉在西部挤在一起，形成了一个群峰突起的混乱地带，之后又重新向外舒展。青藏高原与帕米尔高原之间的这片险峻区域影响了一些动物的地理分布。西藏盘羊被限制在青藏高原上，适应了绵延起伏但称不上险峻的地形，从来不曾西行进入帕米尔，而与它们亲缘关系很近的一个亚种——帕米尔盘羊（Marco Polo sheep），则是在帕米尔安顿下来。相比之下，雪豹和过去的藏民都展现出比盘羊更强的适应能力，在两个地区都广为分布。公元 8 世纪后半叶，吐蕃王朝的版图横跨帕米尔和巴基斯坦北部，向西延伸至乌兹别克斯坦，并覆盖新疆大部，向南一直到达印度的恒河流域。藏族还曾进军中原，在公元 763 年攻克当时的首都长安（今西安）。但是到了 10 世纪，这个王国便土崩瓦解。

　　1974 年在巴基斯坦北部做野生动物调查时，我听说要找帕米尔盘羊，最理想的地方是上罕萨山谷，这座山谷绵延 120 多公里穿过喀喇昆仑山，直达中国边境。1959 年，一位美国猎手在罕萨看到过一群公羊，有 65 只，在当地，军事哨站和政府办公室里时常挂着盘羊角做装饰。

　　雄性帕米尔盘羊肩高约 115 厘米，体重可达 130 公斤或更多，与西藏盘羊没有显著的差别；不过，它们的角是所有盘羊之中最长的，向两侧张开，盘卷至尖端，渐渐变得纤细。目前沿羊角外缘测量得到的世界纪录为 191.77 厘米。约翰·伍德（John Wood）是第一个将帕米尔盘羊角带回英国的人，这一亚种的学名确定于 1841 年。到了 19 世纪末，帕米尔盘羊已成为一种极富神秘色彩的动物，狩猎爱好者和博物馆藏品搜集人员远赴帕米尔展开行动，有时猎捕的数量相当可观。例如 1888 年，英国猎人圣乔治·利特代尔（St. George Littledale）猎杀了 15 只公羊和 2 只母羊。1926 年，詹姆斯·克拉克（James Clark）和威廉·莫登（William Morden）为美国自然历史博物馆猎获了 15 只公羊和 10 只母羊，并拍照展示他们的"收获"。

对于所有盘羊中体形最大的这一种，我自然很想亲眼看看。它俗称"马可波罗羊"，拉丁文学名（*Ovis ammon poli*）同样对马可·波罗表达了敬意。于是我动身前往罕萨山谷。这座山谷中交错分布着幽暗的峭壁和梯田环绕的村庄，还有成片的杏树、核桃树和桑树。冰雪覆盖的拉卡波希峰高达 7788 米，遮蔽了天际。我们走得很慢，几百名中国人正在奋力工作，扩宽连接中巴两国的一条公路。我的巴基斯坦朋友佩尔韦兹·汗（Pervez Khan）又一次加入队伍，同行的还有联络官吴拉姆·贝格（Ghulam Beg），一个说话不多、很讲效率的人。我们把路虎车留在苏斯特村附近，顺着一道山谷徒步向上走了几天，经过了到达中巴边境前的最后一个村庄米斯加尔。山谷随后分出两条岔道，一条通向古丝绸路上的明铁盖达坂（Mintaka Pass），另一条通向克里克达坂（Kilik Pass）。我们在一个叫哈克的地方找了一间废弃的石屋过夜，牦牛粪生起的火堆冒着浓烟，在 11 月的寒夜里勉强散发出一点暖意。第二天，灰色的陡坡渐被线条较为缓和的山岭取代，这是适合帕米尔盘羊栖息的环境。接近克里克达坂时，我们看到两只棕灰色的狼在一面山坡上快步走过，一只雪豹留下的爪印从山谷上方朝我们这边伸展过来。在海拔 4755 米的地方，我一脚站在巴基斯坦，另一只脚站在中国。西边的一道山岭属于阿富汗，再往远处去，山谷对面是前苏联（今塔吉克斯坦）的国土。一串狐狸的足迹是这里唯一的生命痕迹。后来我们看到雪地里露出一只帕米尔盘羊的角。看来起码有一部分盘羊会季节性造访此地。

我们返回公路，驾车前往红其拉甫达坂，那里海拔接近4800米，是盘羊出没的著名地点。接近山口时，我下车独自慢慢爬上一道高耸的山脊，用了两个小时到达海拔5282米的山顶。沿着一条冰川边缘走了一阵，我看到了中国的边防站，山谷在那里变窄，然后豁然开朗，进入塔克敦巴什帕米尔。我用望远镜缓缓扫视山坡，依然没能发现帕米尔盘羊的踪迹。我倒是找到了一些羊角，后来听说，这一带的盘羊几乎都被巴国工兵在修路期间杀光了。如今只有个别盘羊从中国那边跨过国境游荡到巴基斯坦。

这次考察过去一年之后，巴基斯坦建立了6133平方公里的红其拉甫国家公园，我徒劳搜寻盘羊的区域也包含在内。9年后，1984年，中国建立了与之相连的塔什库尔干自然保护区，面积约15800平方公里。事实上，一个国际和平公园建立起来了，只是帕米尔仅占其中一小部分。（这两个保护区后来都被纳入和平公园提案。）塔什库尔干很大，从塔吉克斯坦边境向东一直延伸到乔戈里峰附近，乔戈里是世界第二高峰。我在1985年去过塔什库尔干，但因为安全缘故，未能获准考察帕米尔地区。我不想轻易放弃，第二年6月再次去那里，拿到了进入卡拉其古河谷的通行证，这道山谷就像曲曲折折的枝杈，在塔吉克斯坦与巴基斯坦之间向西伸展，直达阿富汗边境。

喀喇昆仑公路从新疆西南部的喀什开始，向南通向红其拉甫达坂，途中经过公格尔和慕士塔格这两座海拔约7600多米的雪峰，进入塔克敦巴什河谷，这里大致上就是帕米尔高原的东部边界。我们在塔什库尔干镇停下休息（塔什库尔干意为"石头城"），早在马可·波罗到访之前，这里就已是丝绸之路上的一个商队交易中心。在山间的这个角落，历史的痕迹随处可见。小城聚集了阿富汗人以及塔吉克族、哈萨克族、维吾尔族和汉族人，也曾看着征服大军、间谍、朝圣者和探险队来来去去。如今这里迎来送往的都是游客及往来巴基斯坦的车辆。

我们驱车向南前往卡拉其古河谷，一行九人，包括新疆林业厅的同仁以及我的妻子凯和我。路上见到检查站和牧民的小屋，我们就上前询问帕米尔盘羊的情况，得到的回答一般都是"很少"。大家兵分两路，分头探索侧面岔出的山谷。我在一个地方发现了十二具盘羊残骸，都是幼仔或一岁的小羊；上一个冬季降雪格外多，它们显然是饿死的，后来有棕熊过来咬碎了不少骨头。在牧民的小屋旁，扔着大约五十只帕米尔盘羊的角，从一个角度说明了盘羊为何如此少见。

向导达旺和我走到了克里克达坂附近，也就是我在 1974 年到过的地方，他忽然说："一只盘羊！"然后，我看到了，它正快步走上一道山岭——这是我在野外见到的第一只帕米尔盘羊。我在田野笔记中这样描述了它："年轻雄性，三岁，头上的角状如镰刀，毛色浅棕，后臀有一块白色，胸部有一个黑点。"还有一天，我匆匆爬上一片碎石坡，从山顶探头看向那边的山谷。13 只母羊和小羊，包括一个刚出生的羊宝宝，正在我的下方觅食或休息，一只成年雄性盘羊也没有。公羊都在哪里呢？我们推测，公羊在邻国度过夏季，但显然会回到这里来越冬，因为山间散落着很多巨大的羊角。我们测量了 129 只公羊角，数了上面的年轮。这些盘羊寿命不长，大多数在 4 岁至 9 岁之间死去，只有极少数活到了 10 岁。公羊漫游范围很广，有可能越过边界进入巴基斯坦、塔吉克斯坦和阿富汗。我由此得出结论，要保护这种动物，各国的合作必不可少。

我非常想了解帕米尔盘羊在塔吉克斯坦和阿富汗的生存状态，但因为战事及当地的其他骚乱，80 年代末及 90 年代不是展开野生动物调查的好时机。终于，进入新世纪之后，这两个国家的帕米尔高原向我敞开了大门。

塔吉克斯坦，2003 年

6 月 18 日，我们驾驶两辆车离开塔吉克斯坦首都杜尚别，开始了研究帕米尔盘羊的工作，估计这个项目将要持续几年。大半个帕米尔高原位于塔吉克斯坦境内，因此这个国家是保护这种盘羊的关键。去年我和托利扬·哈比洛夫（Tolibjon Khabilov）一同筹划了这次考察，他是苦盏州立大学的副校长，研究蝙蝠的专家。这个笑眯眯的小个子男人有闪亮的金牙，痴迷于各种设备，这一点在我们刚开始通信时就已暴露无遗，他似乎很喜欢我为这个项目购置的一系列设备，从汽车到望远镜、对讲机和野营装备，他对每样东西都很感兴趣。我在这次工作中的主要合作伙伴是阿卜杜萨塔尔·赛义多夫（Abdusattor Saidov），不久将接任塔吉克斯坦科学院动物学及寄生虫学研究所所长。他四十多岁，为人和善，会讲英语，我们合作得很愉快。拜访过阿卜杜萨塔尔的研究所，我也理解了托利扬对设备的渴望。研究所每周仅有两天开门办公，不通电话——电话线在内战期间被剪断了——不过倒是有一台电脑。全所当年的研究经费为 1500 美元。与我们同行的还有托利扬的两位大学老友，我怀疑让他们来的主要原因是可以从我这里领一份津贴。一位是植物学家，但从不采集植物标本，另一位是研究鸟类寄生虫的专家，认不出几种鸟，于是被降级为队里的厨师。

我们一路往东走，穿过春天里绿油油的麦田，翻过青草覆盖的山丘。公路沿途不时可以看到废弃的卡车，炮塔歪斜的被烧毁的坦克，还有战争留下的其他垃圾。塔吉克斯坦曾是波斯帝国的领地，19 世纪俄国大举东进时被吞并，1929 年成为苏联加盟共和国，这是一个多山的国家，总面积仅 142450 平方公里，帕米尔高原占了其中的三分之一。1991 年宣布独立后，塔吉克斯坦无法再仰赖苏联给予的社会福利及其他帮助，经济状况一落千丈。共产党和民主党派在权力划分问题上未能达成共识，致使内战爆发，从 1992 年一直持续到 1997 年。这个国家很小，自然资源匮乏，至今仍十分贫穷。

进入帕米尔之后，我们顺着奔腾的喷赤河往上游走，这条河在下游变成阿姆河，过去曾被称为妫水。河对岸就是阿富汗，但那边没有与河道平行的公路，只是顺着山脚有一条危险的小路。经过几个边防检查站之后，我们来到了霍罗格，塔吉克斯坦的戈尔诺 – 巴达赫尚自治州首府。霍罗格位于两条河流交汇处，据 1899 年途经此地的一位旅行者记述，当时这里只有 133 幢小屋，但今天，这儿已是一座宜人的城市，人口约 25000，有一所大学。我们有帕米尔盘羊项目的正规研究许可，但仍需向当地各政府部门说明来意，另外我们打算去拜访帕米尔生物研究所的研究人员。自然保护部的官员对我们表示了怀疑，命令我们带上达夫拉特雅尔·佩尔沃诺贝科夫（Davlatyar Pervonobekov）同行，以便监视。这是一个年约五十的人，行动力与蜗牛相当。

我们需要根据预定路线制订一份具体计划。动物普查工作往往是以最漫长的行驶里程换得最少量的客观信息。各方商定的野外工作时间为两个月，足够我们大致上熟悉塔吉克帕米尔以及这里的盘羊。这片帕米尔高原的西部区域地势崎岖，大部分已被划入管理疏松的帕米尔国家公园，没有多少适合盘羊生存的地区。但在东边，峡谷和冰川渐渐消失，取而代之的是起伏的荒凉山岭，海拔高度很少超过 5200 米。这是一片高海拔草原，植被稀疏，主要是野草和低矮的灌木，如鼠尾草。即使在夏季，大地看上去也是灰暗的棕色，仿佛褪了颜色，只有高处的山谷有融雪滋润，青翠的高寒草甸上绽放着星星点点的野花。

塔吉克和俄罗斯生物学家一致认为，到了 21 世纪初，帕米尔盘羊的数量与 20 世纪 60 年代相比减少了许多，但关于目前的具体数量，大家各有各的看法。有些人说大约 3000 只，有些人说有 14000 只。我们很快发现，眼下这个季节里，盘羊都聚集在山坡高处，那里的植物肥美多汁，富含养分。我们每天徒步翻山越岭寻找盘羊。确切地说，是阿卜杜萨塔尔、司机阿利扬·阿利杜多夫和我，独自或结伴展开搜索。托利扬在公用的帐篷里倚着枕头喝茶；其他人一般也都是在营地附近活动。这样的事不算稀奇，对于一个研究机构来说，做出考察的样子比做出研究成果更重要。我是理想主义者，但并非不切实际；我决心要完成这个项目，所以督促大家一起走下去。

在北部，帕米尔国家公园内的喀拉库尔湖周围，我们只见到三只帕米尔盘羊。但在园内一个官办的运动狩猎营地附近，堆放着一大堆盘羊角。在公园外的另一个地方，我们发现了36只盘羊。再往东，在兰库尔地区，我们扎营后查看了几道山谷。站在一道高耸的山脊上，可以看到对面中国境内的慕士塔格峰。我们的柯尔克孜族向导马纳斯非常善于发现盘羊，当地人称它们为"固尔札"。我们总共统计了261只，其中包括111只组成的一群。我们还查看了70年代末80年代初俄罗斯人在中国边境附近建起的铁丝网。这道网约有320公里长，高度超过1.8米，有18条带刺的铁丝，顶上另有6条组成突出的一块垂下来。恐怕除了旱獭，没有哪种动物能跨越这道障碍。不过在南面，当地的柯尔克孜人拆掉了几段铁丝网，把木桩拿去当柴烧，为野生动物打开了自由往来的通道。

前往另一预定地点的途中，我们在地区中心城市穆尔加布停下吃饭。餐馆的菜单上有帕米尔盘羊，十分美味，没有羊肉味道那么浓烈，也没有牦牛肉那么多筋。盘羊肉被用在一道塔吉克抓饭中——有些油腻的米饭，还混合着切碎的胡萝卜。大家都吃得兴高采烈，这些天来我们的伙食一直很惨淡，经常只有面饼、茶和炼乳，那位鸟类学家的烹饪手艺和他辨别鸟类的能力一样有限。我们了解到，非法猎杀帕米尔盘羊和北山羊的现象在这里很普遍，而且无人监管。冬季积雪很深的时候，野生动物被迫转移到靠近公路的河谷中，这时政府官员、治安人员和军人——能够拿到枪的人——便开始用卡拉什尼科夫自动步枪对准它们扫射。盘羊一见到我们，甚至是一听到发动机的声音，就纷纷逃向高处，翻过山脊，原来，原因就在于此。

阿卜杜萨塔尔和两位司机到当地人家里拜访，了解他们的生活状况和野生动物对其生活的影响，这是动物保护项目的一个关键组成部分。掌握当地的这类实际情况仅仅代表着一个开端，而非结果。常常有人满怀盲目的热情展开保护工作，一味死守原则，却忽略了当地人的实际愿望、欲求和需要。通常情况下，唯有懂得妥协才能切实将保护项目进行下去。

我的队友们采访了 24 户人家，听过他们搜集来的故事，我对柯尔克孜牧民充满同情。在苏联时代，这个地区被划分为畜牧公社，每一个家庭都有工作。社会体系为居民提供医疗和兽医服务，提供学校和电力，还有其他各种福利。然而随着苏联解体、塔吉克斯坦迎来独立，苏联人走了，这一体系也渐渐分崩离析，只有学校保留了下来。我们在这里遇到的被访者，文化程度都非常高，远远高于青藏高原的放牧人家。17 岁以上的成年人中，86% 的人完成了 10 年或 11 年的中小学教育，其中12% 的人继续深造，毕业后进入教学、商贸或其他职业领域。这里平均每户人家只有 46 头牲畜，远不足以维持生计；而西藏北部的牧民通常拥有 250 头至 500 头。当地三分之二的家庭说，近 5 年里家中牲畜数量减少了：他们不得不卖掉牲畜，购买面粉、盐、茶、火柴、衣物等生活必需品，或直接用牲畜换回物品。另外，有些牲畜遭雪豹和狼捕食，也有一些染病死掉。莫尔库洛夫的家庭是一个很有代表性的例子，我们在考察报告中讲述了他家的情况："他有一个妻子和四个 4 岁至 14 岁的孩子。5 年前，他有 35 头牦牛。过去一年里，他卖掉了 5 头牦牛和150 公斤牦牛肉，并用 1 头牦牛换回了 8 袋面粉（每袋 45 公斤）。他有 2 头小牦牛被狼咬死，1 头病死。目前他有 20 头牦牛和 1匹马。"

当地人很少宰杀自家牲畜，主要依靠面包、茶和奶制品过活。半数家庭表示他们没有足够的食物。很多男人离家去俄罗斯找工作，或是选择参军。这些人家大都离不开阿迦汗基金会（Aga Khan Foundation）、联合国以及法国技术合作与援助组织（ACTED）发放的救济粮，主要是面粉和食用油。冬季燃料匮乏也是一个问题，原因之一是牦牛太少，无法提供足够的牦牛粪，而且现在不再像苏联时期那样定期送煤。由此导致的结果就是，一些低矮的灌木例如鼠尾草以及当地称作"特雷斯肯"的一种驼绒藜被连根拔起，晒干之后充当燃料。大片土地因而变得光秃秃的，家养牲畜和野生动物都无处觅食。

　　在这种情况下，当地人自然会去猎杀北山羊和盘羊，不论公羊母羊、不论几岁都可以，好让家人吃上肉，或是拿到城里去卖钱。偶尔会有一个热情的家庭拿出肉来招待我们。盘羊肉，对他们而言如此珍贵的食物，哪怕吃一小口，我都会有一种负罪感。看到官员肆无忌惮地猎杀野生动物，看到外来的狩猎爱好者在他们的土地上打猎，而他们丝毫没有从中受益，这些人又何必要遵守动物保护法？

　　考察中，我们向南走到了阿富汗边境，俄罗斯军人仍守卫着这里的边防站。不远处，佐库里湖（萨雷库里湖）沿着边境线伸展，这块 868 平方公里的地方是受到严密保护的区域。我从这里进入阿富汗的瓦罕走廊（Wakhan Corridor），一片如弯曲手指般的狭长土地，在塔吉克斯坦与巴基斯坦之间向东伸出，这里也是帕米尔盘羊的栖息地，当然要纳入这次考察。我现在站在了古道上。1838 年 2 月 19 日，约翰·伍德到达佐库里湖，"一片壮观的冰封水域"。在他之前，早在 645 年，朝圣的中国僧人玄奘从印度返家途中就曾经过这个地区，并记录了山中一座有龙潜居的湖泊。他看到的会是哪座湖呢？佐库里湖，瓦罕走廊的恰克马克廷湖，还是更北面的某座湖泊？

关于这个地方，最著名的文献当然是马可·波罗的记述，他在 1273 年途经此地，但确切路线至今仍有争议。

　　离开这个小国（瓦罕），骑马向东北方向走三天，始终在山间穿行，最终走上高处，据说这便是世界上最高的地方！站在这片高地上，你会看到一座宽广的湖嵌在两山中间，一条清澈的河从湖中流淌出去，穿过一片平原，原上覆盖着世间最丰美的草场；瘦弱的牲畜来到这里，只需十天就能变成让你满意的壮硕模样。草原上有许多野生动物，其中有一种野羊，体型巨大，羊角足有六掌长（107 至 152 厘米）。牧人将羊角做成吃饭的大碗，晚间还用这种角拴住牛栏的门……

　　这片原野叫作"帕米尔"，你在这里可以骑马一连走上十二天，除了荒漠什么也看不到，没有人类居住，没有任何庄稼，旅人必须带上自己所需的一切……

即便是很难找到帕米尔盘羊的时候，我在山间漫步，仍会觉得很愉快。我查看狼粪——里面的残渣大都来自盘羊和旱獭；我搜寻雪豹的脚印，在笔记中记下野兔蹲伏在巨石边刨出的坑里，向绽放着黄色花朵的飞蓬草问好，我家草坪上也长着类似这样的菊科植物。鸟类永远是让人驻足的理由。长相有点像乌鸦的一对红嘴山鸦在干牦牛粪里找虫子；大朱雀惹人喜爱；白斑翅雪雀和漠鸥需要用望远镜才能准确辨认。我偶尔能找到一具帕米尔盘羊的骨架，量一量羊角的尺寸，心想不知它是被狼吃掉了，还是被猎人打伤后死去，抑或是因为其他原因丢了性命。

幸好，我认识了别克穆罗迪（Bekmurodi）三兄弟——阿托别克、艾迪别克和扎法尔。他们的穆尔加布公司有一个特许经营的狩猎场，我们应邀到阿富汗边境附近的公司营地拜访。这里有一片舒适的平房，甚至配有一个游泳池，从附近的温泉直接引水过来。狩猎场相当大，约有2200平方公里，警卫人员时时巡视，以防有人偷猎。这是塔吉克帕米尔唯一一个受到良好保护的区域。才几天工夫，我们就找到了总计1044只帕米尔盘羊。正如同许多有蹄类动物，雄性和雌性盘羊大部分时间分开生活，仅在交配季节前后相聚。以我们统计的最大的两群为例，一群当中有183只母羊、小羊及个别几只接近成年的公羊，另一群有110只公羊。别克穆罗迪兄弟热情邀请我第二年再来这里。我很想继续深入考察，希望能更好地了解塔吉克斯坦的盘羊数量。目前我只能大致猜测总数约为15000只。

在野外过了不到一个月，队里的几个人突然都表示家里有十万火急的事。我勉强坚持了几天，终于还是很不情愿地跟着塔吉克队友们回到了杜尚别。我与各部官员讨论了这次考察的收获，向他们介绍有关帕米尔国际和平公园的构想。托利扬带着项目用车以及所有的设备回了苦盏。第二年我和阿卜杜萨塔尔都试过要回一些东西，以便继续完成我们的帕米尔项目，但是都以失败告终，我们再也没见过任何一件设备。

阿富汗，2004 年

我们筹划了为期两个月的旅行，穿越阿富汗的帕米尔高原，这是我珍爱的旅行方式：这个地区没有公路，甚至没有村庄，只有零星分布的小片毡房，驮畜将是唯一的交通工具。借用沃尔特·惠特曼的诗句："我的目力伴随着我周游。"我们计划由帕米尔高原一侧往上走，进入所谓的"小帕米尔"，翻过一道山，再下山返回大帕米尔，到达名为喷赤堡的村庄，昨天我们就是从那里开车驶上公路的。现在我们来到了瓦罕走廊高处的萨尔哈德村，海拔 3048 米，公路的尽头。前方，东面是崇山峻岭，通向帕米尔的宽阔河谷，一只杜鹃啼叫起来；在南面，山间凹下去的一块是巴罗吉勒山口，三十多年前我从巴基斯坦一侧到过那里。

眼前的任务是重新整理所有行李装备，合理分配给我们雇来的七头驴和五匹马。这次的队伍除我之外还有三个人。贝丝·沃尔德（Beth Wald）是我在怀俄明结识的一位职业摄影师。她曾被派到阿富汗工作，听说我对瓦罕走廊感兴趣，便提议做这样一次考察，并组织安排了相关事宜。萨尔夫拉兹·汗（Sarfraz Khan）是一个生活在巴基斯坦的瓦罕人，高大沉稳。他曾在这个地区经商，而且英语非常流利，这次将帮助我们与当地人沟通。目前他还肩负着一项工作，即代表中亚协会（Central Asian Institute）主席、《三杯茶》的作者格雷格·莫顿森（Greg Mortenson），监督、管理在瓦罕走廊建学校的工作。记者斯科特·华莱士（Scott Wallace）年约五十，粗犷，体格健美，赶在最后一刻代表国家地理学会加入我们的队伍；后来他在 2006 年的一期《冒险》杂志上发表了一篇精彩文章，讲述这次行旅。

第二天，8 月 23 日一早，牲口都驮上了行李。Barakat！——出发吧！

能够走到这一步，说来也是一场有意思的政治实践。我们在阿富汗首都喀布尔拿到了研究许可，核准申请的环境部长优素福·努里斯塔尼（Yusuf Nooristani）是亚利桑那大学毕业的人类学家。后来我提出去向他汇报考察结果时，他冷冷地说："我就在这儿等你，否则就是死了。"（还好他安然无恙，并参加了 2006 年我们在乌鲁木齐举办的研讨会。）他的冷幽默一点儿也不夸张。1992 年至 1996 年间，北方的穆斯林游击队密集炮轰喀布尔，将大片城区变成了废墟。随后，1996 年末，一支塔利班武装力量攻占了喀布尔。2001 年 10 月 7 日，第一批美国炮弹落在这座城市。

8 月 17 日，我们从喀布尔搭机北上到法扎巴德（Faizabad），与萨尔夫拉兹会合。他让大家不要在城里久留，因为前一晚刚有一辆联合国的车被炸。另外，他建议我们不要在夜里开车进入瓦罕走廊，即由阿富汗向东伸出的那个狭长地带。从法扎巴德到公路尽头有 362 公里，路上可能遇到各种问题。那天我们仅行进到巴哈拉克（Baharak），沿途有收割过的麦田及种了苹果和杏子的果园，还有成群的大尾羊。掌控瓦罕的雅各布·汗（Yakub Khan）司令就住在附近。他穿着白色灯笼裤，灰色上衣，头戴平顶帽，热情地跟大家打招呼，并邀请我们在家中过夜。他向我们保证这一地区"没有问题"，但也提到我们周围布满了武装警卫。他已在这片山中住了23年，起初是为了对抗苏联人，他们在1979年12月入侵阿富汗，1989年4月撤出，共损失15000人；在那之后，他一直在与塔利班交战。镇上有一个很好的集市，第二天我们在这里大举采购，为接下来至少一个月的山中生活储备各种必需品，从饭锅、杯子到大米和洋葱，一群无所事事的白胡子男人紧盯着我们的一举一动。

我们一路上看到了一片片绿色的苜蓿，打成捆的金色小麦，还有大片种植的罂粟，结出的罂粟果多半都已被人竖直切了几道，将渗出的浅紫色汁液刮下收集起来，但仍有一些美丽的紫色花朵正盛开。据巴哈拉克的阿迦汗基金会官员说，这一地区的瓦罕成年人，有30%～40%吸食鸦片。塔利班查禁鸦片——同时禁止女性受教育，演奏音乐，放风筝，养鸽子，以及剪美式发型。不过，这个地区仍由对抗塔利班的北方联盟控制。至2002年末结束的三年大旱期间，农民收获的小麦极为有限，而小麦是当地居民的主食。大多数家庭被迫抵押土地换取现金，购买价格飞涨的小麦。由于收成不好，农户没有足够的种子留到来年播种，而且没有麦秸秆做冬季饲料，家里的牲口纷纷饿死。为了还债，赎回土地，贴补少得可怜的收入，农民只好继续种植罂粟，而不只是种植粮食作物和果蔬。

喷赤河被来自冰川的泥沙染成了灰色，从小镇伊什卡希姆旁流过；再往上游去一点，我头一年曾由塔吉克一侧沿河考察。边防站的一名守卫一口咬定我们的通行文件有问题。"没权力，就是捣乱。"萨尔夫拉兹小声说。最终还是他说服了守卫，我们没有花钱贿赂就被放行了。在萨尔夫拉兹一位助手的家乡汗都德，当地军阀试图让我们调头回去，在好奇围观的人群面前彰显自己的权威，但一位好心的地方法官为我们说了话。这里天高皇帝远，喀布尔的公函没有多大效力。到了喷赤堡村，河谷变宽，一条岔道通向小帕米尔，另一条通向大帕米尔。与我们见过面的司令雅各布·汗皱着眉一脸严肃，一身戎装的样子很有威慑力，他仔细审查了我们，但查过之后，他在各个方面给予了极大的帮助。他把我们带到昔日国王穆罕默德·查希尔·沙阿的狩猎行宫，如今建筑已十分破旧。他说20世纪70年代，瓦罕人很讨厌那些有钱的外国狩猎爱好者跑到这里来，到不远处的大帕米尔猎杀盘羊，当地社区却得不到一分钱。人们的记忆很难轻易抹去。另一位外来访客——英国医生亚历克斯·邓肯（Alex Duncan）过来邀请我们喝咖啡。他和做护士的太太埃莉诺带着他们的三个孩子，最小的才七个月，来这里帮助瓦罕人，特别是妇女和儿童。这里没有医疗设施，甚至没有产婆，女性生产死去的例子并不少见，幼儿因营养不良、肺炎或其他原因死亡的比率高达40%。我十分钦佩邓肯夫妇以及像他们一样的援助工作者：在这个动荡的国家，他们是真正的无名英雄。

离开萨尔哈德村，步道顺着山丘的轮廓延伸，坡上覆盖着发育不良的鼠尾草，牲畜在其间踩踏出一条条小径。我们跨过两个不高的山口，在一道狭窄的山谷中停下吃午饭：一块死面的馕，还有用柳枝生火煮的茶。我们的早饭也是这两样，整个旅行过程中，这始终是我们的主要食物。我的两条腿像灌了铅，贝丝却像是脚下装了弹簧；她瘦削、坚韧，像长跑运动员，我要调整到最佳状态才能跟上她的步伐。我们在一条溪流旁扎营，第二天继续翻山越岭，穿过河谷，前方出现了五幢挨在一起的小石屋。这几户人家都来自萨尔哈德，7月至9月在这里放养他们的牦牛、绵羊和山羊。招待我们的这家主人叫阿巴卜，晚餐给大家送上了米饭，上面放着融化的黄油。每一天的艰苦跋涉之后，晚上的这顿饭总会成为众人关心的焦点，我一般都会在日记中记下一笔。这里的海拔高度约为4000米，夜晚很冷，只有零下3摄氏度，但清晨5点，各家的女人已经出门去挤牦牛奶了。斯科特哆哆嗦嗦地起了床。他只带了一个薄睡袋，而且他的帐篷几乎就是一个带有顶棚的蚊帐；他平常接到的拍摄任务大都是去亚马孙雨林之类的地方。今天风很大，一阵阵飘着雪。我低着头往前走，寻找老鹳草、紫菀等野花，不再抬头搜索北山羊。这天晚上，湿乎乎的大片雪花直坠下来，我听见斯科特愤愤地骂着，用力拍掉压在帐篷顶上的积雪。第二天，我们的瓦罕向导催着驴子一路向上，跨过雪原和冰碛，翻过海拔4816米的山口。下山的路伸进一道长长的山谷，谷中有很好的草场和很多的牧民。我们向一位牧民讨来一点牦牛粪，用面条和番茄酱煮了晚饭。

第五天，我们离开瓦罕人的土地，进入柯尔克孜族的地盘。这两族人的关系十分复杂，相依相伴，却又时常充满火药味。瓦罕人以农耕为主，有的也养些牲畜。他们大都是伊斯玛仪派穆斯林，阿迦汗的追随者，祖先来自西边的伊朗一带。柯尔克孜族则是逊尼派穆斯林，有着中亚人的容貌，五官较平、较宽，纯粹以放牧为生。他们用牲口从瓦罕商人那里换来面粉、茶、衣物和其他生活用品，我们听说，商人常常蒙骗他们。柯尔克孜人也为瓦罕人照看牲口，留下一部分羊作为报酬。

我喜欢了解这类地方文化，不只是出于个人兴趣，更是因为这些知识能帮助我与当地人交流。每一种文化都包含许多不成文的规矩，一不小心就会触犯。柯尔克孜族社会有着浓厚的封建色彩，地方首领通常是一方豪富，做出一些基本的决策，照顾当地民众，让穷人有饭吃，有活干。小帕米尔的前任首领拉赫曼·古尔（Rahman Gul）很有势力，深受敬重。1978 年，因为担心苏联入侵，他带着大约两百个家庭逃往巴基斯坦，在那里受到冷遇，挤在局促的牧场上。有些家庭不久便返回了小帕米尔，但大多数人一同去了土耳其，在当地建起一个兴旺的聚居区，如今约有 300 户人家，超过了 2004 年小帕米尔聚居区的 140 户以及大帕米尔的 110 户。柯尔克孜族大举迁出之后，发生了两件事：其一，放牧过度的小帕米尔草场恢复了元气；其二，瓦罕人迅速占领了大片柯尔克孜族地盘，两族人至今仍为此事相互仇视。

我们继续向前，地势渐渐开阔，变成一片宽敞的河谷，两侧是白雪覆顶的山岭。小帕米尔从这里开始，向东伸展约 56 公里。我们到达博扎-贡巴孜，这块营地上有七顶毡房，不远处还有更多。刚从巴基斯坦赶来的穆罕默德·萨迪克（Mohammad Sadiq）在这里与我们会合。他是萨尔夫拉兹的亲戚，33 岁，瘦小结实，以极高的效率开始为我们操持营地上的各项事务。一顶毡房里住着政府派来的两名阿富汗人，他们是搭乘直升机过来的，来为下一届总统选举登记选民。他们告诉我，大小帕米尔共有 527 名 18 岁以上的选民。这里两天后要举办一场婚礼，在那之前，没人会应征来做向导，所以我们不如干脆放松休息。我认识了穆罕默德·奥斯曼，一位"哈吉"——曾到麦加朝觐的人。20世纪70年代，他做过罗纳德·佩特奇（Ronald Petocz）的向导，这位加拿大生物学家为联合国发展项目来这里研究帕米尔盘羊，具体而言是为运动狩猎制定管理方针。在帕米尔盘羊研究方面，他所做的工作至今仍无人超越，他的统计结果为我现在的调查提供了基准。

这里的居民不同于塔吉克斯坦的柯尔克孜人，不愿过多讲述自己的生活状况。他们担心万一透露了家中财产，会引起喷赤堡的军阀或其手下注意。不过，听他们讲些日常琐事也很有意思。有一个男人说，他为一个有钱的牧民打零工；像他们这样的贫困家庭得到的外界援助非常有限，比如他家去年仅仅领到了一瓶食用油。我们了解到，援助帕米尔的药品在法扎巴德即被挪用，倒卖掉了。这个人认为美国人应该来帕米尔建学校和医院，并修一条路。我也认为教育和医疗援助是有必要的，但我指出，在塔吉克斯坦，俄罗斯人把柯尔克孜人迁到村子里，便于提供公共服务，实施积极管理。而在这里，住家非常分散，且看不出政府采取了任何管理措施处理社区事务。这个问题该怎么解决呢？他也答不上来。

四头行动迟缓的牦牛驮着我们的行李前往举行婚礼的地方。宴席正在准备中，两只绵羊刚被割断了喉咙。几个男人正骑马狂奔，争抢一块羊皮，为马背叼羊比赛热身。女人们盛装打扮，穿着红色的刺绣上衣和裙子，用一条白色的蕾丝长围巾盖住小圆帽，从身后垂下，胸前挂着好几条银珠项链，上面坠着钱币和圆形金属装饰。在这个色彩单调沉闷的地方，她们看上去格外喜庆愉悦，与男人相比更是如此，男性的装扮要么是俄式迷彩服，要么是救援机构发送的那种西服上衣和裤子。婚礼在一座毡房里进行。我送给新郎一件新衬衣，送给新娘一个缝纫包以及梳子和打火机。后来男人们聚在一起，他们请我讲几句话。我想起先前曾有人抱怨，70年代开放狩猎没有让大家享受任何益处，于是我简单讲了意见，由萨尔夫拉兹帮忙翻译。我建议他们注意保护盘羊，让公羊的角随着年龄增长而长长。将来，或许这里将再度允许外国的狩猎爱好者来猎盘羊，我说在邻国塔吉克斯坦，那些猎手猎杀一只公羊要付25000美元。如果这里也推出同样的项目，当地居民一定要为自己争取利益，例如要求享有相当一部分收益。除此之外，如果能让游客来观赏这些美丽的动物，拍照留念，他们必定会很高兴，也乐意为此慷慨解囊。在场的人反响热烈，听到我对比过去的状况与将来可能收获的益处，大家议论纷纷，点头表示赞同。

我没有与这些柯尔克孜人讨论放养大量牲畜对帕米尔盘羊的影响。我们这些天在瓦罕地区路过的草场都已严重退化，被牲畜踩踏出小径的地方，山坡一道道皱起，变得像洗衣板一样。我在塔吉克斯坦发现，夏季盘羊可以在高处找到繁茂的植物，但是当冬天下雪时，它们被迫转移到海拔较低的地方，只能找到干枯的一点儿残茬，草地早已被家畜毁掉了。冬季是盘羊的发情期。母羊若是连最低限度的养分需求都无法满足，就会体重减轻，受孕困难。即便怀上后代，胎儿也会发育不良，出生时十分瘦小。母羊奶水不足，它的孩子很难长得健壮结实。这一切都将影响到公羊角的生长。公羊如果先天不足，后天又营养不良，就无法长出深受猎人喜爱的威风羊角。一只动物能否成为漂亮的狩猎战利品，我一点儿也不在乎。但是，羊角长的大个子公羊，自出生便享有充足的营养，因而活力充沛，它将较早成熟，繁殖出更多的后代。

我们在小帕米尔的山上行走一周，一只盘羊也没见到。我有点儿心急，让萨尔夫拉兹为我讲解路线之后，便提前一步独自从营地出发了。我缓步穿过草原，跨过沟壑，不时站到高处往回看看，寻找我们的队伍。但我只看到三个步履匆匆的人，渐渐走到我面前。Salam aleikum——你好。对方露出灿烂笑容。他们每人背着一个皮袋子，没带别的东西。我怀疑他们是游走各地的鸦片贩子。其中一人能讲一点儿零星的英语："你一个人？"

"不是，不是。"我用达里语答道，伸出十个手指比划着，向身后指了指我来时的路。

他们凑了过来。一个人想看看我的望远镜，另一个摸了摸我的腰包。"你是美国人？日本人？"他们彼此快速说着什么，笑着，我挥手告别，匆忙离开。在这个无法无天的地方独自游荡，我真是太傻了。

我顺着牲畜行走的小路往前走，看到八顶毡房和一座泥砖盖的小屋。三个鸦片贩子已经到了，还有一个贩卖衣物和中国鞋子的商人。我们的大部队终于出现了。第二天早上一如往常，我们要把牲口赶到一起，把行李捆放妥当，这项工作很耗时间。有了昨天的教训，我这一天都跟大家待在一起。我们沿着恰克马克廷湖南岸行进，穿过繁茂的草原。下午3点多，我们来到又一片毡房前，再度遇上那三个人，双方像老朋友一样打招呼。他们之中有一个高个子，眼神直直的，显得很恍惚，另有一个矮个子，脸上永远挂着笑，第三个人友好地跟大家聊天。我们通过他了解到，这里有四分之三的家庭吸食鸦片，有男人，也有女人。这些游商一年来两次。当地人用一只羊换取 3 托利（合50 克左右）的鸦片。这样走一圈下来，鸦片贩子大约能收获一百只羊，他们随后把羊赶到巴哈拉克去卖个好价钱。这一带还有另外几个游商在做这项生意。每一个军阀都与鸦片交易有牵连。虽然吸食鸦片是"哈拉目"——即伊斯兰教教义禁止的行为，但阿富汗的鸦片产量仍占到了全球的大约 90%。

当地人用他们的羊换取鸦片，而不是换取食物——然后又抱怨阿迦汗基金会等援助组织不给他们提供足够的粮食。有几户人家表示，当年俄罗斯人发放食物和药品的时候慷慨得多。后来穆斯林游击队来了，肆意抢掠。一个家庭如果没有足够的牲口维持生计，就会去为有钱的牧民干活，与农奴相差无几。了解了小帕米尔的文化，以及这里因自身原因所受的苦难，我的心中充满悲伤。与当地人形成鲜明对比的是塔吉克斯坦的柯尔克孜族，他们也很穷，但目前而言并非全然看不到希望；他们的文化程度很高，而且有其他路可以选择。

在这片营地，我还见到了穆罕默德·阿里夫·库图（Mohammad Arif Kuthu），以及他 9 个儿子中的 3 个。他现年 47岁，是前任首领，离开这里迁往土耳其的拉赫曼·古尔（Rahman Gul）的儿子。阿里夫身材高大壮硕，脸上带着酒色之气，对我们大谈这里的人有多么落后。如果这个地区果真如他所说的那样富有，为何连流动教师和医务人员都不能为居民提供？另外，他究竟为什么要来这里？次日早晨，第二个问题的答案昭然若揭：阿里夫在毡房里仰面朝天睡得正香，身边放着鸦片器具。

夜里下了约 5 厘米厚的雪。我们艰难走上山谷，来到现任地方首领阿卜杜勒·拉希德的营地，出于礼貌，我们要征得他的首肯才好在这里做考察。首领是一位 63 岁的干瘦老人，穿着黑色长裤和黑色外套。人们对他的普遍印象是没有作为，吸食鸦片，在首领位置上白白坐了 25 年。他的毡房和所有人的一样，在这个季节里搭建在小帕米尔的南坡。为了避开混乱的人类、狗和家畜，盘羊都转移到了北坡——我们现在必须去那里找到它们。等到下半年，柯尔克孜人便纷纷搬到建在北坡的小屋过冬，而盘羊也要随之再度转移。对柯尔克孜人和他们的困境，我已看得太多，此刻亟不可待地渴望继续前进。

我们到达小帕米尔的最东端，在小河边搭起帐篷，驮行李的牲口在这里能找到充裕的食物。一道陡岸为我们挡去了 9 月的寒风。现在队里增添了新成员，阿拉姆博伊（Arambouy）是阿卜杜勒·拉希德汗的儿子，一个迷迷糊糊、心不在焉的人，嗜好鸦片。阿特奇和纳西姆过来照看牦牛和马，这些牲口帮我们驮行李，也驮人。昨晚，纳西姆以柯尔克孜人特有的热情邀请我们在他的毡房里过夜，他为大家弹起名为"库姆孜"的三弦琴，唱起忧伤的歌。

山谷对面的塔吉克斯坦境内就是俄罗斯人掌管的边防哨所，去年我在那里过了一夜。哨所旁矗立着一座很高的瞭望塔。"我敢说，那些人肯定在盯着咱们呢，看看咱们是什么人，在干什么。"我对贝丝说。她是一位极好的旅伴，笑声爽朗，从无怨言，尊重地方文化，始终在专心致志地用照片记录我们的旅行。黄昏，俄罗斯哨所的一台发电机突突地发动，闪烁的灯光亮了起来。"俄罗斯发电机。"萨尔夫拉兹指着山谷对面说。"阿富汗发电机。"

他说着，指了指我们的牦牛粪火堆。

　　萨尔夫拉兹要离开两周，去查看他的学校建设项目。我们走进吐格曼苏山谷，这一区域向南探出，直伸向中国的卡拉其古河谷。在寂静的山岭间，丰美的草场上，我们终于找到了帕米尔盘羊。这一群约有 150 只，全部是母羊和小羊，一见我们就飞快地跑开了。我们还看到了小群的公羊，总共有 188 只。这一地区被繁茂的草场覆盖，极少有牧民前来，我认为这里正适合建一个小型保护区。我们决定为这个可能实现的构想庆祝一番，于是打开了一包珍藏的军粮，这是驻喀布尔的美国大使馆好心送给我们的。经包装内的化学加热剂加热后，通心粉和墨西哥卷饼配扁豆十分美味，我们还吃了各色饼干当作点心。

　　在小帕米尔的北侧，有七条山谷伸向塔吉克斯坦边境，我们开始一一探索。贝尔吉提约、安达明、伊奇克里等山谷各需一天或两天才能徒步走完，同时我们还要在荒凉的山坡上，在侧面的山沟里寻找盘羊。夜里的气温可能降至零下 11 摄氏度，穆罕默德早上 5 点就起床为大家煮茶。无论向他提出什么要求，无论是帮贝丝背摄影包，还是晚上做点儿特别的饭菜，他一律回答一句"如你所愿"，然后说到做到。队里新来了一位帮手，尼亚泽里，他的主要任务是在我们外出时看守营地。他吸食鸦片，总显得没精打采的，我怀疑一旦我们走远，他就会开始睡觉。我们在每一条山谷中都找到了帕米尔盘羊，它们大都待在海拔4500 多米的高处，而且都很怕人，贝丝很难拍到照片。我唯一在近处见到的动物是一只可爱的老鼠，长着白肚皮和光溜溜的短尾巴，贝丝无意之中把它塞进了包里。后来阿卜杜萨塔尔在塔吉克斯坦由头骨辨识，确认这是一种田鼠，学名为 *Microtus muldashi* 。我们用了 15 天时间考察了 7 座山谷，总计看到 353 只帕米尔盘羊。

20 世纪 70 年代，罗纳德·佩特奇曾在小帕米尔东部统计帕米尔盘羊，得到的总数为 760 只。我们在吐格曼苏山谷看到了 188 只，加上在小帕米尔这一侧看到的 354 只，一共为 541 只。今天的盘羊数量或许比三十年前少了一些，但这样的统计数字并不精确；而且，盘羊可能在各国间往来迁移，因此我们还需要在那些地方展开调查。

一行人穿过小帕米尔，返回它的南侧，前往瓦根基河谷入口处的一块营地。途中我们路过了一个荒弃的苏联军事基地，这里基本只剩下壕沟、废铁以及嵌入山腹的一片石屋。昔日帝国残留的痕迹。瓦根基为旅人提供了一条重要通道，翻过一个山口便可进入巴基斯坦的罕萨地区。阿富汗与中国以及塔吉克斯坦之间的这一段边境都已关闭，在冬季大雪封山之前，商人往来都是走巴基斯坦这条路。营地里有一幢尚未完工的土屋，里面有一位面容憔悴、鹰钩鼻子的毛拉，他的年轻随从则是亚麻色的头发，鼻子短而翘，看上去很像斯堪的纳维亚人。他们有大袋的干酪，也许是从各家讨来的，但显然没钱雇车把这些东西运下山。毛拉向我要钱，伸出手指比划着金额。我用手势表示只给一半，他很不情愿地接受了。毡房里有三个吉尔吉斯斯坦来的柯尔克孜人，同是游荡在阿富汗这个偏僻角落的外来者。这几个人很显眼，因为他们都穿着乐斯菲斯品牌的新衣服，与周围衣衫破旧的人们，包括我们，形成了强烈反差。他们说自己此行的任务是研究阿富汗的部落。几个人都讲俄语，贝丝也会俄语，于是聊得很热闹。他们说小帕米尔的柯尔克孜族缺乏进取心，一心依赖福利救济，等着地方首领帮他们想办法。对我来说这不算是新观点。

三匹马和三头驴子把我们送上瓦根基河谷。赶牲口的布斯坦上了年纪，眼睛泪汪汪的，嘴里只剩下几颗黄牙。他有一个年轻的帮手，此人因为抽鸦片的关系，如今除了唯一的一匹马，在世上已是一无所有。瓦根基河谷上游没有人和牲畜，只有一些牦牛在冬季来到这里，享用冰川融水滋养出的青葱草地。一头棕熊刚挖出一个过冬的窝，但眼下不在家。走进附近的一条山谷，我们来到通向中国的山口下方。我认为这个地区与小帕米尔的东端一样，可以成为帕米尔盘羊的理想避风港。不过，盘羊在哪里？据说会有100多只盘羊聚在这里，可我们只看到了4只年轻雄性。贝丝还没拍到满意的盘羊照片，斯科特的心已经飞回了美国，他几乎每天都要用卫星电话跟某人通话。穆罕默德报告说食物所剩无几。一般情况下，我认为卫星电话是对野外工作的一种干扰，但此刻它证实了它存在的价值。我们打电话给萨尔夫拉兹的兄弟、住在罕萨的阿拉姆·贾恩·达里奥，请他翻过山口送些食物过来。他不畏路途艰难，几天后便匆匆赶到了。我们一下子有了充足的馕和中国方便面，甚至有了巧克力，这是我非常渴望的日常零食。斯科特订购了鞋带，结果万分惊愕地收到了三罐鞋油。

补充食物之后，我们又赢得了一点考察时间，但毕竟还是要开始规划回程了。研究资金即将耗尽——单是租一头牦牛，一天就要花费大约11美元。斯科特一路不停地写下大量笔记，认为自己的任务已经完成，而且他的卫星电话出了故障。他想回家，但我不能让他一个人走，或像他提出的那样带着一个向导走，这个地区实在不太平。假设我们不会被大雪困在高处的山口，我希望能圆满结束这次考察，翻过山到达大帕米尔。在队伍四分五裂之前，我们必须试一试。

9月30日，我们带着五头牦牛和三匹马启程。第一个山口很轻松，我骑马走了一段路。沿着这条路线，我们离开了柯尔克孜领地，进入瓦罕人的地区。第二天下起雪来，我们翻过又一个山口。每个人都沉浸在自己的思绪里，整个队伍孤寂而静默，只听见牲口蹄子落在雪上的轻响。下午过半，我们到达阿巴卜家，8月底我们在这里住过一晚。小屋里的火堆和一碗热乎乎的汤面正是大家迫切需要的东西。阿巴卜没有屋门，只是用一个袋子挡在门口，雪不时地打着旋飘进来。夜晚躺在睡袋里，我听到雪扑簌簌地落在帐篷顶上。早上，雪还在下，浓密的阴云几乎压到了地面上，大家不得不原地休息一天。两名柯尔克孜族向导想要回家，我们给两人结了工钱。我们还向阿巴卜买了一只羊，午饭吃了大块的煮羊肉。太阳露了一下头，四下里盈满刺眼的白光，我感觉就像置身微波炉之中。当太阳缩回云层后面，唯一的感觉就是冷，接着，大雪又落了下来。漆黑的夜里，牦牛在风雪中咕哝着，在周围乱走，斯科特不太确定地喊了两声"熊！熊！"。

阿巴卜答应带我们翻过下一个山口。五头牦牛在近半米深的新雪中开出一条道来，我们跟在后面，翻过海拔4694米的卡拉毕里山口，进入下一个山谷。我们遇见的一家瓦罕人在这里度过了夏天，打算不久之后就搬回萨尔哈德。我们用山艾树生起火堆，煮了白米粥，加入黄油和牛奶，让大家恢复了活力。这家人答应租给我们两头牦牛骑。骑牦牛远比骑马舒适，只是这种动物很难指挥。它就像一辆全地形越野车，能轻松穿过泥沼，上下山丘，跨过布满石头的溪流，冲过积雪堆，没有半点犹豫。

走了不到一天，我们便来到嘎拉姆布山口下方。这里犹如一座巨大的圆形露天剧场，周围的险峻山峰上覆着白雪，时而有一道冰川切断绵延的轮廓线。剧场中央有一幢小石屋，是在遍地冰川沉积物上盖起的一个简陋栖身处。三个商人带着四头牦牛在这里停下休息，他们要去大帕米尔用面粉、盐和其他货品换回黄油，运到瓦罕下游去卖。萨尔夫拉兹还没归队，我有点儿担心，因为他是我们当中唯一熟悉大帕米尔的人。前方路途不明，让人有些畏惧，但我不会因此退缩，开始和斯科特及贝丝讨论可行的方案。就在这时，萨尔夫拉兹出现了，他一整天都在追着我们的脚印赶路。他说目前通往法扎巴德的路不安全，飞往喀布尔的航班都被取消了。总统大选临近，有四个带着地雷的人在巴哈拉克的一个投票点被捕，法扎巴德也发生了一起炸弹爆炸事件，省长受伤，另有三人死亡。形势每天都在变，我们在这里再多考虑也无济于事。

我们的牦牛队在巨石间曲折穿行，朝山口攀登。我骑的这头牦牛觉得太热了，干脆就地躺下降降温。我自己步行往前走。过了山口，我们找了一块没有积雪的地方扎营。穆罕默德立即生火煮茶。在我见过的所有营地管理员当中，包括尼泊尔的夏尔巴人，他绝对是顶尖的。前方，喷赤河的对岸是塔吉克斯坦的群山，我去年曾在那里考察，由此往东，翻过一道山岭就是佐库里湖。我们跋涉了6天才进入大帕米尔。经过连日的风吹日晒和严寒，我的嘴唇和手指尖都开裂了。

我们与附近一处营地的牧民聊了聊。他们的首领图尔吉·阿尔库姆·哈吉（Turgi Arkhum Haji）据说是一位干劲十足的年轻人。苏联人没有来大帕米尔，但穆斯林游击队进驻了此地。他们猎杀了很多帕米尔盘羊，30 年前还栖息着很多盘羊的山谷，如今已是空荡荡的。偶尔有几只公羊从塔吉克斯坦游荡到这边来，但结局通常是被射杀。这个地方有一条很好的规矩，我们每到一处营地就必须重新雇用驮行李的牲口，这样大家都能有机会赚一点儿钱。

从大帕米尔下山，沿途都是荒寂的冰川沉积物。狂风猛力打在我们脸上，仿佛是想找个发泄的对象，刚好发现我们是唯一突出在地面的目标。又下起雪来，但这一次是沉甸甸、湿乎乎的雪，厚厚地盖住牦牛和行李，还不停落在我们身上。中午一行人在阿里苏山谷入口处停下喝茶休息，我的腿已被冻僵，费尽力气才跨下牦牛。夜幕降临，我们抵达一片营地。到了早上，积雪已超过 30 厘米，乌云预示着又一场暴风雪的来临。女人蒙着红色斗篷在外面挤牦牛奶，像是盖上了一层雪毯，毡房俨然变成了一个个雪堆，景物萧瑟，却有一种荒凉之美。白雪覆盖下，被牲畜踩踏得伤痕累累的山丘看上去完好如初。今天没法赶路了。九个男人挤进了我们的毡房，聊聊天，看看我们——这对他们来说也是一种观光游。

第二天，我们到达什卡尔嘎山谷，这里直通大帕米尔野生动物保护区的中心，这片 673 平方公里的山区曾是王室及外国人专享的狩猎场，如今只是地图上圈出的一块地方，一座从未正式建立的保护区。队里的四个瓦罕人不愿带着他们的牦牛继续往高处走：他们说雪太深了，而且还会再下雪。看来无法在阿富汗的帕米尔走完最后这一角了，我接受了现实，但恳请大家再停留一天。我们在四间用来储存牦牛粪的石头棚屋前停下。雪地里有一只棕熊留下的脚印,它查看了其中三间小屋,显然觉得哪间都不够舒适,于是调头去了旁边的山坡。正好,我们住了进去。

队里的一个人发现了 10 只盘羊,后来萨尔夫拉兹又发现一群,约有 50 只。我们还在山谷另一侧看到了 36 只北山羊。我们在这里见到的野生动物,比 9 月中旬以来走过的任何地方都要多。因为大雪的缘故,这些动物被迫下山,来到被过多牲畜严重破坏的草场上。我们中午启程,乌云压在山坡上,宣告了更多降雪。此刻我们想做的事就是感谢雅各布·汗司令、伊斯玛仪派领导人伊斯梅尔·贾恩,以及喷赤堡的邓肯夫妇,给向导和随队人员的结算报酬,然后返回喀布尔。

10 月 13 日,在离开 54 天后,我们回到了喷赤堡。这是一次精彩的旅行。旅途中有欢乐也有艰辛,正如马可·波罗当年的体验——要承受风雪,要担心驮行李的牲口,要面对未知的路线。我喜欢安静,喜欢独处,但这次很少有这样的时候,我们离不开柯尔克孜人和瓦罕人的一路陪伴,他们慷慨给予了考察队莫大的帮助。我的笔记本里记录了大量有关当地人民、草场和野生动物的有用信息。我们共看到 625 只帕米尔盘羊,超出了我的预期,我估计盘羊总数可能在 1000 只左右。大帕米尔野生动物保护区完全可以成为一个便利又壮美的旅游胜地,让游客前来观赏雄伟群山间的野生动物。当地人也因而有了收入来源,可以向游客出租牲口和毡房,或是做导游和管理员。我看到了各种可能实现的构想。

塔吉克斯坦，2005 年

阿托别克（Atobek）身型粗壮，激情洋溢，热爱野生动物，邀我们再到他经营的狩猎场去研究帕米尔盘羊。2005 年 2 月中旬，我们接受他的邀请，租了一辆车，前往他的温泉营地。我迫切希望在这个大群盘羊栖息的地方进一步观察它们，并在严酷的寒冬过后，了解记录它们的身体状态。贝丝·沃尔德再度与我同行，去拍摄野生动物照片。这个冬天降雪格外多，有些地方积雪深达近一米，无论对我们还是盘羊来说，在外行走都十分艰难。渡鸦和胡兀鹫的出现把我们引向一处杀戮现场，三只狼扑倒了一只正在积雪堆中挣扎的公羊。阿托别克有一辆配备低压轮胎的大车，绰号"大脚"，可以轻松穿越崎岖地带和积雪。他和向导托利贝克·古尔巴科夫（Tolibek Gulbakov）带着我们在荒野上驰骋，寻找帕米尔盘羊。交配季节已结束，但很多公羊仍和母羊待在一起，形成了庞大的群体。我们见到的一群有 490 只，另一群有 315 只，壮观的景象令人难以忘怀。短短几天里，我们就统计到 2200 只盘羊，并收集了有关群体规模和结构的信息，以及上一年的幼仔存活率。这些盘羊极其害怕人，让人想起这里毕竟是一个狩猎场。

1987 年，塔吉克斯坦正式推出了一个国际运动狩猎项目。办理狩猎许可的基本费用为 22000 美元至 27000 美元，具体金额视猎手国籍以及猎物大小而定。来打猎的大都是美国人，但也有一部分俄罗斯人、德国人、法国人、墨西哥人等等。每年官方发放的许可证约有 40 个至 60 个，非官方的数量就不得而知了。（2008 年至 2010 年间曾全面禁止一切狩猎活动。）一只符合狩猎标准的公羊，羊角长度至少要达到135厘米，但有记录显示，有些被猎杀的公羊，角长只有约一米。驾驶"大脚"出行，可以感受到射杀盘羊有多么简单。一旦发现山坡低处有盘羊，停下车，距离400米至500米，举起猎枪瞄准射击。

两名狩猎爱好者来到阿托别克的营地，其中一人第二天就猎到一只很大的帕米尔盘羊。虽然被射中大腿和胸部，受伤的盘羊仍奋力挣扎，坚持着跑出一两公里，翻过一道山脊，在身后留下一条血印。猎手返回舒适的营地，工作人员顺着血迹找到死去的盘羊，把它拖下山，扭曲地捆在车后带了回来。这时，以静谧的山峦为背景，健硕的尸体被妥善摆好，扬着头，展示出巨大弯曲的羊角。猎手像骑马一样骑上盘羊，拍照留念。接着，他与阿托别克和托利贝克一起，蹲在盘羊后方又拍了一张。这段时间里，另一位猎手坐着另一辆车出去，打回了一只北山羊，它毛色深棕，身体壮实，两只横棱突起的角很长，形似弯刀。

两具尸体被送到剥制室处理，我跟了过去，做些测量工作。猎手们也来看了一眼。有关雄性盘羊的数据：年龄近九岁，肩高116厘米；角长150厘米；总体重133公斤。北山羊的年龄与盘羊相同，角长95厘米，体重89公斤。这两只动物都非常瘦，骨髓呈红色凝胶状，表明身体中储备的脂肪已全部耗尽。经历了发情期和艰苦寒冬的煎熬，这种骨瘦如柴的状态并不让人意外。

贝丝跟着二号猎手一同出猎，后者开枪击中了一只雄性盘羊的后腿，它一瘸一拐地逃走了。值得高兴的是，贝丝拍到了一只雪豹从一块突出的岩石上跃向另一块。一号猎手这天没能按计划猎到北山羊，有些气恼，因为他本想启程回家去。现在，狩猎活动延长到了第三天，他去找他的北山羊，工作人员去找受伤的盘羊。后来他们找到了那只瘸腿的公羊，将它射杀，剥了皮，把尸体留在山上。公羊角长约 127 厘米。一号猎手也成功了，猎到一只个子不大的北山羊。两位猎手的兴趣似乎完全在于猎杀的数量。这甚至称不上是一次狩猎旅行。

两辆笨重的汽车故障不断。眼看还有更多狩猎爱好者即将抵达，工作人员必须设法找到能用的交通工具，因为盘羊所在的地方离营地太远，不是轻松就能步行到达的。贝丝和我现在显然成了多余的人。而且有一位狩猎经理，阿夫桑诺夫，干脆说他不希望贝丝待在这里，因为出猎时有女人在场会招来厄运。"大脚"不是出了机械故障？一只公羊不是折断了羊角尖？……贝丝很沮丧，但仍是决定再待几天，之后去阿富汗的瓦罕走廊。我动身前往杜尚别，再度与官员们商量召开会议的事，探讨建立帕米尔国际和平公园的可能性。他们一致认为这是个好主意，我安心告别了这个国家。

中国，2005 年

时隔二十年，我又一次驶上喀喇昆仑公路。这天是 10 月 23 日，山尖上覆了一层新雪。途中经过的慕士塔格峰巍峨炫目，这样的山峰总有一种超然世外的气息，却又充满诱惑力。我们到达塔什库尔干镇，1985 年我见到的村子，已然发展成一个小型城镇。我们在公路边租了一间房，作为此次探索帕米尔高原的大本营。我们希望能针对帕米尔盘羊进行一次普查，将它们的状况与邻国的同类做对比。连同司机和向导，考察队共有 12

人，包括和我一起做过几次羌塘考察的康蔼黎、新疆野生动物保护协会的胡柞均（现名胡杨），还有野生动物摄影师奚志农。政治总是变幻莫测，现在我获准考察1986年封闭的区域，但是不准进入上次考察过的卡拉其古河谷。

既然我不能去，蔼黎便带着一队人前往卡拉其古，而我去忙其他工作。他们共统计到284只帕米尔盘羊，是我在1986年夏季见到的3倍，不过这其中包括一部分成年雄性，看样子是为了11月下旬的发情期而由别处来到这里的。或许有一些来自西边阿富汗的小帕米尔，跨过了两国之间的山口。这次再访红其拉甫达坂，我发现中国建起了一道双层拦网，高1.8米，横跨山谷。另外，这里卡车川流不息，盘羊显然不能再像以前那样自由迁移。虽然另有五个山口可供盘羊往来巴基斯坦，但红其拉甫地区有最广阔的高山草场。我估计如今季节性往来巴基斯坦的盘羊不会超过150只。

一个月的时间里，我们集中在塔吉克斯坦西部边境一带，骑马或徒步探索了各条主要河谷。队里的向导嘎瓦夏和胡达拜迪极擅长寻找盘羊，有的山沟里只有几只，有的则很多。自从政府收缴了枪支，并派人在塔吉库尔干自然保护区巡逻，盘羊数量似乎已大幅增加，它们甚至重新占据了一些领地，例如慕士塔格的低处山坡。这些日子里，我们在雪中跋涉，沿山脊探索，忍受严寒和大风吹袭，感觉很累，但累得值得，有时只找到几只盘羊或根本没找到，也一样觉得有收获。有一次，一只金雕呼啸而下，落在一群正在觅食的暗腹雪鸡当中，这些雪鸡是松鸡的近亲，矮墩墩的，体重为两三公斤。我原以为它们会惊惶逃窜，没想到它们只是转过身去背对着金雕，像是一声令下，同时抬起尾巴张开了它们的尾羽。面对如同白色盾牌组成的一个阵列，金雕离开了。夜晚，我们有时在柯尔克孜族或塔吉克族的平顶房子里借宿，有温暖的炉子，有热乎乎的饭菜。大家在屋里地上铺开垫子睡觉，夜阑人静时，大地沉寂，我们躺在漫漫长夜里等待黎明。

一天，我们沿着塔克河谷往上走。前一晚下了雪，山坡上白晃晃的泛着光。两只大个子公羊卧在一面坡上，旁边有一群母羊、一岁小羊和幼仔，共 68 只。一只赤狐悠闲走过，盘羊们立即逃开，挤在一起往坡上跑，看上去就像一道违反引力往上涌的岩浆。山上高处还有更多母羊和几群公羊。胡达拜迪在这里有一间小屋，眼下他的牲口都放养在山下，小屋空着，我们住了进去。我在屋外架起我的观鸟镜，奚志农架起了他的照相机。我们捧着一杯热茶，在接近零度的气温下暖暖双手和肚子，边喝茶边观察盘羊。6 只成年公羊朝几只正在休息的母羊走去。它们伸出一条前腿踢踢母羊，迫使母羊站起身四处转悠。不过，发情期尚未正式开始，公羊没有再理睬母羊，开始集中精神解决当前更紧迫的问题，彼此间一决高下。两只公羊可能并肩往前走，展示自己的角有多大，或是用肩膀相互推搡，直到其中一只认输，转向一旁或低下头假装吃草。它们之间偶尔也会爆发一场货真价实的战斗，以确定各自地位。两只公羊同时往两边走，直到相距 6 米到 9 米，转过身来面向对方，用两条后腿直立起来。接着，它们径直朝对方冲过去，低下头，两对角撞在一起发出一声巨响。它们像被震晕了似的呆立一阵，而对于这场实力炫耀所呈现的永恒之美，母羊们似乎根本不予理睬。

这一个月里，我们共统计到 2175 只帕米尔盘羊。雌性与雄性的比例大约是五比一，有些悬殊，但嘎瓦夏指出，发情期里，还将有更多公羊从别处聚集到这里来。总的来说，我对这一地区的盘羊生存状态感到满意，唯一的问题是山中有太多牲畜啃光了植被；草场状况不及阿富汗和塔吉克斯坦。往后再出现上一个冬季那样的强降雪，必定将会有一部分盘羊被饿死。

和平公园与政治，2010—2011 年

截至 2005 年，我在巴基斯坦、中国、阿富汗和塔吉克斯坦的帕米尔高原进行了广泛的野生动物调查。据我们估算，四个国家的帕米尔盘羊总数至少有 20000 只，这样的数量给了我们实施保护与管理的信心。尽管还有许多问题有待了解，比如盘羊的确切数量与活动模式，牲畜对高山草场的影响等等，但我认为目前我们掌握了足够的信息，可以开始详细讨论创建帕米尔国际和平公园的相关事宜。我高兴地得知，四个国家都有意参加 2006 年的研讨会，会议将由国际野生生物保护学会与中国的新疆林业厅主办，就提案展开进一步讨论。

帕米尔高原野生动物及其栖息地国际研讨会（International Workshop on Wildlife and Habitat Conservation in the Pamirs）最终描绘了宏大蓝图，制订了四国联合建立帕米尔国际和平公园的计划。经各方商议决定，下一场会议将于 2007 年 12 月在塔吉克斯坦举行。

与此同时，2006 年，国际野生生物保护学会在阿富汗的瓦罕走廊启动了一个综合保护项目，由美国国际开发署提供资金，其模式尤其值得塔吉克斯坦和中国借鉴。项目收集统计了大部

分瓦罕及柯尔克孜牧民营地的人口信息，并培训了59名地方巡护员，肩负起巡逻及野生动物调查任务。专家为大帕米尔野生动物保护区制订了一项有社区参与的管理计划。蒙大拿大学的理查德·哈里斯（Richard Harris）以及扎尔迈·穆希卜（Zalmai Moheb）等人在保护区内收集了帕米尔盘羊的粪便做DNA分析——2004年我们因为遭遇大雪，未能考察这一区域——根据母羊粪便的分析结果，他们计算得出这一群母羊为172只。如果加上公羊和幼仔，总数可达到约300只，种群规模与70年代记录的308只大致相当。触发式相机拍摄到的影像显示，雪豹仍广泛分布在高海拔山谷中。培训课程在大多数社区及学校展开，当地居民上课学习做旅游向导。项目还培养了阿富汗人组成的两支兽医队伍，不久便为超过7000头牲畜接种了疫苗，预防各种疾病。这是一个极富创造力的项目，发起了各种积极行动，以上仅是其中几例。

但是，距离预定日期仅一个月时，塔吉克斯坦取消了原计划于2007年12月召开的会议。对于突然改变计划，11月5日的官方信件解释说："因日程安排的冲突，特此提出这一请求。巴基斯坦伊斯兰共和国政府将于2007年11月启动大选，因此届时将由过渡政府执政。"阿富汗的关键代表也"因公事缠身"而无法出席会议。不过，塔吉克斯坦"将与各方代表重新商议选择一个适当的日期"。如今近三年过去了，仍没有人提出"适当的日期"。2007年，国际野生生物保护学会曾三次派代表赴塔吉克斯坦，协助组织安排研讨会，没有任何迹象表明日程可能有问题。《行动计划》构想的四国合作未能开始，只有中国和巴基斯坦举行过一次会谈，就相邻的塔什库尔干自然保护区与红其拉甫国家公园进行了讨论。究竟出了什么事？

　　和平公园项目显然已是奄奄一息。我一直在为其他工作忙碌，远远关注着情况进展。我由此得到一个教训，这样的项目需要有一个人专职在各国间奔走，不断敦促各方向前迈进。我为这个项目做了大量野外调查，眼看它就要夭折，我心有愧疚，也觉得自己负有一份责任，于是 2010 年 8 月，我决定亲自去一趟塔吉克斯坦。

　　在杜尚别和霍罗格，即坦吉克斯坦首都及戈尔诺—巴达赫尚自治州州首府，我拜访了相关政府部门，向狩猎及动物保护组织成员了解情况。我很快认识到，关于和平公园，人们显然有很多严重的误解，有的是因为无知，也有的是因为议程不够透明。出席研讨会的塔吉克官员应该很清楚相关事实，却在这个问题上一言不发。有人提意见说，塔吉克斯坦境内的公园边界规划很不现实。好吧，我答道，这是参加会议的塔吉克代表划定的界线，你们可以改。有人说，和平公园会把所有养牲畜的牧民赶出去。这简直错得离谱，我说，并指出了 2006 年报告中的相关内容，这里明确讨论了如何增加当地家庭收入，并建议"地方保护委员会应由当地社区组建，以解决各项管理问题，包括牧场管理，野生动物与家养牲畜的冲突等等"。公园将禁止狩猎爱好者来猎捕帕米尔盘羊和北山羊，有人特意强调这一点。这纯属胡说。报告提出应针对这两种动物制订管理计划，要让它们"得到可持续发展的有效管理"。报告进一步指出"政府由运动狩猎项目获取的收益，应有相当一部分专门用于改善狩猎区域内的居民生活状态"。我不知道诸如此类全然违背事实的观念究竟从何而来。很遗憾，当人们的观念与现实发生冲突时，最终胜出的往往是前者。或许马克·吐温说得最为精辟："首先要掌握事实，然后你可以随心所欲地扭曲事实。"

当然，任何一个复杂的项目背后，总归会有暗中捣乱的政治因素，那些意图谋求私利的人尤其活跃。有人告诉我，一个塔吉克狩猎协会的会员说服了州长卡迪尔·科西莫夫（Kadir Kosimov），请他致信总统埃莫马利·拉赫蒙诺夫，反对建立和平公园。据说州长照办了。难怪整个项目突然陷入停滞。

好消息是，2009 年，塔吉克斯坦政府和一个德国慈善组织联合进行了一次帕米尔盘羊普查，统计结果为最少 23711 只，盘羊数量明显有所增加，原因可能是近年实施了更好的保护措施。

有人向我提议，应该将塔吉克的所有利益相关者，所有对构想中的和平公园有兴趣的人，包括社区首领、公园工作人员、政府官员、狩猎协会、科学家以及慈善组织，全部召集到一起开一个会。我欣然接受了这个建议。计划于 2011 年在杜尚别召开的这场会议，或许能解开人们的困惑，为合作管理帕米尔高原的自然资源提供指导方针，由此重新为项目注入动力，促成帕米尔国际和平公园或跨国保护区建立。

2011 年 9 月，国际野生生物保护学会的彼得·萨勒尔（Peter Zahler）和斯特凡·奥斯特洛夫斯基（Stephane Ostrowski），连同美国林务局国际项目组的代表，在塔吉克斯坦与各方相关人士协商讨论保护区提案，之后又召开了为期两天的研讨会，明确并讨论了相关问题。我因为早先接下的任务身在巴西，很遗憾未能参加这次会议。彼得·萨勒尔后来告诉我，所有人一致赞同某些方面的跨国合作，例如提升本地员工的工作能力，共享理念与资料。但是狩猎场经营者以及其他与运动狩猎有关联的人反对建立官方保护区，担心政府可能会把他们赶出去，接管利润丰厚的狩猎生意。另外，塔吉克斯坦目前没有相关法律或政策，能够在创立保护区的同时，确保当地居民以他们的传统方式照常生活。这里已有一些自然保护区，都是受到严密保护的区域，禁止人类在里面定居；而和平公园将努力实现全面管理，维护当地的生物多样性，同时让当地社区从中受益。总而言之，研讨会让更多人认识到了塔吉克帕米尔的生态重要性，特别是那些有可能为项目投资的人，例如美国国际开发署，在阿富汗瓦罕走廊的生态保护项目中，他们是关键的参与者。

最近另有消息说，当地六个主要狩猎场被要求肩负起责任，保护各自经营区域内的野生动物。2010—2011 年年度狩猎季内，塔吉克政府共发放了 51 份帕米尔盘羊狩猎许可，收入 768000 美元。政府推出了一项重要的新举措，将这笔资金的 60% 投入自然保护以及狩猎地的地方建设中。（2011—2012 年年度狩猎季，总计发放了 80 份许可。）另外，在 2011 年，中国与塔吉克斯坦就两国部分边境做出调整，1155 平方公里的草场及帕米尔盘羊栖息地划归至中国境内。一道新的边境围栏正在建设中。

2006 研讨会之后的五年里，和平公园项目几乎没有进展，2011 年，跨国合作重新启动了。我很想在这里写下：我希望和平公园的构想能成为现实。然而，希望往往是对自己的纵容，或是对失望的预言；希望并不是切实的行动计划。只要坚持，我们终将成功。我朝着这个目标努力了近四分之一个世纪，这是顽固还是原则使然？其实两个原因都有。动物保护工作是我的生命，我必须相信我们能成功，否则我将一无所有。

但是成功并不意味着结束。大家在项目伊始就知道，这项工作永远不可能做完。正式建立和平公园只是一个开端。管理这片土地，适应人类和牲畜不断施加给环境的压力，应对栖息地的移动、缩减或因气候变化而发生的改变，这一切将是永远不会结束的挑战。在如此多变的环境下，管理项目的最终目标是什么呢？当前我们能做的，就是力求平衡当地居民的需求与帕米尔盘羊及其他野生动物的需求。我们必须不懈努力，维护帕米尔这一自然瑰宝的生态健康与美丽。

第十三章

屋子里的熊

2011 年 6 月的一天，在中国的青海省，一位藏族人骑着摩托车来到我们的野外考察基地，说他在自己家周围看到了西藏棕熊留下的一个个爪印。他和许多牧民家庭一样，跟全家人一起带着牲口搬到了夏季放牧营地，家里的屋子空着，他偶尔会回去看看。我们立即动身，开车约一个半小时赶到了现场，安置了三个隐蔽的脚套陷阱，放上肉当作诱饵，两个装在棚屋里，还有一个装在房前的马路对面。我们忙了一个月，想抓几只棕熊给它们戴上卫星定位颈圈，以便观察每只熊的活动情况。但是到目前为止，我们的陷阱只是偶尔捕到过在外游荡的藏獒。即使没有其他收获，我们创建棕熊项目的过程起码可以成为一个光辉实例，充分展示了野外工作中迟来的快乐。不过，这个项目刚进入初始阶段，完成工作还需要几年时间。

第二天一早，我们满怀期待地去查看陷阱。这里的海拔为4572米，气温仍在零度以下。扫视一遍主屋旁的棚屋，我们没发现动物活动的迹象。但是，在路边，一只小熊瞪着黑色的大眼睛静静地看着我们，一只后脚被脚套套住了。它非常可爱，像一只毛发乱蓬蓬的毛绒玩具。我们估计它有五六个月大，体重约为11公斤。它长着棕黄色的脸，黑色的耳朵，颈上一圈白毛，身上则是褐色，俨然有了成年西藏棕熊的模样，只不过是迷你型的。

它的妈妈在哪里？从足迹来看，母熊带着另一个孩子围着被套住的小熊绕了几圈，不愿把它抛下。这么小的熊还不能戴项圈，我们连忙为它松绑。王大军用一张毯子蒙住它，压住这个挣扎喊叫的小家伙，本·希门尼斯（Ben Jimenez）为它解下了脚套，我紧盯着周围的情况，以防愤怒的熊妈妈突然冲过来。重获自由没两分钟，小熊就径直跑向旁边一座孤立的高山，在那里与家人重聚。

西藏棕熊是一个独特的亚种，学名为 *Ursus arctos pruinosus*，仅栖息于青藏高原，从东边的森林到西边的荒芜高地均有分布。这种棕熊虽然少见，但是并没有被列为濒危。不过它们和绝大多数野生动物一样，受到法律保护，除有特殊许可外，不能猎杀或捕捉。在自己的王国里，西藏棕熊是体形最大的食肉动物，唯一能让它们害怕的就是人类。当地人为保护自家财产朝它们开枪，设陷阱抓它们，猎人也会捕杀它们，把它们的身体各部分当作山珍野味或传统药材卖掉。西藏棕熊需要有人站出来为它们说话；这也就是我们来到这里的目的。

一种动物若是受到法律保护，其数量往往会增加，由此引发一些预料之外的问题：雪豹变多，可能会有更多牲畜遭捕食；藏野驴变多，与家羊和牦牛争抢草场的现象可能会愈发严重。近年来，西藏棕熊与人类时常发生矛盾冲突，但似乎并非因为它们的数量增加了，而是因为藏族牧民的生活方式以及政府的政策发生了变化。我和这种熊仅在羌塘有过几次短暂邂逅，对于这些强壮的动物，我一向谨慎保持着应有的距离。但现在，为了缓解人熊冲突，并调查了解熊的生存需求，我开始主动与它们接触。

直到 20 世纪末，青藏高原的大多数牧民都住在传统的黑色牦牛帐篷里。他们带着牲畜随季节迁移，在规定区域内辗转于各个草场。牧民曾将熊和旱獭视为自己的兄弟，但熊是三兄弟中的"老大"，一旦靠近帐篷，人们就会害怕而朝它们开枪。在当地被称作"着木"的熊总是避开人类居住的平原与河谷，躲进山里。20 世纪 80 年代末，情况开始改变，政府将草场承包到户。大多数家庭都建起了平顶的泥砖房屋，有一个到三个房间，多半再另搭一间棚屋。人们在这里度过漫长的冬季，让牲畜在附近吃草。大约 5 月，牧民们便举家离开冬季住所，到更好的草场去，住在帐篷里，直到 8 月或 9 月。

20 世纪末、21 世纪初，政府收缴了居民家中的枪支，这一举措带来了意想不到的深远影响。棕熊很快便发现，它们可以到那些空屋子里去玩，不会受到惩罚，牦牛骨、浸透了酥油味的地毯、残留有糌粑的破罐子、塑料的饮料瓶以及各家院子里散落的其他垃圾，都能引起它们的兴趣。屋子里面飘出诱人的香味，有挂在梁上的富含营养的肉，还有羊皮和成袋的面粉。短暂的夏季里，熊必须大量摄取热量，为一连几个月没有食物的冬眠期做好准备，那段时间里，母熊还要生产和哺乳。要撞开薄纸似的杨木门，或是扯下泥墙上的窗框，对棕熊来说简直轻而易举。也有的熊干脆打穿墙壁或在屋顶上刨开一个洞。人们夏季离家时，往往把被褥、衣物、破塑料容器、拆下来的炉子和烟囱等各种物品随处乱扔，有时很难分辨这一屋的凌乱是人还是熊的杰作。不过，若是有一扇橱柜门被整个扯掉，或是一口锅上被咬出几个牙印，那么无疑是熊来造访过了。有一只熊在一间屋子里待了好几天，把两袋牲口饲料吃掉了大半，留下了十五坨硕大湿软的粪便，算是到此一游的纪念。这样擅闯民宅的事如今很常见。我们的大部分工作在位于羌塘东部边缘，位于青海境内的君曲村进行，这里有 125 户人家，分散在近 3000 平方公里的区域内。2010 年 8 月，有 34 户人家（27%）遭棕熊闯入至少一次；9 月，有 18 户（14%）遭入侵；10 月，冬眠即将开始时，有 10 户（8%）遭入侵。

现在棕熊受到保护——但在 2010 年，至少有三只熊在君曲村旁边的牙曲村遭人复仇猎杀，当地人该如何对付闯入的熊？如果有人在家，他们会大喊，敲锅，甚至放鞭炮，但这些最多只能暂时赶走熊。针对美国黑熊进行的一项研究发现，被这类非杀伤性手段驱逐之后，大多数熊会在 40 天之内再度前来骚扰人类住宅。有些居民非常不放心离家去夏季营地，于是全年常住家中，或只是到近处放牧，有时选择能看到自家房子的地方。很多人离开时干脆把屋门敞开，以减少损失。如果将牲畜全年放养在冬季居所周围，草场就会退化，进而造成牲畜繁殖力下降，体重增加缓慢，产奶量减少——没收枪支的后果出人意料。

在发表于 2008 年《人类 – 野生动物冲突》（*Human-Wild-life*

Conflict）杂志的一篇报告中，菲奥娜·沃西和富礼正写道："要修补棕熊造成的破坏，估计费用在 700 美元至 2800 美元——远超出大多数家庭的年收入。"偶尔会有一只熊闯进羊圈，在混乱中杀死几只羊，造成更大损失。在棕熊出没的一个县调查损失情况后，达瓦次仁等人在《竞争与共存》（2007 年）中报告，300 个被访家庭中，有 49% 近年来遭遇过棕熊骚扰，"204 间房屋被熊破坏，据居民报告总计损失 94907 公斤食物"。

国际野生生物保护学会与当地合作伙伴联合行动，由欧盟 – 中国生物多样性项目提供经费，共同寻找有效手段减少棕熊造成的损失。我察看了几所遭熊洗劫的住宅，我建议在房屋周围的围墙上以及屋顶边缘加装碎玻璃或铁丝网，并在全家离开时将带有钉子的木板安置在门边及窗户下方——这是简单又便宜的办法，至少能赶走一部分熊。家中的狗应不分昼夜守着羊群，而不是毫无意义地拴在屋旁。然而出资方认为这些办法不够"高科技"。最终 110 户人家及畜栏周围建起了造价高昂的铁丝网，高度超过 1.8 米。随后几个月里，棕熊造成的损害减少了 90%。到这种被围起来的人家拜访时，我感觉就像是走进了一座管理疏松的监狱。而且，没有防护的住家还有成千上万。

到了 2011 年春天，我们在青海启动棕熊研究项目时，居民越来越不能容忍熊的骚扰，而随着棕熊数量的增加，这类事件只会越来越多。有人说，应该把这些熊杀死，或者政府应该采取点儿措施。但让我不解的是，几乎没有哪个家庭自己行动起来解决问题。很少有人加固窗子和门，肉食露天放在屋顶，或用泥土矮墙围起来，上面盖一块防水布，屋子里面堆放着成袋的面粉，灌满酥油的皮袋，以及其他足以诱惑棕熊的美味。其实人们完全可以把食物存放在防熊的大型金属容器里，或者放进专门的贮藏处——例如一个架高的储藏间，让熊无法够到，这在阿拉斯加是普遍使用的手段。羊圈应该用铁丝网整个罩起来，挡住食肉动物（不过这拦不住执意要闯入的熊），不能只是用一道矮墙把羊圈起来，或把它们留在外面而不加看管。要想遏制源源不断的入侵事件，最关键的问题显然是妥善储存食物。一个家庭实施这些防熊措施的花费，举个例子来说，比买一辆摩托车便宜。

关于西藏棕熊的生活习性，现有的资料非常有限。我曾看到棕熊耗费相当大的体力挖开鼠兔洞，换来一小口食物，从粪便来看，它们的主要食物是鼠兔、草以及捡食的野生及家养有蹄类动物残骸。没有人知道棕熊造访人类住宅的频率，不知道只有一部分棕熊还是所有棕熊都会与人类发生摩擦，也不知道它们的活动范围。掌握了这些信息，或许就能找到有效的手段，减少人熊冲突。这是我们此次展开研究的首要目的，项目得到了青海省林业厅的大力支持。

放走了落入陷阱的小熊，我估计棕熊一家不会很快返回这个有着惨痛记忆的地方。可是，第二天晚上 10 点 37 分，它们又出现了，母熊带着它的两个孩子，被我们装在棚屋里的一台红外触发相机拍了下来。小熊走进放着肉和饼干诱饵的棚屋，在里面嬉戏扭打，拍打屋顶垂下来的一根绳子，不经意间触发了脚套机关，但没有被套住。与此同时，它们的妈妈从先前来访时毁坏的一扇窗户爬进了主屋。它在屋里翻出一袋面粉，把袋子扯开，然后拖进另一个房间，再由一扇敞开的门拖进院子里，在身后留下一道白色痕迹。棕熊一家在附近游荡到午夜过后。

第二天早上我们去查看陷阱时，它们已不见踪影。当晚及隔天晚上，它们都没有再回来，于是我拆除了陷阱，免得狗或牦牛被套住。

我们在 5 月 17 日到达君曲村，也就是这次设陷阱的地方，开始针对棕熊展开研究。所谓"村"只是行政上的叫法，这里的住家其实非常分散。君曲地处偏远角落，位于羌塘草原的东部边缘，从玉树向西北驱车十二小时才能到达。这里有开阔的平地与河谷，也有绵延的山岭，是雪豹、熊、岩羊、藏野驴以及家畜的理想栖息地，君曲村共有 6000 只羊和 5000 头牦牛。这一地区位于三江源自然保护区内，保护区总面积超过 15 万平方公里，覆盖了青海中部及东部的部分地区，包括长江、澜沧江及黄河的源头。大约 5 万人生活在保护区内，其中超过三分之二为牧民。我们之所以将君曲列为研究地点，原因之一是该村领导对生态保护非常有热情，2007 年，吕植所在的北京大学自然保护与社会发展研究中心促成了政府与君曲村签订了一份协议，授权村民自主开展生态保护项目。我去年来考察之后，认为这里有很好的研究条件。现在村党委书记欧周慷慨地让我们住进了他家。

棕熊项目由自然保护与社会发展研究中心主持，中心派来两名研究生展开研究工作。吴岚是个高个子姑娘，长发披肩，脸上总带着灿烂的笑容，她将用这次搜集的数据资料完成她的博士论文。无论攀登陡峭山坡，还是拨弄察看动物粪便，她都对自己的工作充满热情。卜红亮前来协助搜集资料，相对内向，但是对工作同样专注，而且非常用心观察身边的大自然。比如他曾指给我看一个鼠兔洞里有一条黑色的蛞蝓，看上去正在吃鼠兔粪，很好地证明了鼠兔对其他动物的友好。我们有两位司机，索才和欧萨，都是本地的藏族人。索才比较古板，而欧萨——他的名字发音很像熊的拉丁学名 *Ursus*——有一个圆滚滚的肚子和一把大胡子，就像一头快活的大熊。两人名义上是司机，实际上是队伍中不可或缺的成员，从汉藏语翻译到布设捕兽机关，各种事情都有他们帮忙。吕植在项目开始时到现场协助确立与地方政府的联系，之后便匆匆离开；中心的王大军在 6 月中旬来了一个星期，并带来了本·希门尼斯，他在蒙大拿州鱼类、野生动物与公园管理局工作，现在正在休假。

我对脚套陷阱并不陌生，这是在北美洲用来捕熊的一种常用方法，在中国四川省成功捕过亚洲黑熊，在蒙古的戈壁沙漠捕过戈壁棕熊。脚套可以安置在小路上，用薄薄一层泥土或草掩藏起来，也可以藏在吸引动物的诱饵旁边。动物无意中踩中机关时，脚便会陷进脚套下方挖出的一个浅坑，一根弹簧随即将套子弹起，套住动物的腿。将脚套与一根圆木或其他重物相连，动物就没法逃走了。我以前用过简单的无线电追踪项圈，用手持式天线和接收器接收信号，但我从没试过卫星追踪项圈。这种新设备让我很紧张，我觉得它完全不在我的掌控之内。卫星将项圈信号传送至德国生产商 Vectronic Aerospace 公司，再由他们将数据转发至位于纽约的大猫基金会。丽萨恩·彼得拉卡（Lisanne Petracca）在那里将信号精确转换为实际方位，为考察队绘制出熊的活动线路图。卫星按照预定速率，每隔两小时向我们的项圈发送一个信号。项圈非常昂贵——一个就要 4200美元（折扣价）——我们这次带来了三个。现在我们要做的，就是抓一只熊。

我们参照当地意见，在六幢房屋旁布设了陷阱，前几周曾有熊闯入其中几间房子。熊没有来，倒是藏獒一次次触发机关。大多数家庭任他们的狗在外游荡，特别是在夜里，还有一些人家搬到城里去了，抛下家里的狗，由它们在野外自生自灭。我们无从预知这一等要等多久：也许明天就会有一只熊出现，也许要等上四个月。

　　连续十天查看陷阱，棕熊始终不见踪影，我们决定转移到一小时车程外的牙曲村去。在这里，曲日戎噶峡谷的入口处，矗立着一座小小的寺院，有一间大殿和几间土屋。我在这里住过一阵，帮李娟完成她的雪豹研究，我知道这一带的山里也有棕熊。寺里只有两位常驻僧人，昂叶和鲁加拉，两人热情地欢迎我们到来。僧人为李娟看管着几台红外触发相机，其中一台位于向侧面伸出的一条山沟与中央山谷交会的地方，装在一块突出的岩石边。李娟给我看过在这里拍到的一系列精彩照片。至少曾有四只雪豹由此经过，停下脚步，在岩石上蹭脸颊，然后转过身，尾巴向上卷起，用尿液留下自己的气味。不知为什么，另一些食肉动物也被这个气味集散地吸引过来，其中包括一只西藏棕熊，还有赤狐和藏狐、兔狲、藏獒以及狼——但它们路过时没有停下。多么有趣的一个气味世界，而我们人类不在其中。

　　在这片山里，在狭窄山谷和石灰岩险峰间，我们选择了五个棕熊可能出现的地点布下脚套，另外还在空置的房屋里设了两个陷阱。我们每天巡视查看，常常冒着大雪，甚至顶着冰雹，确保混合了肉和酥油的诱饵没有被狐狸吃掉。我们在山中艰难跋涉，寻找熊的踪迹，无论爪印还是粪便，但时常一无所获。偶尔我们会在岩石凹陷处发现废弃的熊窝，干燥的地上被刨出一个浅坑，有的熊为了睡得舒服，还在里面铺了一点草。雪豹的粪便相对好找，大都分布在峭壁下面，我们收集了样本，为李娟的研究贡献一点力量。"每次找到便便我都觉得很开心。"吴岚大声说。在野外，快乐似乎变得很简单。只有一次，我们看见了一只熊；它在夕阳里趴在一块岩石上休息，半小时之后起身向山上走去，消失在巨石和山影间。

这里有熊，有雪豹，我还喜欢附近山坡和山梁上遍地都是的凌乱的石灰岩，这是一片奇异而美丽的天地。那些灰色的、隐约透着一点粉红的岩石被风雨磨去了棱角，化作了一个个怪兽和妖精的样子。我行走在尖峰、山丘和峭壁间，感觉就像置身于一座怪诞而又寂静的城市，岩石中的洞穴仿佛是幽暗的门窗，通向另一个世界。

我一向很乐意近距离接触食肉动物，比如雪豹和狼——但棕熊除外。熊总是让我无心思考其他，给眼前的荒野增添一份紧张的气息。我变得格外警觉，边走边暗自构想遭遇棕熊时的最佳行动方案。说不定这样能节省一点点反应时间，增加一点点活命机会。万一不小心遇上一只被我扰了清梦、怒火中烧的熊该怎么办？如果熊因为害怕或恼火而摆出进攻架势，这时我有几种办法可选，例如大喊，扔东西，静静地站着，或是逃跑，具体行动要看情形而定。斯蒂芬·赫雷罗（Stephen Herrero）在《熊的进攻》（*Bear Attacks*，1985 年）一书中强调，近距离遭遇带着幼仔的母熊，或正在享用猎物的熊，很可能对熊是最严重的刺激，进而引发真正的进攻。要想在熊的攻击下保住命，似乎装死要比反抗稍好一点。但我记得上个月在西宁一家博物馆里看到过一头巨大的公熊标本。它在 2010 年闯进格尔木城，没来由地随意杀了两个人，之后被人开枪打死。

在此前一项无线电遥测研究中，我曾追踪一只戈壁棕熊，独自穿越蒙古的荒漠山丘，夜间徒步进入汽车无法到达的区域。我没有用灯，以防被熊发现。项圈传回的信号显示了熊的大致位置以及行进方向。被烈日灼烤了一天的岩石还留有些许余温，但夜晚仍是很凉，四下里一片寂静，唯有接收器的哔哔声将我和熊联系在一起。有时熊调头往回走，信号离我越来越近。我的第一反应是逃跑，但理性告诉我："安静地坐下，等着。"我竖起耳朵聆听脚步声，想象着岩石间一个黑影迈着熊特有的步伐摇摇晃晃地走来，我耐心等待，直到信号再次开始向远处移动。

又是三个星期过去了，依然没有棕熊靠近我们的陷阱。本·希门尼斯在我们抓到小熊两天前加入队伍，每天也是满心期待地去查看陷阱。他三十多岁的年纪，精力旺盛，适应力强，具备精准的专业知识。他为我们演示了如何让陷阱更好地发挥威力。"给它上一点蜡。"他说。然后轻弹一下脚套机关，果然它能更顺畅地闭合。可是，对于天气，我们却是无能为力。送走了5月和6月初的雪，紧接着迎来了雨季的倾盆大雨。寺院旁的河洪水泛滥，棕黄的激流气势汹汹，驾车或徒步到对岸去查看陷阱都太危险。为了收回机关装置，我和本蹚水过河，用一根绳子把两人拴在一起，免得被洪水卷走。这样等着熊从陷阱旁走过显然效率太低。下一步该怎么办呢？

昂叶喇嘛是一位全才。他为我们查看红外触发相机，做菜煮饭，完成各种仪式，例如每天晚上吹响低沉的法号，为经过的牦牛群赐福。他还操持着类似路边旅社的生意，有一家店铺出售汽油、方便面和饮料，当地的藏族人来这里买东西，或是停下喝杯茶或喝碗汤。寺院门前经常停放着至少六七辆摩托车，拴着几匹马。所有的客人都有故事可讲，欧萨最擅长把大家聚到一起。这时我们已认识到，我们迫切需要一个信息网，一旦有熊入侵民宅，能够立即有人通报消息。只有这样，在熊再度夜袭时，我们才有可能抓住它。

6月23日，我们终于时来运转。还是当初我们抓到小熊的地方，那家主人跑到寺院来说，棕熊一家回来了。6月21日，熊闯进了他家。为了赶走熊，他在院子里用牦牛粪生起一堆火，可是第二天晚上，棕熊还是回来了。我们急忙赶到他家，重新布设陷阱。可惜王大军和我第二天早上就要启程去北京。上午11点05分，我们正在路上，大军的手机响了。是吴岚用欧周的卫星电话打来的。"我们抓到熊了。"她说。

我很遗憾母熊被抓时不在现场，但红亮给我传来了照片和一份详细的报告，让我得以真切了解当时的情景。第二天一大早，我们的考察队员就回到那户人家；隔着还有一段距离时，四周很安静，他们没看到任何异常。到了近前，我的同事们发现陷阱已被触发，原本连着脚套的一根3米多长、很重的木头不见了。一条拖拽的痕迹从屋子向远处延伸，但是没看到母熊的身影。150米开外，有一条泥泞的山沟，熊和木头都消失在那里面。车子驶近时，母熊吃力地爬到沟边探了一下头，随即又缩了回去。上午8点07分，本将一支装满药的麻醉镖射入母熊胸前的肌肉，用的是一种气手枪，由一个给自行车打气用的脚泵充气。几个人在母熊看不到的地方等了15分钟，然后过去察看，发现母熊仰面睡着了，但睡得很不安稳；又注射一剂药之后，它静了下来。大家从它的右侧前脚上解下脚套，开始为它做检查。从牙齿的磨损程度来看，母熊约有 16 岁，它身体状况良好，仍在分泌乳汁——它是活的研究对象，戴上卫星追踪项圈后，终于可以为我们提供详细的资料。上午 9 点 30 分，母熊清醒过来，爬出了山沟。看到汽车，它立即冲了过去，挥起带着利爪的大掌狠狠拍向车尾，留下了几道抓痕，它的怒火让我的同事们深感震撼，胆战心惊。母熊在周围漫无目的地走了一阵，似乎是在找它的孩子们，但最终朝着不远处的大山走去，后来，母亲和孩子们在那里重新团聚。大家给它取名叫卓玛，西藏女子常用的一个名字。

距离寺院约 8 公里的一座小山上，有两幢相邻的房子。一只熊闯进其中一幢房子里悠闲地住了一阵，留下大量粪便。我们在 6 月 22 日布设的两个诱饵陷阱被一只狐狸触发，安装在现场的一台红外触发相机拍下了当时的情景。三天后，相机显示一只熊在清晨 4 点来到屋旁。第二天黎明重返此地时，这只熊不知怎么避开了陷阱。不过，隔天晚上它就没那么幸运了。脚套连着的绳子比较长，熊发现我的同事们驾车赶到时，便从一扇窗子爬进屋里躲了起来。这只公熊探出巨大的脑袋向外张望，盯着车子，脚套仍套在它的右侧前脚上。上午 10 点 33 分，它被麻醉镖射中，12 分钟后，药物发挥了效力。公熊个头非常大，估计体重有 160 公斤至 170 公斤，将它从屋里拖出来，给它戴上项圈的过程很艰难。中午过后不久，公熊重新站起来，半小时后，它走进了山里。大家给它取名叫扎西。

卫星追踪项圈立即开始传送信息。卓玛带着孩子一直待在它们被抓的那座山上或周边地区。我们希望这将是一个很好的机会，深入观察它们的日常行为。项圈还能以另一种模式传输信号,即 VHF（甚高频）信号,用手持式天线和接收器就能接收。我尤其感兴趣的问题包括母熊与幼仔之间的互动,小熊彼此间的互动,以及母熊如何捕捉鼠兔——多半依靠辛苦挖掘还是在地面上猎捕。不过,追踪熊很有难度,而且可能很危险。刘炎林在 2005 年和我一同考察过藏羚羊产仔地,这次他作为北京大学的团队成员,在 6 月底加入了棕熊项目,他写信向我讲述了与母熊及小熊的一次邂逅,时间很短,但气氛紧张:"我们走了大约 15 分钟,几只熊突然从岩石后面冒了出来。我们离熊大概有三四十米。母熊朝着这边冲过来十几米,如此反复了三次……我们低估了跟踪带着幼仔的熊有多么危险。"

与之相反,公熊扎西没有在自己被抓的地方久留。它顺着一道山岭径直往西走,从 7 月 4 日到 18 日,它一路穿越崎岖地带,直线距离达 120 公里,其中有 4 天冲刺似的走了超过 60 公里。它跨过长江,到了措池村,我在 2006 年去过那里。6 月和 7 月是棕熊的交配季节,也许它正在苦苦寻觅最珍稀的目标——乐意接受它的母熊。

随后的几个月里,两只熊在它们的山中游荡,而我要么在家中埋头处理杂务,要么在巴西查看美洲豹项目或在印度查看野生虎项目。青海的棕熊研究团队在雨季进入高峰时,终于得以利用旅行不便的时节好好休息一下。我听说卓玛和它的孩子们闯进一幢空屋里住了一个星期,趁着主人不在大吃面粉。丽萨恩·彼得拉卡继续根据卫星追踪项圈传回的信号总结整理熊的动向。刚戴上项圈的两个半月里,卓玛在我们初次见到它的大山周围四处漫游,活动范围约有 2000 平方公里。在北面,扎西沿着它的山岭游走,穿越了 3367 平方公里的地域。这是用"核密度估计法"（kernel method）计算得出的结果，即计算熊在任一时间有99%的可能性出现的区域。在扎西的活动领域里，相机还拍到了另一只公熊。等来年春天冬眠结束后，我们要试试给它也戴上项圈。

我常常挂念这些熊和这个项目。两只熊将在何时何地进入越冬的窝，卫星追踪项圈能够精确显示吗？我需要为来年春季的工作准备什么器材设备？项目最初的几个月（以及本章所述）只是初步的、零散的工作，我们还需把注意力渐渐集中到与棕熊生存相关的关键问题上。当然，我也担心可能会有人杀死这些熊，报复它们毁了房子，或是想要取熊胆卖钱，这是一种昂贵的中国传统药材。有50余种传统药品含有来自熊胆的独特胆汁酸，用于治疗癌症及其他疾病，也有的被奉为包治百病的补药。大部分熊胆来自名声不佳的熊养殖场，目前所有的养殖场一共至少约有8000只熊，其中多数是黑熊，也有一部分棕熊。为获取胆汁，熊被塞进一个没有移动空间的铁笼侧躺着，通过手术，一根管子穿透熊的腹部插入胆囊，将胆汁导出，流进一个容器里。如果我们研究区域里的西藏棕熊被抓，不知是不是也出于同样目的。那只曾被我们套住的可爱小熊，将来也可能躺在狭小的笼子里，皮毛凌乱，满心不解——单是想到这种可能性，我就不寒而栗。

我急切等待着更多有关扎西和卓玛的消息。11月初，刘炎林发来一份令人欣喜的报告，阐述了他和他的团队在最初4个月里收集到的信息。两只熊的活动区域依然没有太多交集，但是各自扩大了许多。扎西的活动范围达到了5117平方公里，卓玛的达到了2448平方公里。熊类之中，雄性的活动范围通常是雌性的两倍甚至更多。我们这两只熊的活动范围格外大，而且随着时间的流逝，必然还会继续扩大。如果做一个对比，在加拿大育空地区进行的一项棕熊研究中，皮尔逊（A.M. Pearson）发现成年雄性的最小活动范围为 285 平方公里，成年雌性为 8 平方公里。在俄罗斯远东地区，伊万·谢廖德金等人发现成年棕熊的平均活动范围为 495 平方公里，雌性约为 180 平方公里。

我们的两只熊每天都在四处活动，平均一天行走的直线距离，不包括上山下山的曲折路程，约为 10 公里或多一点儿。但据刘炎林分析，卓玛和它的孩子们"整夜活动，白天休息"。夜间它们来到海拔较低的地方，挖找鼠兔和旱獭。但是到了早上，它们便回到山上的岩石间，在那里很少受到干扰，而且能找到很好的藏身处。扎西则没有这样的习惯。吴岚写信告诉我，卓玛带着小熊闯进了两幢房子，趁主人不在，在每家住了几天，它们还曾路过另外几户人家，但没有进去。扎西则是栖息在人烟稀少的偏僻山区。自从 6 月第一次在屋里被抓，它再也没有闯入过任何房子。

10 月底，两个卫星追踪项圈突然停止传送信号，即使带着手持式天线徒步搜索也无法找到两只熊。它们进洞准备冬眠了吗？我们只能等待它们重新出现，也许要等到来年 3 月。扎西和卓玛缓步在山间游荡，身型巨大，充满力量，它们是这片山中的国王与王后。在它们沉睡时，雪豹将登上王位。

第十四章
雪豹

    1970 年，我在巴基斯坦北部第一次见到一只雌性雪豹，并拍下了照片。从那以后，那对霜白眼眸和烟灰色的身影一直在工作中与我相伴，有时无处不在，有时如同虚幻的高山精灵。我在雪豹的王国里行走多年，却极少能够见到它们。1971 年我在《国家地理》杂志上发表过一篇文章，题为《亚洲山巅的濒危幽灵》（*Imperiled Phantom of Asian Peaks*），而事实也的确如此，雪豹至今神秘如幽灵。有一次，1973 年在尼泊尔，我和一只雪豹在一小片柳林中不期而遇，我们都被吓了一跳。可是，以 1984 年至 1986 年为例，我在昆仑山、喀喇昆仑山、天山以及中国的其他山区展开了大范围的雪豹调查，结果一只也没碰上。那时必定曾有雪豹暗中看着我万般艰难地翻山越岭，低着头一路寻找，盼着哪怕能找到它们留下的痕迹也好。1973 年，我和彼得·马蒂森徒步穿越尼泊尔北部，他没能看到雪豹。但身为虔诚的禅宗佛教徒，他在那本令人回味的旅行记述《雪豹》中写道："你看见雪豹了吗？没有！多么奇妙！"我还无法达到那样的境界。

一天夜里，我在野外露宿，雪豹仿佛是有意戏弄、甚至嘲笑我，像银色的影子一般从我身边走过，悄然无声，只留下了足印。雪豹的圆形足印很漂亮，掌的部分有七八厘米宽，看不出四趾的痕迹。在寒冬笼罩的大地上追踪雪豹，起码可以看到它们存在的证据。这些大猫可能在山崖底下、某个山口或山梁上稍事停留，用足脚在沙子或碎石地上前前后后地蹭几下，留下整齐的印记。偶尔会有一块突出的岩石散发出刺鼻的气味，这是因为雪豹用尿液和肛腺分泌物在上面做了标记，告诉它的同类："是我，我从这边走啦。"其他雪豹可以从这条气味信息中嗅出这是谁，多久以前从这里经过，而后决定是否不予理会，或者避开它，还是想办法去和它见个面。

我格外注意查看雪豹的粪便。闻一闻可以大致推断排泄时间。拨开看看，里面的毛发和骨头碎片可以透露雪豹吃了什么。简单地举三个例子：长而弯曲的门齿及带有黑尖的棕黄毛发来自旱獭，易断的灰色毛发来自岩羊，卷曲的白色羊毛则来自家养的绵羊。有时碰巧发现雪豹捕杀的动物或家畜，我会记下猎物的种类、性别、大致年龄及健康状况，并将其下颌保存起来，因为从牙齿的磨损程度可以更加准确地判定其年龄。地面的摩擦痕迹和雪豹足印揭示了猎物如何遭到伏击，而齿痕和猎物的爪印表明了猎物如何被杀死。尸体是否余温尚存？已被吃掉了多少？

扎多在措池村的一次村民集会上主持讨论环境问题，这个村庄自发设立了生态保护项目

在西藏东南部的扎曲村附近，雅鲁藏布江奔腾咆哮，穿过世界上最深的峡谷

背工队伍朝着多雄拉山口攀登，翻过山去，便是西藏东南部的秘境墨脱

向村民了解墨脱的野生动物情况，从右至左依次为张恩迪、张宏、村民和向导达瓦

在尼泊尔秘境博隅的一座小寺院，我们的旅伴哈米德·萨达尔看着一群温驯的喜马拉雅塔尔羊

阿富汗帕米尔高原的吉尔吉斯女性身着盛装，戴着银币项链参加婚礼

塔吉克斯坦帕米尔高原上的雄性帕米尔盘羊（贝丝·沃尔德摄）

我们在塔吉克斯坦的向导正在搜寻帕米尔盘羊的身影。远处国境线另一边的中国境内，木孜塔格峰巍然矗立

吴岚找到了一块棕熊粪便，喜滋滋地从西藏棕熊过冬的洞穴里爬出来

一只雄性西藏棕熊退进一幢房子，从窗口向外看着我们，捕兽器的套索还锁在它的右前爪上，后来我们给它装上了无线电追踪项圈（左，步红亮摄）

一只戴着卫星定位项圈的雌性西藏棕熊（右，吴岚摄）

我们在棕熊研究区借宿的欧珠家里，天刚亮，他的妻子和女儿就已在忙着挤牦牛奶了

雪豹犹如高山上的幽灵，即使近在眼前也很难发现

在青藏高原，岩羊是雪豹的主要捕食对象，图中是一只年轻雄性岩羊

喇嘛扎西桑俄拿出了他画的藏鸦，这是他居住的青海省东部地区所特有的鸟

在青海省一个为保护环境而举行的村落祭典上，几位喇嘛为现场的人们赐福

夏日寺的喇嘛为全无戒心的高山兀鹫喂食——一幅自然与人类和谐相处的理想画卷

就保护工作来说，了解雪豹的猎食习惯至关重要，而且由此可以推断出家畜在雪豹的日常食物中占了多大比例。在各地，不论高山草甸位置多么偏僻，雪豹基本都处在牲畜和牧人的活动范围内。它自然会去猎杀那些迟钝的家养动物，那是很容易到手的免费美食；而雪豹的主要死因之一，就是因此遭受损失的牧民要报仇。虎、美洲豹等其他大型猫科动物的情况也是如此。

雪豹捕食家畜的问题究竟有多严重？紧邻巴基斯坦的中国塔什库尔干自然保护区提供了一份参考数据。我在这里研究了雪豹粪便，分析结果显示，其中所含物质有 60% 来自岩羊，29% 来自旱獭，5% 来自家畜，4% 来自北山羊，1% 来自野兔，此外还有少量植物。冬季里，旱獭要冬眠，因此约有五个月不在猎捕名单上，而这段时间里，其他动物不得不承受更多压力。为了进一步了解家畜遭捕食的具体情况，我们找来了地区记录，并走访了当地的住户。据居民报告，最近 12 个月里，平均每户损失了 3.3 只绵羊或山羊和 0.3 头牦牛，其中多半都是遭雪豹捕食，被狼猎杀的只是极少数。以总数计算，人们损失了 7.6% 的羊以及 1.7% 的牦牛。虽说 3 只羊听起来不算多，但是对于一个仅有 50 头牲畜的家庭，这是一份相当沉重的经济负担。牲畜是当地家庭的资产，如同长着四条腿的银行存款。当地人想杀死凶手报仇，这种心情可以理解。而除此之外还有一份额外的诱惑，即枪杀、诱杀或毒杀雪豹，珍贵的豹皮和骨头可以拿到野生动物市场去卖个好价钱。面对这样的困境，我同情雪豹，也同情牧民家庭，可我每次到这些地方都是来去匆匆，无力为任何一方提供直接的帮助。这些年来，这个问题越来越让我忧虑，在我心中已成为雪豹保护工作的第一要务。

雪豹曾经现身的在中亚地区的十二三个国家中，我仅针对蒙古国境内的雪豹进行过一项深入研究。我和凯初次去那里是1989年，当时蒙古还是苏联的一个卫星国。我们在当地展开了雪豹调查，项目合作伙伴包括热心支持野外工作的蒙古自然与环境保护协会主席扎沁·泽伦德勒格（Jachin Tserendeleg），以及赞巴·巴特扎尔嘎勒（Zamba Batjargal）部长领导下的环境部。我们在阿尔泰等山区进行了广泛考察，并穿越戈壁沙漠，了解到那里的雪豹能在海拔只有约六百米的荒僻山岭间生活。最终我们估计蒙古约有1000只雪豹，数量居全球第二，仅次于约有2000只雪豹的邻国中国。

　　次年11月，我们重返阿尔泰支脉布尔汗布达山中的乌尔特谷，在科学院生物学家戈勒·阿穆尔萨那（Gol Amarsanaa）的指引下，找到了大量雪豹足印。这次我们带来了遥测设备，希望能给一两只雪豹戴上无线电项圈，详细追踪了解它们的动向及日常活动。抵达乌尔特谷之后，我们搭起了两个蒙古包，我随即在附近转了转，没多久便在雪地上看到了两对雪豹足印。我想，运气好的话，一两个星期之内，我们埋设在小路上的陷阱就应该能抓住一只雪豹。

　　第二天早上，我和蒙古同事们沿着山谷往上走。在山坡下面的一条溪谷中，躺着一只雌性北山羊的尸体。就在它的上方，一块巨石上，我赫然看到一只公雪豹探出头来。同行的人指着它一阵喧哗，雪豹悄然隐去，顺着山坡一路向上，间或停下步子回头看看我们，直至消失不见。从光秃秃的坡上留下的拖拽痕迹来看，这只北山羊是在高处遭到了袭击。尸体还留有余温，只有下腹部的肉被吃掉了近一斤——我们显然是打扰了雪豹吃早餐。猎物身上没有外伤。剖开咽喉部位可以看到瘀伤和凝固的血块，可见它是被勒死的。北山羊有 46 公斤重，这么多肉足够雪豹享用数日。现场附近有几丛低矮的灌木柳，我们系住北山羊的一条后腿，拴在其中一丛树上。我匆匆赶回营地，取来一个捕兽器。我把它藏在猎物尸体旁，连上绳子，装设了弹簧。我们用小树枝搭起一点路障，希望能迫使雪豹经由陷阱上方走向猎物。安置完毕，我们返回了营地。傍晚，我到现场查看情况，决定在近旁铺上睡袋过夜。与我们同行的阿穆尔萨那要回营地休息。我请他早上 7 点 30 分再过来。

天刚蒙蒙亮，我小心翼翼地走近陷阱。柳枝路障已然解体，但我一时没看到其他异常。再细看时，在低处的树枝间，我发现了一团黑影——是那只雪豹。我在原地静候阿穆尔萨那，雪豹和我都一动不动，就这样过了将近一个小时，我意识到必须立即松开勒住雪豹的绳套，免得它的爪子受伤。我拿出注射器装上名为"舒泰"的麻醉剂，再安装到一根 1.8 米长的特制铝杆顶端。接近雪豹时，我有些犹豫，担心它猛力挣扎伤到自己，或是对药物产生不良反应。雪豹依然蜷伏在那里，低声咆哮着，怒目而视。但是当我迅速出手、将针剂注入它的大腿时，它并没有动。五分钟后，它陷入沉睡。

我轻轻地把它从柳树丛里抬起来，紧抱住它暖烘烘、毛茸茸的身体，再放在地上。它的掌看上去就像是超小号的雪地靴，我一边赞叹，一边除掉绳套，并开始为它按摩，让被捆绑了一阵的掌恢复血液循环。它的毛摸上去手感极好,我伸手抚过它的身体和蓬松的尾巴。它身长约 1.8 米,尾巴占了近一半的长度。我将一根绳子系在它的胸部,挂到弹簧秤上。它的体重为 37 公斤,不算很重,与成年母豹大致相当,而根据文献记载,公豹的体重可达到 54 公斤。我给它戴上了无线电追踪项圈。9 点 15 分,它低吼一声,醒了过来。我用一块布盖住它的眼睛,让它在黑暗中静静恢复,然后我退开一段距离,远远地透过望远镜紧盯着它,监视它的呼吸状况。10 点 40 分,阿穆尔萨那终于出现。11 点 15 分,雪豹摇摇晃晃地朝山上走去,途中几次停下,吃一点积雪。

无线电信号显示,雪豹(我们始终没有给它取名字)在猎物上方的山腰停留了 4 天。在这之后的 4 天,它每到夜晚便回来找它的北山羊,总计吃掉了 21 公斤肉。在此期间,11 月 17 日,野生动物摄影师乔尔·贝内特(Joel Bennett)和他的太太路易莎来到这里,为英国的 Survival Anglia 公司拍摄影片。与他们一同抵达的还有我的儿子埃里克。埃里克从小就是一个勤奋的好助手,这一次他是出来休假,之后将在威斯康星大学开始植物分子生物学的博士后研究。我很高兴他能来野外陪我,近些年来,这样的机会实在屈指可数。雪豹始终没有离开我们扎营的山谷,偶尔能看到它在两块巨石间的岩缝前休息。它躺在温暖的阳光里,下巴搁在前爪上,一待就是几个钟头,有时换个姿势,侧过身,有时舔舔自己。临近黄昏时,我们回到营地,虽然没有搜集到太多新资料,但是能这样接近悠然憩于山中的珍稀猛兽,对我们来说已是很大的收获。无线电发射器带有运动传感装置,如果雪豹在行动,我们这边的接收器就会发出急促的哔哔声，舒缓的声音则表示雪豹在休息。这只雪豹夜里都做些什么呢？为找到答案，我和埃里克多次连续 24 小时监视它的行动。我们搭了一个小帐篷，在零下 17、18 摄氏度的严寒天气里钻进睡袋，每隔 15 分钟查看一次信号，在图表上标明 A（活跃）或 I（不活跃）。以 12 月 21 日夜晚为例，从晚上 7 点天刚黑时直至午夜，公豹一直很活跃，然后它基本处于休息状态，到了清晨 5 点，它开始稳步行进，连续走了 3 个小时，直到天光大亮。信号显示，这一天里，雪豹有 53% 的时间处于活跃状态。20 世纪 80 年代在尼泊尔研究这种动物的罗德尼·杰克逊（Rodney Jackson）也曾发现，当地雪豹每天有一半的时间在四处活动。

从 11 月 11 日初次遇见这只雪豹，到 12 月 27 日我们离开山谷，总计 46 个日子里，我们有 10 天得以观察它的行动，有 36 天接收到它的无线电项圈传出的信号。在此期间，我们的公豹吃了一只北山羊和三只山羊，46 天之中有 13 天进食，平均而言一天的食量为 1.7 公斤。它极为安分，除了有时到附近转转，它一直待在乌尔特谷中，活动范围只有 12 平方公里。当然，要说终其一生它会走出多远，我们无从得知。据罗德尼·杰克逊了解，尼泊尔雪豹的活动范围为 13 至 39 平方公里不等。但汤姆·麦卡锡在后来的一项研究中发现，在戈壁沙漠，由于猎物稀少，雪豹有可能跋涉 300 多公里甚至更远的距离。在乌尔特谷，雪豹的领地相互重叠，与别处情况相同。在我们考察期间，山谷及其周边总计 194 平方公里的区域内共有八只雪豹的领地——有两只公豹，一只带着一只小豹的母豹，一只带着两只小豹的母豹，另有一只情况不明的雪豹。

一如在中国，这里的雪豹也捕杀了相当数量的牲畜。1990年，乌尔特谷一带的 8 户人家共有 2990 只绵羊及山羊、94 匹马、59 头牦牛和 13 头骆驼。去年一年里，有 13 只羊（0.4%）、7 头牦牛（11.9%）以及 16 匹马（17.6%）遭雪豹捕食。遭遇不测的牦牛和马多半是幼畜，之所以比例格外高，是因为它们被放养在山中随意游荡，而绵羊和山羊却有放牧的人照看。

乔尔是一个少言寡语、很讲究方法的人，每天长时间拍摄记录雪豹、北山羊以及当地牧民家庭的文化风俗。到了晚上，大家围炉坐在蒙古包里，交流这一天的收获。我们吃面条和炖牦牛肉，喝茶——蒙古人则喜欢喝所谓的"俄国茶"，也就是我们所说的伏特加，有时酒量惊人。我们原本计划启动研究项目，然后由阿穆尔萨那和他的蒙古同事们接手，继续展开工作。我们零零星星地收集到一些有用的信息，但还远远不够。然而当时我对科学院许多人的工作态度并没有足够的认识。在近年的苏联式体制下，人们不论做不做事都是一样拿工资。阿穆尔萨那更乐意回家，结果项目就此搁浅。乔尔此行拍到了一些独家镜头，但他的影片还需要更多雪豹素材，我答应来年冬天再来协助他拍摄。

于是，一年后的 10 月，我们重返乌尔特谷。一行人拍摄收集了更多资料，乔尔终于得以制作出一部精彩的电视专题片，《雪豹之山》（*Mountains of the Snow Leopard*）。这次与我们同行的还有汤姆·麦卡锡（Tom McCarthy），他是专攻野生动物的生物学家。此前曾在阿拉斯加做研究，现在决心集中全部精力研究雪豹。我未能找到合适的蒙古合作伙伴，便将这一项目交给了他。如今汤姆已是雪豹研究领域的世界级专家，20 年过去了，他在蒙古仍有项目，同时也在其他国家开展工作。他为总部设在西雅图的国际雪豹基金会（International Snow Leopard Trust）工作了几年，现在我们同属大猫基金会，以纽约为基地共同开展工作。

截至 20 世纪 90 年代初，我已考察过巴基斯坦、中国及蒙古大部分地区的雪豹分布情况，在蒙古进行的短期研究让我对雪豹的行为有了一个整体的了解。这时汤姆·麦卡锡正继续推进这项研究，并在尼泊尔、俄罗斯和印度展开更多项目。我在 1996 年与友人王小明一起在中国的内蒙古做过一项雪豹调查，但也仅此而已，我的兴趣渐渐转向了其他动物。对于搜寻研究雪豹粪便和刨痕，我没有了当初的热情。

说起来有点矛盾，90 年代的科技进步带来了三项新成果，却彻底扼杀了我对潜心探究雪豹生态习性的兴趣。每一项成果都极大地提高了科研工作的准确性，同时减少了亲赴野外的必要性，借用一篇报道的话来说，即减少了"枯燥乏味的肉眼观察"。现在可以给动物戴上项圈，借助发送到 GPS 的信号进行追踪。后来我们在研究西藏棕熊时就采用了这种方法。一旦给动物戴上了 GPS 追踪仪，研究者就可以返回世界任何地方的家中，手捧一杯热茶或咖啡，坐在电脑前随时查看研究对象在哪里。

另一项重要发明是触发式相机。这种带有红外线感应器的相机可以布设在兽径沿线或其他合适的位置，任何动物横跨过红外光束时，便会触发相机拍下照片。要想了解某一区域内有哪些动物，尤其是神出鬼没、难得一见的动物，这是一种非常理想的方法。有些动物身上带有独有的特征，比如雪豹毛皮上的花斑，这样一来都可以准确记录在案，乌拉斯·卡兰斯（Ullas Karanth）在他的印度虎研究中充分展示了这一优势。红外触发相机可以分散安置在各处，每隔一周或更长时间查看一次，欣赏动物们自行拍下的奇妙影像。我认为过去辛苦拍照的老办法可以淘汰了，完全没必要长时间苦等，然后悄悄跟踪，保持警惕，期待着拍下雪豹的身影，而且结果多半是失败，只是偶尔能体验到成功的欣喜。

第三项伟大进步是 DNA 技术的发展。要想了解某一山区的雪豹数量，你可以广泛搜集雪豹粪便。借助 DNA 可以识别个体，综合分析粪便的位置便有可能得出其活动范围，不必干扰雪豹的生活，给它戴上追踪项圈。我虽然也用新技术，但我一直在努力避免沦为这些工具的奴隶，为此而失去亲身融入自然的机会，因为我喜欢户外天地。若是使用远程监测，我就无法亲眼看到动物，感受不到它的声音、气味以及它所处的环境。

到了 90 年代，雪豹已成为雪域高山的象征，成为一个国家自然遗产的瑰宝。然而在牧民眼里，它仍是一种捕杀牲畜的野兽。我心系雪豹，但同时，我也同情那些损失了牛羊的穷困家庭。毕竟，一个艰难度日的家庭为什么要承担额外的重负，就因为一条令人费解的法规吗？好让那些远方城市里的人们大谈维护山区生态系统的平衡，人类负有道义，应该拯救这种动物？有没有什么办法能够补偿这些被野兽叼走牲畜的家庭？我知道，这个问题能否得到妥善的解决，将关系到所有大型猫科动物的未来。

部分牲畜遭捕食的原因是不良放牧习惯。如果牧人马虎大意，任由牲畜走出视线范围，自己睡觉休息或是忙着采草药，那么，雪豹或狼很有可能抓住这个机会。雪豹经常在夜间闯入简陋或防护薄弱的围栏，可能会杀死几只牲畜。雪豹保护协会的罗德尼·杰克逊曾帮助拉达克居民在畜栏上搭建铁丝网顶棚，用以阻挡野兽。这是一个有效的办法，如今另一些地区也已采纳。但是，要说服牧民改变放牧习惯并不容易，有些人觉得这很难做到，青海省颁布新法令要求适龄儿童必须入学，其后一些家庭失去了放牧的主劳力。但是我发现，对于自然事件，当地人似乎多半是听天由命，我在白马岗与村民谈起老虎捕食牲畜的问题时，人们也是抱着这样一种态度。有一个人跟我抱怨说，他的牲畜被雪豹——也就是当地所说的"煞"吃了。我问他打算怎么办，他答道："我没办法。雪豹杀我的羊，是因为我在什么地方冒犯了山神。"曾有一位藏区的牧羊人向记者林岚解释他对世界的认识："大自然是一个圈，里面有狼，有羊，还有人。这个圈绝不能打破，就算是为了保护牲口也不行。"

现在各地正尝试推行几种弥补牧民损失的方法，希望人们往后能对雪豹更宽容。我一直怀着极大的兴趣关注这些举措的成效。

其中一种方法是根据牲畜的价值，给牧民全部或部分现金补偿，条件是牧民同意放过闯祸的野兽。无论补偿金由私人机构还是政府提供，只要能及时予以足够补偿，这种方法就能收到良好的效果。以北美团体"野生动物保护者"为例，他们在美国对确有牲畜被狼咬死的家庭给予补偿，23年共计付出140万美元，对狼群数量的恢复起到了积极作用。与之相反，直接补偿的做法在其他一些国家，如不丹、印度和中国，却是收效甚微。官僚部门办事拖拉，偏远地区的索赔申请很难核实，部分官员贪污腐败，当地住户谎报损失的情况时有发生。整体而言，补偿未能促使人们改进放牧方式，只是如无底洞般白白耗费了资金。

更为有效的补偿方式是建立一套保险制度，让当地村寨直接管理，而不是由远在别处的官僚部门掌控。为了解这种尝试，2008 年夏天，我走进印度的喜马拉雅山区，同行的亚什·维尔·巴特纳格尔（Yash Veer Bhatnagar）和苏曼塔·巴格奇（Sumanta Bagchi）来自总部设在迈索尔的自然保护基金会。在喜马偕尔邦的司丕提地区，海拔 4115 米的地方有一个藏族村落——吉布尔村。多年来，亚什·维尔和他的团队一直在研究这一地区的牧场和野生动物。普兰纳夫·特里维蒂（Pranav Trivedi）曾带着吉布尔和其他村里的孩子，在野外讲授博物学知识。吉布尔是一座迷人的村庄，刷成白色的平顶屋舍占据了一面山坡，可惜几幢水泥的政府办公楼夹杂其中，有些煞风景。这里有少量农田，种了豌豆和大麦，大部分土地被高山草场覆盖，养育着家畜和北山羊。

保险补偿项目由一小笔注入资金启动后，便开始自行维持运营。这是一个自愿加入的项目，每户人家自己决定要为哪些牲畜上保险。以吉布尔村为例，村民多半只是为牦牛和马匹投保，因为这些是放养的牲畜无人看管。此前一年，吉布尔村的 90 户人家共有 13 头牦牛、4 匹马遭雪豹捕食，4 头驴被狼咬死。当地的一个委员会根据投保牲畜的种类、性别及年龄，裁定每个家庭应交纳多少保险费。如果一头牲畜被野兽咬死，委员会将按照市价全额赔偿饲养者，但是被咬死的牲畜必须留下供野兽随意享用，以防它因饥饿而再度出击。

在一个赔偿金发放日，我与委员会的六名成员一同来到现场。他们围成一圈坐在草地上，五位来领钱的村民逐一走上前来。首先要查看账簿，具体的赔偿金额都已事先计算清楚。村民在账簿上签名之后，便可以领到现金——很直接也很高效的做法。

在青藏高原西端、司丕提北面的拉达克，我观察、了解到另一种改善民生、促进动物保护的激励机制。当地家庭面向游客推出了食宿服务。徒步旅行的人不必再露宿荒野，他们可以到当地人家中吃饭、过夜，享受主人的热情款待，观赏由村民负责保护的岩羊及其他野生动物。这是一种提供早餐的民宿，有统一的收费标准及服务项目，客人在住宿的同时还有机会深入了解大自然及拉达克文化。2005 年前后，一个提供食宿的家庭在 4 个月的旅游季节里，平均能赚到大约 230 美元，这是贴补家用的一笔重要收入。

我每隔一段时间便要去趟蒙古。有一次在那里了解到另一个颇具创意的激励项目，其发起人是汤姆·麦卡锡。他与另外三个致力于雪豹研究的人——罗德尼·杰克逊、查鲁杜·米什拉（Charudutt Mishra）和索姆·阿勒（Som Ale）共同撰文《雪豹：冲突与保护》，简单介绍了这一项目，文章收录于《野外的自然保护生物学》（*Biology of Conservation of Wild Felids*）：

　　雪豹企业开发并销售手工艺品，帮助蒙古的牧民工匠创收，同时要求当地村庄为雪豹保护工作提供支持。手工艺人可获得相关培训以及简单的工具，制作出具有地方文化特色的木制工艺品，在西方国家销路很好。作为交换条件，村庄要签署保护协议，保证不会非法猎取雪豹及野生有蹄类动物。……目前已有 29 个村、400 余户牧民从中受益，家庭收入增加了近 40%。……2007 年售出的蒙古手工艺品价值超过90000 美元，未来还有望继续增长。此项收益现已足够支付开展项目所需的各种费用……

在商定的收购价格基础上，手工艺人和社区每年还能得到 20% 的额外奖励，但如果有盗猎事件发生，哪怕只有一起，奖金就会被取消。从已知情况来看，近些年里仅有两只北山羊和一只雪豹被猎杀。

耶鲁大学森林与环境研究学院的沙夫卡特·侯赛因（Shafqat Hussain）告诉我，巴基斯坦的一些村庄为改善经济状况，推出了狩猎北山羊和捻角山羊的休闲项目。政府收取的狩猎费用有 80% 归村庄所有，最多可达 25000 美元，而村民必须承担起巡逻任务，防范盗猎者并时刻留意野生动物状态。（让人啼笑皆非的是，曾有村民提出补偿要求，因为有一只符合狩猎标准的动物遭雪豹捕食，他们的收益可能因此受损。）在另一个村子里，沙夫卡特建立了一套保险赔偿制度，与司丕提地区的做法相似，唯一的不同是补偿款由一家旅游公司提供。

让畜牧村寨参与保护工作至关重要，但重点地区也必须要有专人严加看守，只是政府很少提供这种保护。汤姆·麦卡锡等人在上面提到的文章中这样讲述："（雪豹）尽管在所有国家都受到全面的官方保护，但实际执行的情况并不乐观，原因在于民众缺乏保护意识，没有强烈的意愿去维护相关法规，资金不足，专业人员紧缺，以及一些国家的政府对保护生物多样性没有足够的重视。"事实上，所有大型猫科动物的保护工作都面临着同样的窘境。

过去的半个世纪里，有关雪豹的资料搜集工作进行得极其缓慢。相关的研究项目屈指可数，目前已知这种动物的分布范围总计约 518 万平方公里，其中大约 6% 已被划归为保护区。然而，这么大的一片区域，多半都没有人做过细致的考察，从野生雪豹的数量统计就可以看出这一问题。目前公布的估算数据从 6000 只至 8000 只，4500 只至 7500 只，3000 只至 7000 只不等，如此不准确的数据几乎无异于猜测。国际雪豹基金会编写了题为《雪豹生存策略》的报告，包括印度、尼泊尔、蒙古、巴基斯坦在内的几个国家分别拟订了一份《雪豹行动计划》。此外，2008 年 3 月，雪豹分布国保护计划国际会议在北京召开。这些活动引起了更多关注，明确了工作方向。但同时，这也暴露出我们对这种动物的了解是多么的贫乏。

2008 年，我再度投身雪豹研究，但这次重点关注的是当地社区及保护工作，而非雪豹的自然习性。在这一项目中，我与吕植以及两个北京大学保护中心的工作人员及研究生密切合作。正在攻读博士学位的李娟制订了一项青海雪豹研究计划，我们一同实地察看，正如前面西藏棕熊一章中提到的，最终找到了一个合适的研究地点。

我对青海省的东南部格外感兴趣，20 世纪 80 年代我来考察时就已看到，这里的石灰岩山岭有如迷宫一般，多半都是雪豹喜爱的栖身环境。近些年的工作让我的视野更加开阔，我认为我们应将整个地区纳入考虑，而不是单纯划出零散的保护区，这样才能让保护工作造福于栖居在此的所有生灵，包括人类。我一向注重收集科学资料，以此为基础，才能对未来的工作方向有一个清晰的认识。但我时常忽略与当地居民的互动交流，未能将我的信念转化为实际行动。现在我要尝试将这两种工作方式良好融合。这也是促使我再度关注雪豹的根本原因。

我在羌塘所做的研究充分表明了地区整体保护的重要性，要保护整个生态系统，即便是迁徙的生物也可以在这里继续它们的命运之旅。类似的但规模较小的整体性保护模式，或许可以应用于青海东南部的雪豹保护工作，进而延伸至西藏东部以及四川西部的类似栖息地。现有的保护区大都面积很小，仅能容几只雪豹栖身，而这些雪豹很可能因为近亲交配、染病、盗猎或其他原因而渐渐灭绝。对此，我们有必要将保护区的概念扩展至整个地区。这样一片地域里，应包含多个受到严密保护的核心区，供各种动物安然栖身；几个核心区之间有适宜的生态走廊相连，动物们可以扩大活动范围，往来于各个安全的避风港。区域内余下的土地则是规划为可持续发展的人类用地，一块块栖息地如同马赛克一般镶拼在一起，为人类和其他动物的生存提供保障。这样一幅雪豹、家畜及人类和谐相处的山野美景，听起来像是异想天开，其实并非无法实现——唯一的问题是气候变化的威胁时刻存在，任何计划都有可能被打乱。日久天长，植被区会渐渐移动，例如林木、灌木可能顺着山坡向上推进，一点点蚕食高山草甸——后者是雪豹、岩羊和旱獭的栖息地。所有的植物和动物都躲不过气候变化的影响，它们唯有适应，或迁移，或灭亡。但一个地区整体而言也许面积足够大，可以为动物提供更多选择，迁至别处栖身。

2008年年底至2010年年中，我们四次穿越青海。队伍中不时有其他人加入，但除我之外，还有三位主要成员。王大军，一位健硕的资深研究员，来自北京大学的动物保护中心。李娟，一头直发，戴着黑框眼镜显得有些严肃，其实她是一个热心又让人开心的好旅伴，工作认真，勇于攀登。扎拉是我们的司机，但他所扮演的角色远不只是司机。这位藏族人有一副好体格，头发长及肩膀，常常扎成一个马尾辫，他维系着整个队伍的运转。扎拉汉语讲得很流利，因此充当我们的翻译，在我们争取当地人的支持时，他更是双方沟通的桥梁。他是个开朗外向的人，似乎走到哪里都有亲戚朋友。他还负责做饭，采购补给，并在野外和我们一起记录考察所得。

我们开车走遍了青海东部和东南部，察看地貌，向村民了解雪豹及其他野生动物的情况，特别是家畜与野兽之间的矛盾。在当地向导陪同下，我们深入山区，穿过稀疏的针叶林和灌木丛，登上山崖去寻找雪豹的踪迹。我们时常讨论评估当前的动物保护工作以及今后可能出现的问题。五六月间，有一个问题引起了我们的注意。

这个时节里，这一地区总会有一场奇特的大迁徙。此时学校放假，村子里人去屋空，办公场所冷冷清清。公路上，带拖斗的拖拉机和敞篷的小卡车排起了长龙，车上满载着帐篷、锅碗瓢盆、成捆的衣物、铺盖卷等等各种家当；那场景简直就像是战地大撤退。凡是能走的人全都上了山，高山草甸上，成片的白色帐篷如同白蘑菇一般冒了出来。引发这一切的便是冬虫夏草，学名为 *Cordyceps sinensis*，藏语叫作"雅扎贡布"。这是财富的诱惑。我们想知道这样的人群涌入会对野生动物及敏感的高海拔栖息地造成怎样的冲击。

在青藏高原东部的许多高山草甸，海拔高达 5000 米的地方，栖息着钩蝠蛾属的一种黄褐色小蛾子。它把卵产在靠近植物根部的地上，孵化之后，幼虫立即钻进土里，以草根为食，在地下度过一年或几年时间，而后化为蛾，来到地面不久便会死去。有一种真菌的孢子可能侵入幼虫体内，将它变成一具僵化的躯壳。真菌由幼虫的头顶抽生出棒状的子座，长度可超过 10 厘米。春季，真菌从土中探出头来，喷射出孢子，由此开启新一轮的生命循环。自 15 世纪藏医首次记载以来[1]，这种幼虫与真菌的结合体在中国一直被当作一味药材。冬虫夏草直接吃或泡水喝，据说可缓解哮喘，补肾，调节血压，增强免疫力。近期实验显示，它可能确有一些有益的功效。我个人感觉虫草寡淡无味。大约 15 年前，我花十来元就能买一根。这些年价格起起落落，如今根据大小、虫龄和品相的不同，一根能卖到二三十元，在中国沿海城市，每公斤虫草的价格可能超过十一二万元。听说 2010 年玉树大地震之后，虫草价格更是持续飙升。

山间的草坡上，几十人弯腰走着，或趴在地上匍匐前进，手里拿着小锄头或小刀，在草叶之中搜寻虫草伸出的纤细尖端。

---

[1] 在 2008 年发表于《经济植物学》（*Economic Botany*）杂志的文章中，丹尼尔·温克勒（Daniel Winkler）写道，有关虫草的医药史，最早的记录来自娘尼多吉——一位藏医与僧人，他生于 1439 年，卒于 1475 年。娘尼多吉在其著作 "An ocean of Aphrodisiacal Qualities" 中写到了雅扎贡布的功用。温克勒还指出，也有其他作者，如 Halpern（1999 年）等，认为冬虫夏草的医用记录可从 8 世纪唐代文献中找到，但是这一信息尚未确认。——译者注

运气好的话，他们一天能找到十根甚至更多。一锄头下去，挖起一小块草皮，在草地上留下一块伤疤，这样可以从土中毫无损伤地取出虫草。据估计，当地人至少有 25%—40% 的收入来自冬虫夏草。2008 年丹尼尔·温克勒在《经济植物学》杂志发表的一篇文章中提到，这是"当代西藏乡村家庭最主要的现金来源"，其产量"据官方统计，2004 年为 50000 公斤……在中国的富人及权贵圈子里，冬虫夏草堪比法国的香槟，已成为晚宴上身份的象征，更是一种格外贵重的礼品"。

不论价格如何变化，虫草毕竟给当地家庭带来了额外的收入，人们因而得以购买手机、摩托车，以及其他日渐成为生活必需品的物件。一个村寨若是拥有适合虫草生长的山地，每年都会有大群陌生人涌入，有时难免产生摩擦。各地政府为控制虫草采集，要求本地人办理专门的许可证，外来者办证则要缴纳更高的费用，也有些地方干脆不允许外人进来，但即便在路上设卡，仍是难以抵挡采虫草的热潮。目前尚未有人评估钩蝠蛾及高山草甸因此所受的长期影响，这仍是一个有待解决的环保问题。

旅行途中，我们发现每一座寺院都有一块附属的圣地，大小不一，而且许多地区在自己的地域内都有一座神山。依照当地的传统习俗，这些神圣的区域是禁猎区，这样一来就自然形成了一系列小块的保护区，为创建雪豹栖息环境奠定了良好的基础。举例来说，当时在北京大学自然保护与社会发展研究中心读研究生的申小莉，在四川西部及青海东部走访记录了 355 座神山。虽然平均而言，一座神山覆盖的土地仅有 20 平方公里到 30 平方公里，但是全部加起来，保护区的面积就相当可观。

基于佛教的基本信条，即关爱众生，加之当地人对宗教团体的尊敬，我们认识到，要做好保护工作，就需要政府、社区和寺院携手努力，共同为环境出力。不过，我们首先需要进一步了解当前寺院对自然保护的兴趣及态度。我们走访了七间寺院，下面就讲讲我印象中他们对大自然的关心或漠然。

达唐寺

从青海省会西宁向南大约 800 公里，一片山谷中坐落着小镇白玉，当地的核心建筑便是达唐寺。寺中有一位喇嘛名叫扎西桑俄，这是一个很不一般的人，作为博物学家，他的名声早已传播到青海以外。我们的车接近达唐寺时，五位喇嘛迎了出来。一位喇嘛为我们戴上白色的哈达，其余几位则拿着数码相机和摄像机在一旁拍摄，平常总是千篇一律的游客把镜头对准衣着鲜艳的当地人，现在却是反了过来。

扎西笑容满面地欢迎我们。他身高约一米七五，现年 38 岁。家里八个兄弟姐妹之中，扎西 13 岁就被送到寺院出家。不过，他一直喜欢观鸟、画鸟。经过多年诵经、做法事和日常劳作的僧侣生活，他决定发扬佛法精神，积极投入环境保护工作。他与几位志同道合的喇嘛以附近的神山为名，共同创建了年保玉则生态环境保护协会。这一组织随即开始走访白玉及周边地区的学校，唤醒人们的环保意识。另一方面，扎西开始认真创作青海鸟类写生，在野外观察记录，绘制草图。11 月的一个寒冷日子里，我们在他的房间里，围坐在火炉边，他拿出画夹给我们看他画的鸟，目前为止他画了 360 种鸟，每一种都是纤毫毕现，色彩栩栩如真。

扎西曾把自己的画拿给一群外国观鸟爱好者看，他们发现其中有一种模样似麻雀的鸟，肩背为棕红色，胸部灰色，白眉白喉，头顶及两颊为黑色——这是一只藏鹀。扎西并不知道这是一种珍稀鸟类，而且是本地独有的物种。于是他和一些人跨行做起了科学研究，调查这种鸟的分布情况及筑巢习惯。以朱加为例，他是一位胖墩墩、脸颊红红的喇嘛，摄像机似乎从不离手，他曾用 46 天时间仔细观察一个鸟巢，从藏鹀筑巢，产卵，到雏鸟出壳，直至羽翼渐丰。2009 年，国际保护生物学大会在北京召开，扎西在会上发表了他们的研究成果。

早餐吃过糌粑、酸奶和茶，扎西和另外三位喇嘛——周杰、土巴及华泽，想带我们去看一个可能适合展开雪豹研究的地方。小小的但木错——"魔鬼湖"位于一道狭窄的山谷中，因两次山体滑坡而形成。在这里，我们看到旱獭洞的洞口结了一圈晶莹剔透的霜晶，那是洞里冬眠的旱獭呼出的气。扎西说："我们家以前在这里放牧，雪豹吃了不少牲口。后来岩羊受到保护，数量增加了。现在雪豹不会再捕杀那么多家畜。"

我们找来一些风干的牦牛粪，点起一堆篝火。土巴煮了方便面，大家在一阵阵刺骨的寒风里，缩着脖子狼吞虎咽地吃了饭。茶煮好后，华泽拿起长柄的勺子舀了一勺，一边诵经一边将茶水洒向空中，划出一道亮闪闪的弧线。他如此重复了大约二十次，以表明他对这片土地的虔诚之心，安抚神明。我问他为什么要做这么多次，他回答说："这里有很多山峰。每一座山都有自己的神。"之后，我们喝掉了剩下的一点茶。

在山中，我们向几位喇嘛讲解了最有效的工作方法，包括如何根据年龄和性别为岩羊分类，如何持续记录岩羊数量，如何辨别、收集雪豹粪便，并妥善保存，等我们回来。我有点好奇，看到我们对粪便如此着迷，不知他们有什么感想。藏语里有句粗话："你干什么呢？找大粪吗？"

公雅寺

2009 年 5 月初，我们的队伍从西宁向南，前往玉树。我们的车疾驰穿过一片片高山牧场，我发现十年前还很常见的那种低矮的、牦牛毛织成的黑色帐篷，如今已很少有牧民在用。人们现在用的是商店里买来的白色帆布帐篷，轻便，易于拆运，一家人可以从冬季住宅轻松转移到夏季的放牧营地。随意数了数一连串帐篷，近百顶帐篷之中，只有五六顶传统式的。我不免有点怀恋旧时光的感伤，但游牧生活的大环境毕竟已变了。玉树空气污浊，车流嘈杂，与我 1984 年第一次来时相比，城镇规模大了许多。

我们继续南行，来到囊谦县城。囊谦县多山，总面积超过 11655 平方公里，与西藏自治区接壤，县内约有 300 座寺庙。在县城以南不远的地方，坐落着公雅寺。密集的寺院建筑犹如一座中世纪村庄，在一片台地似的高原下方依势而建。介绍过来意，我们被安置在一间客房。我出门四处看看，一辆车开到我身边停下，一位喇嘛从车里探出头来，用英语说："你好吗？要去哪里？"我吃了一惊，因为多数喇嘛只会讲藏语，连汉语都不会说，更不要提英语了。这位僧人叫南加帕吉，是寺里的执事，和扎西桑俄一样，他对环保工作十分热心，特别希望能向我们队里的扎多讨教经验。扎多曾在 2006 年和我们一起穿越藏北地区，并在玉树创建了一个环保组织。南加想了解如何在公雅寺正式成立一个类似的组织。

南加介绍了公雅寺在当地为环保所做的努力。周边的五个村庄以及西藏的两个村庄加入了寺院的项目。每个月的 5 日，几位喇嘛要走访这些村庄，宣讲爱护土地的重要性。每个村要出 20 人协助保护野生动物，清理垃圾，报告趣闻。寺院后方的那片高地是圣地，甚至不允许放牧牲畜。寺里的 400 名僧众分为 12 名一组，时刻轮班巡视，住在简陋的窝棚里看守。但正如南加所说，僧人没有官方权力，无法驱逐盗猎者及擅自闯入的人，只能依靠道德武器而已。喇嘛们也注意到了气候的变化，在几个地点持续观察植被状况，每隔一段时间便用数码相机拍下照片。

一连几天，我们分成小组，在僧人引导下考察高原。但有一天早上，我独自出了门。天刚亮，却已有一些因关节炎而驼了背的老婆婆拄着拐杖，手中摇着转经筒，喃喃念诵着经文绕公雅寺行走，几百座白色的小型灵塔沿寺院外缘围成一圈。我从她们身边走过，朝山上一群岩羊所在的地方走去。可是，寺里的狗抢先一步冲了过去，试图抓一只，岩羊连忙撤到了安全的峭壁上。我继续往上爬，山坡很陡，我一路抓着丛生的金露梅，终于登上了高地。一群岩羊在这里觅食，有 37 只。我捡了些新鲜的羊粪球，准备回去检验其中的肠道寄生虫。一只喜鹊落在我身边，看了看我在做什么，粗哑地叫了一声。经过长时间的搜索，我没发现任何雪豹的粪便或足迹，但据王大军和李娟报告，他们看到了一只母雪豹带着小豹留下的足印。一位牧民说，在当地，狼的危害更甚于雪豹，但"如果你打死一只狼，就会有更多的狼回来"。

尕尔寺

我们顺着山谷往下走，两侧坡上东一片西一片地生长着刺柏，出了谷，便来到了尕尔寺。这是一座蓝顶的寺院，矗立在一个泥土房屋构成的村落中央。寺院上方是石灰岩峭壁，前方是一片开阔的山谷。寺里地位最高的仁波切现居美国；第二位的喇嘛已移居台湾；第三位正在西宁养病。据僧人透露，他们不在，无论礼佛课业还是寺里的日常事务都有些懈怠。尕尔寺看上去就像一片建筑工地，其实很多寺院都是如此，四处堆放着木料石料，总有工人在忙着搬运材料，敲敲打打，建起一座气派的新佛殿。扎多向几位村民了解了当地的野生动物。多数牧民都放弃了养绵羊和山羊，因为照料它们太费心，而且很容易遭到野兽——主要是野狼捕食。牦牛则不同，它们多数时候都能自己照顾自己。盗猎团伙在远离寺院的山谷里猎杀岩羊和麝。过去几个月里，这一带共发现了四只死去的雪豹，有可能是中毒身亡。我见到了一个毛皮完好的雪豹头，那是一只正值壮年的公豹。国家明令禁止狩猎和砍伐林木之后，收入的减少让一些住户心生不满。这个地方对环保漠不关心，我们不太喜欢这样的氛围，没多久便离开了。

达那寺

从玉树向西南，经过很长一段极其糟糕、正在修建中的公路，我们来到了达那寺。寺名意为"马耳"，因为这里有一座形状酷似马耳的岩山。寺院看上去年久失修，多数房舍都是泥砖结构，但也有一些新增的部分。依照传统，李娟作为女性，不能进入寺院主建筑。与寺中执事交谈后，我们了解到一点信息：由于被越来越多的野狗骚扰，本来常常出现在寺庙的岩羊来得少了；另外，最近有一只雪豹捕杀了一头牦牛幼仔。寺里偶尔派出一支僧人巡逻队查看周边情况，但并未像达唐寺和公雅寺那样，用心为环保工作投入专门的力量。

喇嘛带我们进入幽暗的经堂内部参观。酥油灯的柔和光线下，三位喇嘛正并排端坐，击鼓诵经，散发出一种祥和而安宁的气息。但不经意间抬头看看，映入眼帘的竟是被制成粗糙的标本而悬在半空中的一群飞禽走兽。一只胡兀鹫张开双翼摆出滑翔的姿态，一只盘羊奋力着四条腿在空中行走，一只小棕熊也是如此。两只凌空潜行的雪豹中，有一只是两三年前被村里的狗咬死的。我还看到了一只藏狐、一只獾、一只鹛鹊，所有的动物都蒙了尘，灰头土脸的。我不由得背后发凉，感觉仿佛陷入了一群无形恶灵的包围。

达那寺对野生动物保护似乎没有多少热情，那些动物标本让我想起，其实许多西藏人并不憎恶杀生。虽然佛教反对有意的杀戮，例如狩猎，但是一直以来，仍有不少藏民为生计或为逐利而捕杀动物。任何一种宗教都是这样，理想与现实之间总归存在矛盾。托尼·胡贝尔（Toni Huber）曾在其著作《通过文化看亚洲野生动物》（*Wildlife in Asia: Cultural Perspectives*，2004 年）的《狩猎与佛法》（"The Chase and the Dharma"）一章中提到：源自佛法教义的禁猎法规，直到 15 世纪才出现在西藏。那时候，动物们得到了一份名为"安全感"的馈赠，在一些地方，它们无需再为自己的性命担忧，人们"封闭山岭和峡谷"，形成了受保护的避风港。这些是神山和圣地，就保护工作而言，如今有许多这样的地方蕴含着相当可观的潜力。托尼·胡贝尔写道："地方性的禁令，例如藏传佛教所创之举，在寺院所在的独立聚居区或某一自然区域（例如神山）周围，'封闭山岭和峡谷'，以遏制狩猎这一点来讲，这种做法远比国家颁布的全面禁令更有效。"

觉拉寺

觉拉寺坐落在俯瞰澜沧江的一面山坡上，这个季节里，江水翻滚奔腾，泛着锈色。寺里给我们安排了一个房间，新建成的客舍很宽敞。两位主事的喇嘛——赞姆拉和尼玛介绍说，眼下最让他们头疼的问题是狗，500 只狗，与僧人数量相当。这些狗多半都是藏獒，大而强壮，近年来深受汉族居民青睐，有的甚至能卖到 3 万多元。为了这份收益，牧民家庭纷纷开始繁育藏獒，经常可以看到屋旁的木桩上拴着六七只。然而养狗热潮渐渐冷却。一些人家无力供养这么多大型犬，只得将它们抛弃。一部分藏獒被送到山里自生自灭，它们集结成群，以捕食野生动物为生，有时也捕杀家畜——这笔账往往被算到狼群头上。还有一部分藏獒被送到寺院放生。现在它们在觉拉寺的过道里成群游荡，相互攻击、撕咬，骚扰过往的人。喇嘛建议我们带上一根大木棒防身。僧人们无意杀狗，而政府官员对这个问题不理不睬。该怎么办呢？新生的小狗随处可见，往后问题可能会更严重。我提议为所有的公狗做绝育手术，但并未得到响应。

澜沧江对岸矗立着神山纳金，一个很适合搜寻雪豹踪迹的地方。这里还有一道山谷，死亡之谷。溪边的柳树上挂满了逝者的遗物——衣服包，外套，一顶僧帽，护身符，念珠，一只勒死的猫和吊挂的藏獒幼仔，以及其他各种物品。朝圣者来纳金山转山，为死去的人祈福。在山坡高处，我们拜访了喇嘛噶玛扎西，他 71 岁，住在一间被烟火熏黑了的小房子里。他告诉我们，两个月前，他站在门口时，看到一只雪豹走了过去。

我们听说，山里不远的地方住着一位拥有神力的喇嘛钦尘扎西，他说服了人们不再狩猎，戒除烟酒。我们驱车沿着山腰唯一的小路上行，到了车子开不过去的地方便徒步继续前行，来到背靠山崖建起的一座红褐色寺院。一位喇嘛引着我们走进幽暗的寺里，爬上一道楼梯，仿佛穿越光阴回到两百年前，走进一个房间。墙上挂着卷轴宗教题材的唐卡，几袋糌粑堆在一个角落里，屋里点着酥油灯，空气中弥漫着浓郁的熏香气味。钦尘扎西端坐在房间一隅的高大扶手椅上，身后高挂着一幅噶玛噶举派的最高活佛噶玛巴的画像。钦尘身形魁梧，粗硬的花白头发剪得很短，他微笑着跟我们打招呼，嘴角的笑容如同涟漪般在脸上漾开。他穿着浅棕色的平裙和坎肩，系着橘黄色腰带，挂着一串佛珠。通过扎多的翻译，钦尘告诉我们，他在这里住了十年，总共三位僧人，过着完全与世隔绝的生活。这曾是一个安静祥和的地方，他说着，指了指窗外绵延的群山景色。

那时这里有雪豹经过，有岩羊在寺院周围觅食。但现在，牲畜、狗和摩托车把野生动物都吓跑了。

交谈中，辛辰强调说，我们应以仁慈之心对待一切生命，应珍视善行。他用酥油茶和糌粑，为我们每个人捏出拳头大小的一团，让我们吃下去，这样可以带来好运。扎多进一步详细解释了我们为什么来这里，希望达成什么样的目的，钦尘不时"哦呀、哦呀"地表示赞同。傍晚，钦尘邀请我们留下过夜。一位尼僧在楼下厨房里为我们煮了茶和汤面。在钦尘的房间里，地上铺了薄薄的几块垫子，这就是我们的床铺了。大家和衣而睡。钦尘始终坐在他的椅子上，整夜一动不动，裹着一块棕黄的布单，连头也蒙上了，在苍白的月光下看上去仿佛木乃伊一般。

第二天早上，我、李娟和吕植顺着一道山崖展开搜索。我发现了雪豹新近留下的一处爪痕和一滩刺鼻的尿液，立即警惕起来。又走了一段，我们看到上方有一个山洞，洞口又宽又高。我在当时的日记中写道："李娟走在前面一点，率先爬到了洞口。'这里有一具尸体。'她喊道。"'什么样的尸体？'我应道，以为那也许是一位藏民。'我觉得像是山羊。'她大声说。"

我和吕植走近了一点。这时忽然传来一声闷响，一只巨大的雪豹从山洞那边窜出来，径直冲过一丛伏牛花往山上猛跑，转眼翻过一道山脊不见了。刚才雪豹蹲踞在洞口附近一块突出的岩石上，李娟从旁边走过竟没看到它。雪豹觉得自己并未暴露，于是静静地待在原地，就连李娟在四五米外高声喊时，它也没有动。直到我们走近，它才跑掉。李娟受了不小的惊吓，以为会遭到攻击。我让她放心，雪豹性情温和，只要不去招惹它就没事。李娟看到的尸体是一只年轻的母岩羊，两条前腿长了一层厚厚的、渗着血的灰色疥癣。一条后腿已被啃干净，另一条后腿的肉也被吃掉了一部分。从地上的拖拽痕迹来看，杀戮发生在洞口。我们仔细查看后发现，岩羊是被扼杀的，被一颗犬齿刺穿了它的颈静脉。

正如钦尘预言的，他的那一大团糌粑的确给我们带来了好运。

夏日寺

2010 年 4 月 14 日早上 7 点 20 分，一场 6.9 级的地震袭击了玉树及周边地区，据估计约有 3000 人遇难。一个月后我们途经此地，只见满目疮痍。一些水泥大楼仅剩下空壳，里面已全部坍塌，有几座就连外墙也没剩下。泥砖建的小房子和店铺多半化为瓦砾，城里的街区变成了一片片废墟，偶尔能看到一座震塌了半截的灵塔伫立在凄凉景色中。政府以令人惊叹的速度运来了几千顶蓝色的棉帐篷，大小约有 2.5 米乘以 3 米，上面印着四个巨大的汉字"地震救灾"。城外的避难营地就是这样一片蓝色帐篷的海洋，狂吠的藏獒在其间乱窜。由于商店多半被震毁，买卖都转移到了沿街搭起的帐篷里，街上不时有警队和军人巡逻。

我们驱车驶向东北边的治多县城，顺着一道面目全非的狭长山谷往山上开。沿途一座座村庄被夷为平地，隆宝镇只剩下了断壁残垣，仿佛遭遇了炸弹袭击。在治多附近，我们驶上一条穿山的岔路，朝长江上游行进，跨过江上新架起的一座桥，继而顺着小路进入一块小小的盆地，夏日寺便坐落在这里。主殿和周围半数的房舍都已在地震中倒塌，寺里 60 多位喇嘛多半无处栖身，只得转移到不远处的一排蓝色帐篷里。逗留期间，我们也住进了这里。夏日寺据说已有八百年历史，"文革"中被毁，重建之后不幸又遭遇了地震。山水自然保护中心已启动了一项保护这片土地的计划，为协调工作，该中心的两名员工尹杭和卜红亮加入了我们的队伍。政府方面希望在当地发展旅游业，筹集资金重建寺院，新建的大桥为此提供了有利条件。这里古柏成荫，雪峰环抱，长江恰好在山脚下转过一道弯，景色的确迷人。不过，寺里的僧人对旅游开发并不热衷，怕如此一来，这一方清幽净土将不复存在。

几位年长的喇嘛召集我们开会，将他们想要说明的"生态规章"整整齐齐列印在一张纸上。规则包括禁止乱扔垃圾，使用手机、无线电和计算机，播放音乐，在规定道路以外行驶，伤害动物和植物。然而现实中的执行情况让我有些困惑。在这里，塑料瓶和各种垃圾随处可见，僧人有一部卫星电话和一台电脑可用，83 岁的活佛有一台电视机，村里来的访客骑着摩托车呼啸而过，手提式录音机一路传出轰鸣的乐声。不过，关于游客的必然增加以及相应的管理办法，我们的讨论取得了有益的进展。双方达成一致意见，应划出限定区域，游客必须按标准交费，在区域内露营；徒步旅行只能在向导带领下，沿规定路线进行；部分僧人需接受导游培训，并掌握一定的博物学知识。在动物保护方面，喇嘛们同意协助我们展开野生动物监测，并认真记录观察结果。

第二天早上 8 点，法螺声响起，召唤大家吃早饭。这一天是藏历的五月十五（公历 6 月 26 日），夏日寺要举行一年一度的法会，依惯例到山中一个地方为自然祈福。我们沿着一条新铺的砂石路徒步上山，这条造价不菲的小路是专为方便三户牧民出行而修建的，最后一段尚未完工。途中我们数了数山坡高处的岩羊，总计约有 150 只。走了三个半小时，小路在一片冰碛石前戛然而止。我们爬上陡坡，穿过一片点缀着黄花堇菜、蓝色龙胆和白色雪绒花的高山草甸，来到海拔 4724 米高处的一座小冰川湖。这里聚集了大约 15 位喇嘛和一些村民。大家合力竖起了一根顶端饰有三叉戟的立柱，象征着一位威严的护法神。柱子稳稳立在一堆石块中，一根根挂满风马旗的绳子呈放射状从柱顶牵至地面，在这之上又绕了一圈圈风马旗，共同组成一座五彩的金字塔，在风中飒飒作响。这时忽然乌云压顶，一阵刺骨的寒风朝冰川盆地席卷而来。八位喇嘛面向湖泊和雪山，紧挨着坐成一排开始诵经。湖面上响起两只赤麻鸭回应似的叫声。骤雨袭来，喇嘛们照旧吟诵。一小时后，几缕阳光刺破了云层，诵经也结束了。我们每个人都拿起白、绿、蓝、红、黄的五色纸印风马旗，开心地抛向空中。每片风马旗上都印着"隆达"、即风马图样，将我们的祝福随风传送给大自然。

在夏日寺的最后一天，年迈的仁波切（藏语意为"珍宝"）从他的帐篷里走出来，一手拿着一大块酥油，另一只手里拿着一把小刀。高山兀鹫仿佛接收到信号一样，从四面八方聚拢过来，有的在地面疾走，有的从空中俯冲，猛然降落。它们推推搡搡地挤在仁波切及旁边几位喇嘛周围，争抢抛给它们的小块酥油。喇嘛和兀鹫都很放松，全然信任对方——灰色的大鸟与身披紫红色衣袍的僧人，构成了一幅人与自然合而为一的宁静画面。

我由此想起 11 世纪的西藏修行者密勒日巴尊者的诗歌：

秃山、雪山与土山，此三密勒修行处，

如是修处若适汝，可随密勒修佛法。

野羊、羚羊与麋鹿，此三密勒之家畜，

此三家畜若适汝，可随密勒修佛法。

山猫、豺狗与胡狼，此三密勒守门犬，

如是门犬若适汝，随我惹巴学佛法。

画眉、松鸽与鹭鹏，此三密勒之家禽，

如是家禽若适汝，随我惹巴学佛法。

牙曲寺

2010 年 6 月，我们再度来到牙曲寺，寺院位于曲日戎噶峡谷入口处，海拔 4450 米。这是一座很小的藏式寺院，仅一层，包括大殿、厨房、厅堂、几间僧房和一间储藏室。牙曲寺从属于治多的大寺——贡萨寺，从高地平原边的治多县向西北驱车三个小时才能到这里。寺内一般有七位喇嘛，还有七只藏獒，由年迈的昂叶统管。我曾两次在这里短暂停留，2011 年还要再来研究西藏棕熊（参见第 13 章），这些僧人的从容与好客给我留下了深刻印象，他们还对李娟的雪豹研究工作给予了热情的帮助，现在甚至在考虑创建自己的动物保护机构。这一地区栖息着很多岩羊——我们有一次沿峡谷开车走了八公里，共见到 406 只岩羊，此外，在石灰岩峭壁一带很容易找到雪豹的脚印。王大军和李娟决定在这里展开他们的深入研究。走访多处寺院和雪豹活动区之后，相比之下，这个地方的确是最佳选择。这将是中国的第一个雪豹深度调查项目。

见我们抵达，寺里的僧人笑容满面，像欢迎老朋友一样拥抱我们。上次来时，我们留下了几台红外触发相机，并给他们讲解了如何选择布设地点。负责这项工作的年轻喇嘛查文做得非常出色。此刻在厅堂里，僧人们围着我们，自豪地拿出了红外相机拍到的雪豹照片。照片约有 90 张，有的很模糊，有的只拍到尾巴或背影，但是有几幅影像生动得令人惊叹。现在李娟可以比对斑纹图案，确定这一地区的雪豹数量。鲁加拉递给我们一台相机，犬齿印深深嵌进了金属部分：原来是一只西藏棕熊想要尝尝相机的味道。晚餐吃了汤面和大块的牦牛肉，大家在厅堂里沿三面墙放置的木板床睡下；我有幸分配到一张床垫，睡在储藏室，天花板下面吊着一头被宰杀的牦牛。

喇嘛们很高兴带我们一起去野外，他们虽然穿着长及脚踝的袍子，却仍像岩羊一样在山坡上跑跑跳跳。在僧人指引下，我们查看了安置红外相机的地方，同时一路搜寻野生动物——和往常一样，我们时刻警惕着棕熊。不过，这次我们还有另一项任务。来自天津电视台国际频道的黎大炜和尹畅是一对夫妻搭档，准备就我们在中国开展的合作项目拍一部半小时长的纪录片。我们一边爬山一边探讨动物保护问题，在野外与这两人同行十分愉快。

我对近期青海之行的收获很满意。雪豹依然分布广泛，雪豹的主要猎物岩羊和旱獭也是如此。李娟找到了很好的研究区域。大猫基金会及国际雪豹基金会与山水自然保护中心签订了一份协议，合作推进雪豹及其他项目。我高兴地看到，我们走访的七座寺院中，有四座——达唐寺、公雅寺、夏日寺和牙曲寺——都乐于将经文传达的思想转化为实际的保护行动。一些僧人保护大自然的热忱之心让我备感振奋。若是能鼓励青藏高原的所有寺院——噶举派、格鲁派、宁玛派以及其他各个佛教宗派，大家共同携起手来，并与政府和当地居民展开合作，那么，这片土地便能得到更好的照料，惠及这里的一切生灵。我知道这只是幻想中的未来图景。无论佛教、伊斯兰教还是基督教，一种宗教的不同教派往往各行其是。但是我也知道，要让这幅愿景成真，我们必须尝试着迈出第一步。经历过地震的重创，玉树自治州政府正计划设立一个专门的生态区，将自然保护放在第一位。在这里，环境意识正渐渐渗透到每一个人的心里。我确信，只要人类待之以宽容、尊重和怜悯，雪豹及其王国中的所有动物就能够继续生存繁衍。雪豹就如同那些看不见的神祇，只要人类珍视它的存在，它便会帮助我们维持健康而和谐的山区环境。

我在青藏高原考察野生动物状况的过程中，时常可以看到人类给土地带来的巨大改变。牲畜过多造成了草场退化，雪豹因为吃羊而被杀，盗猎者为牟取暴利而捕杀藏羚羊，非法开采金矿毁掉了整片山谷，鼠兔因人们的无知而遭毒杀。一方面是不断增长的人口需要越来越多的资源，另一方面是保护自然界的生物多样性，如何解决两者之间的矛盾是本世纪亟待解决的最大难题。看到青藏高原近年来的急速变化，我一直在努力思考如何将自己的博物学知识，转化为有效的保护措施。正如佛教箴言所主张的，要敢于挑战传统认知，要到最艰难的地方去。

我确实是这样做的。

佛陀在经书中留下了这样睿智的教诲："不因为奉行传统，就信以为真；不因为他人的口传，就信以为真……不因为演说者的威信，就信以为真；不因为他是导师，就信以为真；只有当你们亲身检验，自觉此法是善，能为自己和他人带来幸福与助益，这时方可接受。"佛陀劝诫世人，要有自己的思想。他告诉我们，不要只看书本研习哲学，要到花草和广阔群山间去，去感悟和追求人与自然的和谐统一，去向自然界的生灵学习。

佛教的精神信仰为青藏高原的保护工作构筑了理想的基础。虽然自然保护必须以科学为根本，但这也是一个涵盖了美、伦理及精神价值的道德议题。宗教所关爱的不仅仅是人类，也包括一切动物草木，将万物纳为一个共同体。如此一来，每一个人都对这片土地负有一份责任。如书中所述，我结识的一些藏区居民，包括普通民众和僧侣，已将这种伦理关系印刻在他们的心上。

当前的难题之一是如何在全体民众、在每一个人心中注入动物保护意识。生态学家提出的观点与佛教理念有着惊人的相似之处。威斯康星大学的野生动物管理学教授奥尔多·利奥波德阐述了他的"大地伦理学"。他在 1949 年出版了一本名为《沙郡岁月》（*A Sand County Almanac*）的小册子，这本书至今仍是环保领域最具说服力和影响力的著作。书中有这样两段精妙的见解："当我们将一片土地视为自己所属的家园，在利用这片土地时，便会珍爱它，尊重它。""任何一件事，若是有助于维护生物共同体的完整、稳定和美丽，它就是正确的，反之则是错误的。"

除了表面文字所传递的信息，佛教戒律和利奥波德的思想还隐含着更加深刻的意义。它们揭示了人类的生存完全依赖于自然；它们提醒世人，不要沉溺于自私的享受，保护地球上的生灵是我们肩负的义务；它们指明每一种生物都有其内在价值，有生存的权利；它们促使世人认真审视自己的内心。

宗教和科学让我们认识到，为拯救环境，有哪些事是我们必须要做的。无知不再是借口。要保护大自然，无疑需要当地民众在其固有世界观的基础上接纳这一理念。他们的世界观——或者起码可以说，他们对自然世界的认知和理解——已是藏区社会的构成元素之一。但是这还不够，远远不够；当今社会仍有太多的漫不经心，太多的利益冲突。无论政府官员、商人、店家，还是牧民，每一个人都需要改变旧习，重新构想未来。

我们并非拥有两个地球，可以收藏一个，挥霍一个。用常识想一想，我们只有一个合理选择——即保护和修复。我们所有人，不论贫富，必须携手努力，以热忱、毅力和不变的承诺，为世间一切生灵提供未来的保障。人与土地应立下盟约，反对一切无节制的消耗、浪费以及不必要的破坏。我们需要适应一个资源有限的时代，需要唤醒所有人，要从道德、审美、信仰、民族等各个方面，照顾他们各自的需求和价值观。环境保护不能只是理性之举，更要触动人们的心和情感，激励大家投入行动。我们必须让 21 世纪成为环保启蒙的世纪，将真诚之心呈现给地球，呈现给这个充满奇迹的缤纷星球，我们唯一的永恒家园。

通过雪豹，我们可以学会欣赏自然之美，珍惜它，并为确保它的存续努力战斗。

参考文献

书籍

关于青藏高原及其周边地区，近一百五十年里有数以百计的书籍及文章问世，还有少量来自更早的年代。这些多为旅行及探险杂记，或是围绕某一饱经地域争端及政治风波的地区而撰写的历史记述。我在书中引用了少量文献，有近期的，也有过去的，在部分一笔带过或未及详述的章节中用作背景资料。下面列出的参考书籍，大都与本书涉及的地域及话题密切相关，书中直接引用的文字亦源于此。

Baker, Ian, *The Heart of the World*, New York: Penguin Press, 2004.

Balf, Todd, *The Last River*, New York: Crown Publishing, 2000.

Beckwith, Christopher,*The Tibetan Empire of Central Asia*, Princeton, NJ: Princeton University Press,1987.

Bernier, Francois, *Travels in the Mogul Empire*, 1646, Reprint edition, Westminster,UK: Archibald Constable, 1891.

Bessac, Frank, and Susanne Bessac, *Death on the Chang Tang*, Missoula, MT: University of Montana Printing and Graphic Services, 2006.

Bonvalot, Gabriel, *Across Tibet*, New York: Cassell Publishing Co., 1892.

Brander, Dunbar, *Wild Animals of Central India*, London: Edward Arnold, 1927.

Canfield, Michael, ed. *Field Notes on Science and Nature*, Cambridge, MA: Harvard University Press, 2011.

Clark, James, *The Great Arc of the Wild Sheep*, Norman, OK: University of Oklahoma Press, 1964.

Coggins, Chris, *The Tiger and the Pangolin: Nature, Culture, and Conservation in China*, Honolulu, HI: University of Hawaii Press, 2003.

Cunningham, Alexander, *Ladak*, 1854, Reprint edition, New Delhi: Sagar Publications, 1970.

Farrington, John, ed. *Impacts of Climate Change on the Yangtze Source Region and Adjacent Areas*, Beijing: China Meteorological Press, 2009.

Fossey, Dian, *Gorillas in the Mist*, Boston: Houghton Mifflin, 1983.

Garretson, Martin, *The American Bison*, New York: New York Zoological Society, 1938.

Geist, Valerius, *Mountain Sheep*, Chicago: University of Chicago Press, 1971.

Gopinath, Ravindran, Riyaz Ahmed, Ashok Kumar, and Aniruddha Mookerjee, *Beyond the Ban*, New Delhi: Wildlife Trust of India / International Fund for Animal Welfare, 2003.

Goldstein, Melvyn, *A History of Modern Tibet, 1913–1951*, Berkeley, CA: University of California Press, 1989.

Goldstein, Melvyn, and Cynthia Beall, *Nomads of Western Tibet: The Survival of a Way of Life*, Berkeley, CA: University of California Press, 1990.

Grenard, Fernand, *Tibet: The Country and Its Inhabitants,* 1903, Reprint edition, Delhi: Cosmo Publishers, 1974.

Harcourt, Alexander, and Kelly Stewart, *Gorilla Society*, Chicago: University of Chicago Press, 2007.

Harris, Richard, *Wildlife Conservation in China*, Armonk, NY: M. E. Sharpe Publishers, 2008.

Hedin, Sven, *Trans-Himalaya*, 2 vols, New York: Macmillan, 1909.

————, *Southern Tibet*, 1922, Reprint edition, 4 vols, Delhi: B R Publications, 1991.

Hiuen Tsiang (Xuan Zang), *Si-Yu-Ki: Buddhist Records of the Western World,* 1906, Reprint edition, 2 vols, London: Adamant Media Corporation, 2005.

Hoogland, John, *The Black-Tailed Prairie Dog*, Chicago: University of Chicago Press, 1995.

Hopkirk, Peter, *Trespassers on the Roof of the World*, Los Angeles: J. P. Archer, 1982.

Huber, Toni, "The Chase and the Dharma: The Legal Protection of Wild Animals in Premodern Tibet", In *Wildlife in Asia: Cultural Perspectives*, edited by J. Knight, London: Routledge Curzon, 2003.

International Fund for Animal Welfare and Wildlife Trust of India, *Wrap Up the Trade: An International Campaign to Save the Endangered Tibetan Antelope*, Yarmouth Port, MA: International Fund for Animal Welfare / Wildlife Trust of India, 2001.

Jackson, Rodney, Charudutt Mishra, Thomas McCarthy, and Som Ale, "Snow Leopards: Conflict and Conservation", In *Biology and Conservation of Wild Felids*, edited by David MacDonald and J. Loveridge, 417‒30, Oxford: Oxford University Press, 2010.

Kaye, Roger, *Last Great Wilderness: The Campaign to Establish the Arctic National Wildlife Refuge*, Fairbanks, AK: University of Alaska Press, 2006.

Keay, John, *When Men and Mountains Meet*, London: John Murray, 1977.

Leopold, Aldo, *A Sand County Almanac*, Oxford, UK: Oxford University Press, 1949.

刘务林,《西藏藏羚羊》, 中国林业出版社, 2009 年。

Lindburg, Donald, and Karen Baragona, eds. *Giant Pandas: Biology and Conservation*, Berkeley, CA: University of California Press, 2004.

Matthiessen, Peter, *The Snow Leopard*, New York: Viking Press, 1978.

Maxwell, Neville, *India's China War*, New York: Pantheon, 1970.

McCue, Gary, *Trekking in Tibet*, Seattle, WA: Mountaineers Books, 2010.

McRae, Michael, *The Siege of Shangri La*, New York: Broadway Books, 2002.

Meyer, Karl, and Shareen Blair Brysac, *Tournament of Shadows: The Great Game and the Race for Empire in Central Asia*, Washington, DC: Counterpoint, 1999.

Middleton, Robert, and Huw Thomas, *Tajikistan and the High Pamir*, Hong Kong: Odyssey Books and Guides, 2008.

Moorcroft, William, and George Trebeck, *Travels in the Himalayan Provinces of Hindustan and the Punjab*, 1841, Reprint edition, 2 vols, New Delhi: Sagar Publications, 1971.

Mortenson, Greg, and David Relin, *Three Cups of Tea*, London: Penguin Books, 2007.

Omani, Bijan, and Matthew Leeming, *Afghanistan: A Companion Guide*, Hong Kong: Odyssey Books and Guides, 2005.

Padel, Ruth, *Tigers in Red Weather*, New York: Walker and Company, 2006.

Peacock, John, *The Tibetan Way of Life, Death, and Rebirth*, London: Harper Collins, 2003.

Prejevalsky [Przewalski], Nikolai, *Mongolia, the Tangut Country, and the Solitudes of Northern Tibet*, 2 vols, London: Sampson, Low, Marston, Searle, and Rivington, 1876.

Public Employees for Environmental Responsibility, *Tarnished*

Trophies: The Department of Interior's Wild Sheep Loophole, White Paper No. 7, Washington, DC: Public Employees for Environmental Responsibility (PEER), 1996.

Rawling, C. G, *The Great Plateau*, London: Edward Arnold, 1905.

Richardson, Hugh, *Tibet and Its History*, Boulder, CO: Shambhala Books, 1994.

Ridgeway, Rick, *The Big Open*, Washington, DC: National Geographic Society, 2004.

Rizvi, Janet, *Trans-Himalayan Caravans*, New Delhi: Oxford University Press, 1999.

Rockhill, William, *The Land of the Lamas*, New York: Century Company, 1891.

Rowell, Galen, *In the Throne Room of the Mountain Gods*, San Francisco: Sierra Club Books, 1977.

Schaller, George, *The Mountain Gorilla*, Chicago: University of Chicago Press, 1963.

———, *The Year of the Gorilla*, 1964, Reprint edition with a new postscript, Chicago: University of Chicago Press, 2010.

———, *Golden Shadows, Flying Hooves*, New York: Alfred Knopf, 1973.

———, *Mountain Monarchs: Wild Sheep and Goats of the Himalaya*, Chicago: University of Chicago Press, 1977.

———, *Stones of Silence: Journeys in the Himalaya*, New York: Viking Press, 1980.

———, *The Last Panda*, Chicago: University of Chicago Press,

1993.

————, *Tibet's Hidden Wilderness*, New York: Harry N. Abrams, 1997.

————, *Wildlife of the Tibetan Steppe*, Chicago: University of Chicago Press, 1998.

Shahrani, M. Nazif, *The Kirghiz and Wakhi of Afghanistan*, Seattle, WA: University of Washington Press, 2002.

Sinclair, A. R. E., and Michael Norton–Griffith, *Serengeti: Dynamics of an Ecosystem*, Chicago: University of Chicago Press, 1979.

Sinclair, A. R. E., and Peter Arcese, *Serengeti II: Dynamics, Management, and Conservation of an Ecosystem*, Chicago: University of Chicago Press, 1995.

Stein, Aurel, *On Ancient Central Asian Tracks*, 1933, Reprint edition, Chicago: University of Chicago Press, 1964.

Thapar, Valmik, *Tiger: The Ultimate Guide*, New York: CDS Books, 2004.

Tilson, Ronald, and Philip Nyhus, *Tigers of the World*, Amsterdam: Elsevier / Academic Press, 2010.

Tsering, Dawa, and J. Farrington, *Competition and Coexistence*, Lhasa: WWF – China Program, 2007.

Kingdon–Ward, Frank, *Riddle of the Tsangpo Gorges*, 1926, Reprinted as *Frank Kingdon Ward's Riddle of the Tsangpo Gorges: Retracing the Epic Journey of 1924–25* in *South-East Tibet*, ed. Kenneth Cox, Suffolk, UK: Antique Collector's Club, 2001.

Wellby, M. S., *Through Unknown Tibet*, London: T. Fisher Unwin, 1898.

Wiener, Gerald, Han Jianlin, and Long Ruijun, *The Yak*, Bangkok: Food and Agriculture Organization of the United Nations, 2003.

Wright, Belinda, and Ashok Kumar, *Fashioned for Extinction*, New Delhi: Wildlife Protection Society of India, 1997.

文章

本书撰写过程中参考了一系列发表于面向大众的杂志及科学刊物的文章，以下为具体出处：

Bagchi, Sumanta, Tsewang Namgail, and Mark Ritchie, "Small Mammalian Herbivores as Mediators of Plant Community Dynamics in the High-Altitude Arid Rangelands of Trans-Himalaya", *Biological Conservation* 127 (2006): 438 - 42.

Bailey, F. M., "Exploration on the Tsangpo or Upper Brahmaputra", *Geographical Journal* 44, No. 4 (1914): 341 - 64.

Brantingham, Oliver, John Olsen, and George Schaller, "Lithic Assemblages from the Chang Tang Region, Northern Tibet", *Antiquity* 73 (2001): 319 - 27.

Bunch, Thomas, Richard Mitchell, and Alma Maciulis, "C-banded Chromosomes of the Gansu Argali (Ovis ammon jubata) and Their Implications in the Evolution of the Ovis Karyotype", *Journal of Heredity* 81 (1990): 227 - 30.

Bunch, T., S. Wang, R. Valdez, R. Hoffmann, Y. Zhang, A. Liu, and S. Lin, "Cytogenetics, Morphology, and Evolution of Four Subspecies of Giant Sheep Argali (Ovis ammon) of Asia", *Mammalia* 64, No. 2 (2000): 199 – 207.

Corax, Janne, "Into the Unknown: A Traverse of the Chang Tang", *Japanese Alpine Journal*, 2007, 78 – 84.

Dura, Iveraldo, Jurgen Dobereiner, and Aires Souza, "Botulismo em bovines de cort e leite alimentados com cama de frango", *Pesquisa Veterinária Brazileira* 25, No. 2 (2005): 115 – 19.

Fox, Joseph, Kelsang Dhondrup, and Tsechoe Dorji, "Tibetan Antelope Pantholops hodgsonii Conservation and New Rangeland Management Policies in the Western Chang Tang Nature Reserve, Tibet: Is Fencing Creating an Impasse?", *Oryx* 43, No. 2 (2009): 183 – 90.

Gyaltsen, Nyima, "The Lost World of the Wind Horse", In *Man and the Biosphere* (Special issue edited by Zhang Hong, 2010): 34 – 41, 60 – 63, 89 – 91.

Kingdon–Ward, Frank, "Caught in the Assam–Tibet Earthquake", *National Geographic* 51, No. 3 (1952): 404 – 16.

Lin Lan, "Entering the Black Tents", In *Man and the Biosphere* (Special issue edited by Zhang Hong, 2010): 10 – 27, 42 – 55, 64 – 81.

Moeller, Robert, Birgit Puschner, Richard Walter, Tonie Rocke, et al., "Determination of the Medium Toxic Dose of Type C Botulinum Toxin in Lactating Dairy Cows", *Journal of Veterinary Diagnostic Investigation* 15 (2003): 523 – 26.

Pech, Roger, Jiebu, Arthur Anthony, ZhangYanming, and Lin Hui, "Population Dynamics and Responses in Management of Plateau Pikas (Ochotona curzoniae)", *Journal of Applied Ecology* 44 (2007): 615 - 24.

Schaller, George, "Imperiled Phantom of Asian Peaks", *National Geographic* 140, No. 5 (1971): 702 - 7.

————, "Wildlife in the Middle Kingdom", *Defenders 60*, No. 3 (1985): 10 - 15.

Schaller, George, Lu Zhi, Wang Hao, and Su Tie, "Wildlife and Nomads in the Western Chang Tang Reserve", *Memorie della Societa Italiana di Scienza Naturali e del Museo Civico di Storia Naturale di Milano 33*, No. 1 (2005): 59 - 67.

Smith, Andrew, and Marc Foggin, "The Plateau Pika (Ochotona curzoniae) Is a Keystone Species for Biodiversity on the Tibetan Plateau", *Animal Conservation 2* (1999): 235 - 40.

Wallace, Scott, "The Megafauna Man", *Adventure*, December 2006 - January 2007, 66 - 72, 108.

Williams, Ted, "Open Season on Endangered Species", *Audubon*, January 1991, 26 - 35.

Worthy, Fiona, and J. Marc Foggin, "Conflicts between Local Villagers and Tibetan Brown Bears Threaten Conservation of Bears in a Remote Region of the Tibetan Plateau", *Human-Wildlife Conflict 2*, No. 2 (2008): 200 - 5.

Yang Yongping, "Connecting Cultures", In *Man and the Biosphere* (Special issue edited by Zhang Hong, 2010): 92 - 96.

Zhang Endi, George Schaller, and Lu Zhi，"Tigers in Tibet"，*Cat News* (IUCN) 33 (2000): 5 - 6.

Zhang Hong，ed. *Man and the Biosphere* (Special issue, 2010)，Beijing: Chinese National Committee for Man and the Biosphere.

图书在版编目（CIP）数据

第三极的馈赠：一位博物学家的荒野手记／（美）乔治·夏勒著；
黄悦译．一北京：生活·读书·新知三联书店，2017.1 （2017.12重印）
ISBN 978－7－108－05753－2

Ⅰ．①第… Ⅱ．①乔… ②黄… Ⅲ．①野生动物－科学考察－世界－普及读物
Ⅳ．① Q95-49

中国版本图书馆 CIP 数据核字（2016）第 156751 号

责任编辑　李静韬
装帧设计　蔡立国
责任印制　徐　方
出版发行　生活·讀書·新知 三联书店
　　　　　（北京市东城区美术馆东街 22 号 100010）
网　　址　www.sdxjpc.com
经　　销　新华书店
图　　字　01-2013-4084
印　　刷　北京新华印刷有限公司
版　　次　2017 年 1 月北京第 1 版
　　　　　2017 年 12 月北京第 2 次印刷
开　　本　880 毫米×1230 毫米　1/32　印张 13.5
字　　数　288 千字　图 32 幅
印　　数　08,001－13,000 册
定　　价　49.00 元
（印装查询：01064002715；邮购查询：01084010542）